HEIDELBERGER TASCHENBÜCHER

Virus und Molekularbiologie

Eine elementare Einführung

von

Wolfhard Weidel

2. erweiterte Auflage

mit 26 Abbildungen

SPRINGER-VERLAG BERLIN HEIDELBERG GMBH

ISBN 978-3-540-03161-1   ISBN 978-3-642-88651-5 (eBook)
DOI 10.1007/978-3-642-88651-5

Alle Rechte, insbesondere das der Übersetzung
in fremde Sprachen, vorbehalten.
Ohne ausdrückliche Genehmigung des Verlages
ist es auch nicht gestattet, dieses Buch oder Teile daraus
auf photomechanischem Wege (Photokopie, Mikrokopie)
zu vervielfältigen.
© by Springer-Verlag Berlin Heidelberg 1964.
Ursprünglich erschienen bei Springer-Verlag oHG. Berlin · Göttingen · Heidelberg 1964.
Library of Congress Catalog Card Number 64-22579

Umschlag: R. Flämig
Titel-Nr. 7282

Aus dem Vorwort zur ersten Auflage

Das Vorwort, obwohl selten gelesen, erfüllt die subjektiv wichtige Aufgabe, dem Autor für alle Fälle ein Alibi in der einen oder anderen Hinsicht zu verschaffen. Hier kann er zu verstehen geben, wie schwierig seine Aufgabe und wie klar bewußt ihm die Gefahr ist, die gesteckten Ziele zu verfehlen, um so seinen Kritikern den Wind aus den Segeln zu nehmen. Da das aber meist doch nichts nützt, möchte ich hier nichts weiter als wünschen, meinen Lesern einige unterhaltsame Stunden verschaffen und ihnen auf dem Umweg über die Behandlung eines aktuellen wissenschaftlichen Themas ein Gefühl dafür vermitteln zu können, daß wir bereits Zeugen einer neuen, überraschenden Erweiterung unseres Weltbildes sind, ohne es noch recht zu merken. Die Biologie gewinnt zur Zeit auf immer breiterer Front Anschluß an die exakten Naturwissenschaften, und damit werden plötzlich gerade die Grundlagen aller Lebenserscheinungen zum Objekt klarer Problemstellungen und ebenso zielbewußter wie sauberer experimenteller Methodik. Die Virusforschung hat an dieser Entwicklung einen kaum zu überschätzenden Anteil.

Tübingen, Februar 1956 W. WEIDEL

Vorwort zur zweiten Auflage

Die freundliche Aufnahme, die dies Büchlein in seiner ersten Fassung überall fand, hat den Verfasser ermutigt, an der Art der Darstellung so wenig wie möglich zu ändern. Daß die Neufassung vielleicht trotzdem etwas gesteigerte Anforderungen an die Bereitwilligkeit des Lesers zum Mitdenken stellt, ist eine Folge der enormen Fortschritte, die die Molekularbiologie in den vergangenen sieben Jahren erzielt hat. Viele Fragen, die vormals nur angeschnitten wurden, jedoch offenblieben, haben seither ganz konkrete Antworten gefunden, die eben verarbeitet und verstanden werden müssen. So schien auch eine Veränderung des ursprünglichen Titels („Virus — die Geschichte vom geborgten Leben") angebracht. Er hat vielleicht manche von denen, die die behandelten Probleme aus rein fachlichen Gründen kennen sollten, davon abgehalten, hier eine Informationsquelle zu vermuten. Nach dem erschreckenden Unverständnis zu urteilen, auf das man selbst bei Biologiestudenten der wichtigsten Weiterentwicklung ihres Faches gegenüber noch immer stößt, scheint ihnen aber auch kein anderer Quell geflossen zu sein.

Im neuen Gewande wendet sich das Buch also nicht nur an den gebildeten Laien schlechthin, sondern es möchte, in vorläufiger Ermangelung anderer Darstellungen, ein kleines, völlig unkonventionell geschriebenes Lehrbuch sein, das eine tiefere Einführung in ein neues, hochinteressantes, aber auch außerordentlich anspruchsvolles Gebiet der exakten Naturwissenschaften vorbereiten hilft. Dem vertieften Studium können dann umso leichter Bücher dienen, die bezeichnenderweise bisher nur in englischer Sprache zugänglich sind. Der Leser findet die Titel am Ende des Sachverzeichnisses aufgeführt.

Tübingen, Oktober 1963 W. WEIDEL

Inhaltsverzeichnis

I. Einleitung 1
Was heißt und ist Virus? — Naturwissenschaftliche Methodik — Entdeckung der Viren — Sensation

II. Betrachtungen zum Begriff „Vermehrung" 8
„Mechanismus" oder „Wesen"? — Zwei Vermehrungsschemata — Fließbandfabrikation — Energiegewinnung — Energieausnützung — Spiel mit verteilten Rollen — Tot oder lebendig — Viren als Spürhunde

III. Vom technischen Umgang mit Viren 21
1. Aufspüren in der Natur 21
2. Massenproduktion 24
3. Mengenmessung, Teilchenzählung 28
4. Reindarstellung 34
5. Chemische Charakterisierung und ein paar Spekulationen 42
6. Besichtigung 50

IV. Auseinandersetzungen zwischen Virus und Zelle 54
1. Der grundsätzliche Unterschied zwischen Virus und lebendem System 54
2. Kreislauf des Virus zwischen Ruhe, Aktivität und Ruhe: Der Vermehrungszyklus 58
3. Experimentelle Unterteilung des Vermehrungszyklus 61
a) Erste Begegnung zwischen Virus und Wirtszelle 61
Verletzungen — Zusammenstoß — Adsorption — Rezeptorsubstanzen — Virus-abweisende Zelltypen und ihre Entstehung — Virusteilchen entschlüpfen einer Falle
b) Die Wirtszelle wird infiziert 74
„Finsternis" (Eclipse) — Das infizierende Virusteilchen wird zerstört — Puzzlespiel — Geheimschrift — Mutation
c) Die Wirtszelle macht neue Virusteilchen 91
Rohstoffe — Halbzeug-Nucleinsäure — Halbzeug-Protein — Fertigprodukt

V. Das Liebesleben der Viren 103
Rekombination — Virusgene — Experimentelle Kniffe — Genkarten — Austauschmechanismus — Feinstruktur des Gens — Nichterbliche Veränderungen (Modifikationen) — Maskiertes Virus

VI. Des Pudels Kern 127
Die Kopierungsautomatik für DNS-Moleküle — Die Übersetzungsautomatik — Der genetische Code

VII. Virusbekämpfung 146
Heilen — Vorbeugen — Züchterische Maßnahmen

VIII. Virus, Evolution, Urzeugung 154

Sachverzeichnis 158

Abbildungsnachweis 160

Literaturhinweise 160

I. Einleitung

Was heißt und ist Virus? Der Gegenstand des vorliegenden Bändchens, Virus, scheint leider schon in diesem seinem Namen abschreckenden wissenschaftlichen Hochmut zu zeigen. Virus ist ein lateinisches Wort, von dem es übrigens keine legitime Mehrzahl gibt. Da man sie aber sprachlich unbedingt benötigt, muß man sich auf eine erträgliche Abwandlungsform einigen. Wir werden künftig von „den Viren" sprechen, und nicht von „Vira" oder gar „Virussen" — denn wer würde Organismussen den Vorzug vor Organismen geben! In der Einzahl aber muß es *das* Virus heißen und nicht *der* Virus.

Die wörtliche Übersetzung dieses lateinischen Wortes ist: Gift, Giftstoff. Doch wie so oft in der Wissenschaft, steckt im Fremdwort erheblich mehr und wesentlich Spezielleres an Bedeutung als in seiner Übertragung in unsere Umgangssprache. Ein wenig unangenehm ist nur, daß gerade in diesem Falle niemand kurz und bündig angeben könnte, welche wissenschaftlich klare und endgültige Bedeutung dem Worte „Virus" denn also anhaftet. Von meinen Lesern darin hart bedrängt, müßte ich mich notgedrungen in eine uneinnehmbare Festung zurückziehen und erklären: Virus ist das, wovon im folgenden die Rede sein wird. Damit soll nur von vornherein betont werden, wie sehr es einer Beleuchtung unseres Gegenstandes von vielen Seiten her bedarf, um ihn schließlich wenigstens in seinen Umrissen einigermaßen deutlich hervortreten zu lassen. Nach und nach wird jeder Leser selbst beurteilen können, warum es so schwierig ist, eine in jeder Beziehung treffende und knappe Definition des Virusbegriffes zu geben und somit geneigt sein, mir meine jetzigen Ausflüchte zu verzeihen.

Der Begriff Virus teilt seine mangelhafte Klarheit mit einem anderen Begriff, über den die Menschheit schon seit Jahrtausenden sehr viel Schönes und Tiefes, aber wissenschaftlich leider ganz und gar Unbrauchbares gedacht und gesagt hat: mit dem Begriff „Leben". Diese Gemeinsamkeit ist durchaus kein Zufall, sondern beruht auf einer tieferen Wechselbeziehung. Wir werden bald sehen, daß uns nichts näher an die Rätsel der Lebensvorgänge — und auch an ihre Lösung! — heranzuführen vermag als die Viren und ihr eigenartiges Verhalten, das sie aufs engste mit Prozessen verknüpft, die ausschließlich in der kleinsten lebenden Einheit, der Zelle, ablaufen. Die Beschäftigung mit solchen Vorgängen muß daher einen erheblichen Teil unserer Betrachtungen ausmachen. Am Ende wird die Erkenntnis stehen, daß Viren ebensowohl wie lebende Systeme vollkommen rational verständlich geworden sind. Das ist ohne Zweifel eine der revolutionierendsten Erkenntnisse, die dem menschlichen Geiste je zuteil wurden. Ermöglicht wurde sie nur dadurch, daß man lernte, der Natur endlich einmal auch dort präzise Fragen zu stellen, wo die Schleier des Geheimnisvollen stets am dichtesten gewoben schienen. Damit war, wie stets, die einzig erfolgbringende Voraussetzung für durchaus willfähriges Antworten der Natur gegeben.

Naturwissenschaftliche Methodik. Vieles wäre leichter, wenn man von den eben berührten Zusammenhängen ganz unmittelbar ein anschauliches Bild gewinnen könnte. Aber so wie der Weltenraum und seine Objekte dafür zu groß sind, so sind Zellen und Viren dafür zu klein. In allen solchen Fällen ist es bekanntlich die respekteinflößende Sache der Wissenschaft, Wege zu ersinnen, die *indirekt* zum gewünschten Ziel führen. Das *Prinzip* des indirekten Weges ist grundsätzlich einfach, leicht verständlich und stets dasselbe: Unzugängliches muß in eine logische Abhängigkeit von etwas Zugänglichem gebracht werden. Dann wird zunächst dieser zugängliche „Effekt" betrachtet oder gemessen, und darauf das darin verborgene, eigentlich gesuchte Ergebnis rückwärts daraus erschlossen.

In der Praxis ist das oft ein mühseliges, die Geduld und Denkfähigkeit auf harte Proben stellendes Unterfangen. Doch braucht uns dies hier nicht mit besonderer Besorgnis zu erfüllen, da es vor allem um anschauliche Antworten auf anschauliche Fragen gehen soll. Dazwischenliegende Unanschaulichkeiten mögen geflissentlich übersehen werden, wenn sie anfangen, allzu unbescheidene Ansprüche zu stellen. Nur sollte man sich stets bewußt bleiben, daß selbst so einfache Dinge wie etwa Gewichtsbestimmungen sofort zum Problem werden, wenn sie in Bereiche fallen, die unsere menschlichen Größenordnungen erheblich nach oben oder unten überschreiten. Niemand könnte es z. B. fertigbringen, ein winziges, auch für das stärkste Lichtmikroskop noch unsichtbares Materieteilchen mit Hilfe einer Waage zu wägen. Trotzdem ließen sich solche minimalen Gewichte, z. B. von Virusteilchen, ermitteln, als jemand auf den Gedanken kam, die Sinkgeschwindigkeit derartiger unwägbarer Partikelchen in einer Zentrifuge zu messen, was nicht allzu schwierig ist. Weil nämlich diese Sinkgeschwindigkeit in einem klaren, logischen und quantitativen Zusammenhang mit dem Teilchengewicht steht, gestattet sie dessen Berechnung. Das so durch einen Schuß um mehrere Ecken herum zur Strecke gebrachte Resultat ist grundsätzlich genau so zuverlässig als wäre es unmittelbar auf der Waage erhalten worden. Freilich ist der apparative Aufwand bei der indirekten Methode der Gewichtsbestimmung, wie bei vielen anderen indirekten Methoden, beträchtlich, und der Kaufmann darf sich glücklich schätzen, daß er zur Bedienung seiner Kunden einer Ultrazentrifuge entraten kann, um ihnen gutes Gewicht zuzumessen. Der Wissenschaftler im Labor ist wahrhaftig ebenso glücklich über jede mögliche Vereinfachung seiner Arbeit, denn seine komplizierten Apparaturen sind ihm niemals Selbstzweck, wie mancher Laie denken mag, sondern dienen ihm allein zur Beantwortung oft sehr einfacher Fragen, wie am oben gewählten Beispiel zu sehen war.

Diese kurze Werbung für verständnisvollen Respekt vor der Laboratoriumswissenschaft scheint doch wohl angebracht, weil unser Thema ohne die letztere vollkommen unzugänglich bliebe, und weil viele Menschen ihr gegenüber einen als solchen zwar löblichen, aber leider ganz und gar verständnis*losen* Respekt zeigen, der sich gern in die Worte kleidet: „das ist mir zu hoch!" Dadurch wird ganz unnötig eine Kluft aufgerissen zwischen den sogenannten höheren Sphären, in denen der Wissenschaftler wandelt, und der gewohnten alltäglichen Gedankenwelt. Tatsächlich nimmt auch die Gedankenwelt der Wissenschaft ihren Ausgang stets von ganz alltäglichen Fragestellungen. Ihre Besonderheit beruht allein darauf, daß der Naturwissenschaftler es fertigbringt und fertigbringen muß, eine Menge an sich ganz einfacher Gedanken und Tatsachen in quantitative Beziehungen zu setzen, obwohl sie auf den ersten Blick oft nicht einmal qualitativ miteinander zu tun zu haben scheinen. So entsteht auch auf vollkommen neu erschlossenen Gebieten sehr rasch ein dichtes Netz begrifflicher Verknüpfungen, das aber niemandem mehr einen heillosen Schrecken einzujagen vermag, der sich an das einfache Grundprinzip seiner Entstehung erinnert.

Entdeckung der Viren. Bereits das erstmalige Auftauchen der Viren im Gesichtskreis menschlicher Erfahrungen bietet einen typischen Paradefall für den fast unaufhörlichen Zwang zur indirekten Schlußweise, den sie auf jeden ausüben, der sich mit ihnen beschäftigt. Sie wurden keineswegs als solche entdeckt, wie etwa irgendwelche bisher unbekannten Insekten, sondern machten allein durch ihre *Wirkungen* auf sich aufmerksam. Jahrzehntelang blieben sie vollkommen unsichtbar, und es gelang trotzdem, sehr viel über sie in Erfahrung zu bringen, oft sogar ihre äußere Gestalt! Die zunächst hervorstechendste Eigenschaft, die ihnen auch den Namen gab, war ihre „Giftigkeit" für bestimmte höhere Organismen — Pflanzen oder Tiere —, die durch sie krank gemacht werden. Das allein ist aber noch nichts Besonderes, denn es gibt viele Stoffe, die als Gifte wirken. Doch gibt es sonst kein Gift, das mit den Viren die merkwürdige Eigenschaft teilt, an Menge zuzunehmen, wenn man es verdünnt. Nimmt man z. B. eine winzige Spur vom Saft einer virusvergifteten Tabakpflanze und reibt damit das Blatt einer gesunden ein, so erkrankt sie sehr bald ebenfalls an den für diese Virusvergiftung typischen Zeichen der sogenannten Mosaikkrankheit (Abb. 1). Ihr Saft enthält jetzt ein paar millionenmal mehr von dem krankmachenden Gift als je mit ihr in Berührung kam, und man könnte damit eine entsprechende Anzahl weiterer Pflanzen ins Unglück stürzen, mit deren Saft wiederum millionenmal mehr und so fort.

Natürlich wird der kritische Beobachter hier einwenden, dies alles sei doch charakteristisch für eine Infektion mit schädlichen Bakterien, denen eine beliebige Verdünnung über zahllose Wirtsorganismen hinweg gar nichts ausmachen würde, weil sie in ihnen immer wieder rasch

Abb. 1 a. Gesunde Tabakpflanze

Abb. 1 b. Tabakpflanze, mit Mosaikvirus („Gelbstamm") infiziert

zu hellen Haufen heranwachsen könnten. Der Einwand ist berechtigt, und so hat man es sich zuerst auch vorgestellt.

Doch dann kam jemand aus wer weiß welchen Gründen darauf, den krankmachenden Tabaksaft einmal durch ein Filter zu pressen, dessen Poren so eng waren, daß mit Sicherheit kein richtiges Bakterium hätte hindurchschlüpfen können. Und siehe da, der Saft hatte dadurch nichts von seiner gefährlichen Wirkung eingebüßt! Was sollte man jetzt von der ganzen Sache halten?

Der Mann (BEIJERINCK), der dies Experiment als erster mit Verständnis für seine Bedeutung ausführte — das war vor mehr als 50 Jahren — fühlte sich zwar sicher in bezug darauf, daß Bakterien als Krankheitserreger in seinen Saftfiltraten nicht in Betracht kamen. Doch ganz unumwunden eine darin gelöste, zur selbständigen Vermehrung fähige chemische Substanz von giftiger Wirkung als Erklärung vorzuschlagen, das wagte er denn doch nicht. So zog er sich auf eine Weise aus der Affäre, die recht spaßig wirkt, aber auch heute noch nicht ganz ausgestorben ist: er gab dem Ding einen wohlklingenden Namen und überließ es jedem, sich das Seine dabei zu denken. Der Name, auf den er verfiel, war „contagium vivum fluidum", was auf Deutsch „lebender, flüssiger Ansteckungsstoff" heißt. Wahrhaftig eine höchst diplomatische Ausdrucksweise! Das Fatale an solchen Namengebungen ist nur, daß sie sehr oft geeignet sind, weitere, zu neuen Experimenten führende Fragestellungen abzuschneiden und an ihrer Stelle endlosen, ebenso gelehrten wie fruchtlosen Diskussionen Tür und Tor zu öffnen.

Eine solche Entwicklung wurde zwar im vorliegenden Falle vermieden, doch stellten sich tiefere Einsichten trotzdem für längere Zeit nicht ein, vielleicht gerade deshalb, weil sehr bald andere Beispiele dafür gefunden wurden, daß ein ansteckendes Etwas durch Bakterienfilter nicht abzufangen war. Es mag hier nur die Maul- und Klauenseuche erwähnt werden, für deren „Gift" ein solcher Befund nahezu gleichzeitig mit dem entsprechenden bei der Mosaikkrankheit des Tabaks erhoben wurde (LÖFFLER u. FROSCH). So gewöhnte man sich zu schnell an solche Beobachtungen und einigte sich schließlich auf den unverbindlichen Namen Virus für „filtrierbare" Krankheitserreger. Die Filtrierbarkeit wurde sehr bald zum hauptsächlichsten Argument für die Verleihung dieser Bezeichnung, und die noch kaum angeschnittene Frage nach der Belebtheit oder Unbelebtheit eines Virus hatte keinerlei Gelegenheit, weiter hervorzutreten. Warum sollte es nicht Mikroorganismen geben, die noch viel kleiner als Bakterien sind? So blieben die Viren lange Zeit in der Obhut der Bakteriologen, die sie nicht sehr liebten, weil es ihnen nicht anzugewöhnen war, auf künstlichen Nährböden zu wachsen. Eine Vermehrung trat nur in lebenden Organismen oder wenigstens Zellgeweben ein, und diese experimentell unerfreuliche Tatsache wurde zum weiteren Kriterium dafür, ob ein durch seine Wirkungen nachgewiesener Krankheitserreger in die Gruppe der Viren einzureihen war oder nicht.

Sensation. Wirklichen Grund zur Aufregung gab es erst, als vor nunmehr 30 Jahren ein Chemiker eine Entdeckung machte, die einer Auffassung der Viren als echte, lebende Mikroorganismen strikt zu widersprechen schien. Dieser Chemiker (STANLEY) hatte sich nämlich noch einmal jenen infektiösen Tabaksaft vorgenommen, von dem schon die Rede war, und nach einer gar nicht so umständlichen Behandlung Kriställchen daraus isoliert, die offenbar nicht mehr und nicht weniger darstellten als „das Tabakmosaikvirus" (Abb. 2). Die Lösung einer winzigen Menge dieser Kriställchen in Wasser erwies sich als ebenso ansteckend für gesunde Tabakpflanzen wie der frische Saft an der Mosaikkrankheit bereits dahinsiechender Pflanzen.

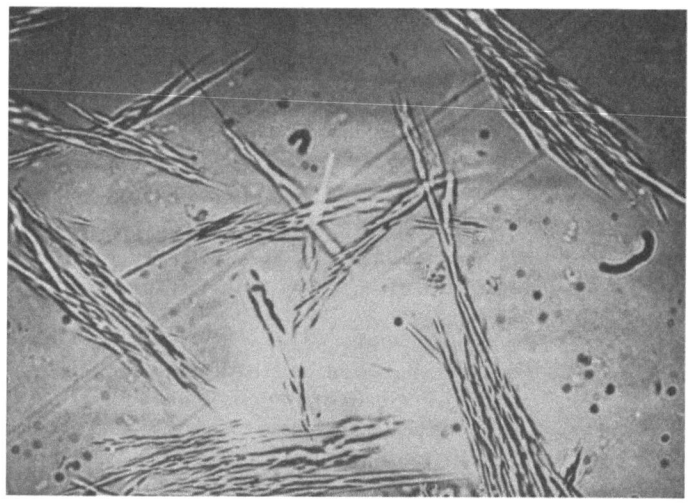

Abb. 2. Kristallnädelchen von Tabakmosaikvirus. Vergr. etwa 500fach. Jedes Nädelchen besteht aus Abertausenden von stäbchenförmigen Virusteilchen, die bei dieser schwachen Vergrößerung unsichtbar bleiben

Ließ sich jetzt noch daran zweifeln, daß der Erreger dieser Viruskrankheit in Wahrheit nur ein unbelebter, chemischer Stoff war, kristallisierbar wie Kochsalz und trotzdem imstande, sich in der Tabakpflanze zu deren Schaden unbeschränkt zu vermehren? So schwer es aus „weltanschaulichen" Gründen fiel — man war zunächst wenig zu solchen Zweifeln geneigt, besonders, weil bald noch weitere Virusarten kristallisiert erhalten werden konnten. Nach und nach stellte sich jedoch heraus, daß diese Argumente doch nicht ganz so stichhaltig sind, wie sie auf den ersten Blick erscheinen mögen. Aber wenn man sie ein wenig modifiziert und ihre allzu kahle Blöße mit weiterem Tatsachenmaterial bedeckt, geben sie einen ganz passablen Kern für eine zutreffende Vorstellung von dem ab, was man Virus nennt. Viel wichtiger als dies war aber vorerst die Sensation, die durch die „lebenden Kristalle" erregt wurde, denn jetzt fingen mehr und mehr von jenen unheimlichen Leuten, die sich Chemiker und Physiker nennen, an, sich für Viren zu interessieren. Dadurch, daß plötzlich aus Ultra-Mikroorganismen kristallisierbare Substanzen geworden waren, bot sich für ihre Methodik und Denkweise hier ein ganz neues Betätigungsfeld von unabsehbarer Ausdehnung.

Kristalle sind bekanntlich aus kleineren Teilchen aufgebaut, die sich in großer Zahl wunderbar regelmäßig zusammengelagert haben. In einem Viruskristall sind diese kleineren Teilchen — in erster Näherung — alle identisch, und jedes von ihnen stellt ein sogenanntes Molekül dar, also ein Virusmolekül (Abb. 3). Jedes dieser Moleküle hin-

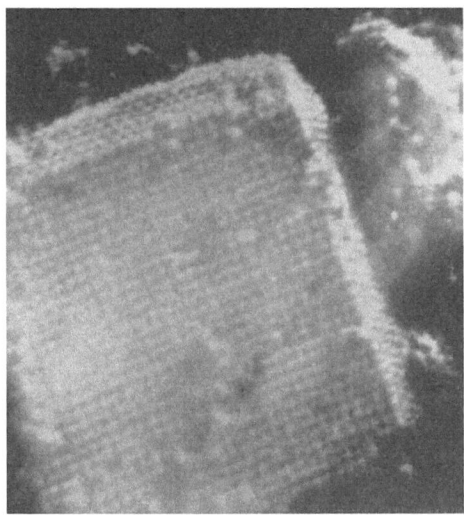

Abb. 3. Würfelförmiger Kristall des Tabaknekrosevirus unter dem Elektronenmikroskop. Man erkennt bei dieser enormen Vergrößerung (etwa 50 000fach) die einzelnen, in diesem Fall kugelförmigen Virusteilchen, die sich in regelmäßiger Anordnung zusammengelagert haben, um so den Kristall zu bilden

wiederum setzt sich aus einer riesigen Zahl verschiedener Atome (Kohlenstoff, Wasserstoff, Stickstoff u. a.) zusammen, die alle sehr viel fester aneinanderhängen als die einzelnen Virusmoleküle untereinander im Kristall, weshalb sie sich nicht voneinander trennen, wenn man den Kristall in Wasser auflöst. Dabei machen sich nur die *ganzen* Moleküle selbständig und gehen ihre eigenen Wege.

Schon die ersten Experimente mit Viruskristallen machten es äußerst wahrscheinlich, daß ein einziges solches Virusmolekül genügt, wenn es in den passenden Organismus hineingelangt, um hier eine Vermehrungslawine auszulösen, in der Millionen weiterer, gleichartiger Moleküle entstehen. Das eben war das Unerhörte, und man mußte sich fragen, wie so etwas überhaupt möglich sein konnte. Ließ sich diese merkwürdige Fähigkeit zur Selbstvermehrung oder „identischen Autoreduplikation" irgendwie aus der Feinstruktur des Virusmoleküls nach physikalischen oder chemischen Gesetzen erklären?

Besonderes Gewicht erhielt dieses Problem noch dadurch, daß man sich schon lange genötigt glaubte, auch bei ganz normalen Bestandteilen *jeder* lebenden Zelle jene rätselhafte Eigenschaft vorauszusetzen, vor allem bei den Erbfaktoren oder Genen, die man sich mit einigem Grund ebenfalls als selbstvermehrungsfähige Riesenmoleküle vorstellte. Da man aber niemals hoffen konnte, sie als reine Substanzen in die Hände zu bekommen, blieb das alles bis zur Entdeckung der Kristallisierbarkeit von Viren bloße Spekulation. Hier hatte man endlich solche selbstvermehrungsfähigen Riesenmoleküle, gesäubert von Verunreinigungen, zur Verfügung, konnte ihrem Aufbau mit dem ganzen Arsenal exakter Laboratoriumsmethoden zu Leibe rücken und auch hoffen, ihren Weg im lebenden Organismus und die Wirkungen, die sie hier entfalten, lückenlos zu verfolgen.

Um aber verstehen zu können, warum bei alledem die Suche nach dem *Vermehrungsmechanismus* so sehr im Vordergrunde des Interesses steht, gilt es jetzt, den Begriff „Vermehrung" etwas näher anzusehen und sich dabei klar zu machen, welche Schlüsselstellung er einnimmt, wenn es um ein rationales Verständnis nicht nur des Virus, sondern der Lebensvorgänge überhaupt geht.

II. Betrachtungen zum Begriff „Vermehrung"

„Mechanismus" oder „Wesen"? Vielleicht wird sich mancher Leser an dem Wort „Mechanismus" stoßen, das am Schluß des vorhergehenden Kapitels im Zusammenhang mit den Problemen gebraucht wurde, die uns die Lebensvorgänge aufgeben. Sind wir denn nicht längst — und ganz besonders da, wo es sich um die Enträtselung der Lebenserscheinungen handelt — über primitive mechanistische Vorstellungen hinausgelangt?

Hierauf läßt sich nur mit der Gegenfrage antworten: Was berechtigt denn eigentlich zu der landläufigen, aber höchst oberflächlichen Verkoppelung der beiden Eigenschaftswörter „mechanistisch" und „primitiv"? Es ist doch immerhin auffallend, daß jeder sich über eine mechanistische Denkweise turmhoch erhaben fühlende Durchschnittsphilosoph, wenn er seine Gedanken über Gott und die Welt mitteilt, stets einer viel größeren, zu verständnisvoller Zustimmung bereiten Zuhörerschaft sicher sein darf als jemand, der naturwissenschaftliche Erkenntnisse vermitteln möchte. Es muß also auf jeden Fall leichter sein, den Ausführungen des ersteren zu folgen — oder könnte man wohl im Ernst behaupten, daß die Zahl beifallspendender Zuhörer ein verläßliches Maß für die Höhe der geistigen Ansprüche abgibt, die das Vorgetragene stellt? Der Naturwissenschaftler hat es eben einzig und allein deshalb so schwer, sich verständlich zu machen und mehr als

— fast unwillige — Verwunderung zu erregen, weil er stets auf dem gründlichen Durchdenken mehr oder weniger komplizierter Mechanismen bestehen muß. Er kann nur das als erklärt und verstanden gelten lassen, was sich restlos auf ein Zusammenspiel objektiv erfaßbarer Faktoren zurückführen läßt, also auf einen Mechanismus. Ein solcher läßt sich aber im Grunde immer nur ganz oder gar nicht begreifen und stellt daher auch bei denen, die ihn nur nach-denken wollen, ein gewisses Minimum an intellektuellen Anforderungen. Einem Mechanismus gegenüber sind „Deutung" und „Gesamtschau" offensichtlich fehl am Platze. Deshalb gibt sich bekanntlich der schlechte Automechaniker durch wortreiche, doch nur für den Sonntagsfahrer überzeugend klingende „Erklärungen" für ungebesserte Störungen zu erkennen. Erklärungen solcher Art gehören aber in die Klasse der Scheinerklärungen, die auf listige oder einfältige Weise gerade den springenden Punkt umgehen und deshalb ohne alle realen Konsequenzen bleiben, auch wenn sich noch so angenehm in ihnen schwelgen läßt. Daß dies nicht selten möglich ist, z. B. unter Voranstellung rein ästhetischer Gesichtspunkte beim Entwurf weltanschaulicher Gemälde, kann natürlich nicht geleugnet werden.

Freilich muß man beachten, daß die Naturwissenschaften es nicht nur mit Mechanismen zu tun haben, die „mit Hebeln und mit Schrauben" arbeiten. Es kommen ebenso gut, um nur ein paar zu nennen, chemische, elektrische, selektionistische, ja manchmal sogar rein mathematische „Mechanismen" in Betracht. Ein solcher mathematischer Mechanismus findet seinen Ausdruck z. B. in der logischen Struktur einer bestimmten Formel, die das Verhalten von Atomen korrekt beschreibt, denen mit anschaulichen Modellen nicht beizukommen ist.

Fragen wir also zum Schluß dieses kleinen Diskurses über die mechanistischen Prinzipien der Naturwissenschaften noch einmal: ist es wirklich „primitiv", über Generationen hinweg im Laboratorium mühevoll Beobachtung auf Beobachtung zu häufen, um schließlich — noch stets mit Erfolg und ohne je ein Ergebnis leichtsinnig vorwegzunehmen — aus ihnen mit großem Scharfsinn auf die zugrundeliegenden Mechanismen zu schließen, die dann wiederum jede Einzelbeobachtung als logische, unvermeidliche Folge ihrer charakteristischen inneren Struktur verständlich werden lassen? Es will uns doch scheinen, daß diese Art, zu Erkenntnissen über uns und unsere Welt zu gelangen, mehr Respekt vor dem wunderbaren Gewebe des Mikro- und Makrokosmos verrät als jede noch so tiefsinnige, eigentlich aber doch im wahrsten Wortsinne leichtfertige, rein „philosophische" Ausdeutung einiger meist allzu magerer „Erfahrungstatsachen".

Zwei Vermehrungsschemata. Da ich also meinen Lesern ganz offensichtlich eine Beschäftigung mit Mechanismen nicht ersparen kann, stürzen wir uns am besten gleich mitten hinein und fragen nach den hervorstechendsten Eigenschaften lebender Zellen und den für diese Eigenschaften verantwortlich zu machenden Mechanismen, so weit sie bisher durchschaut werden konnten. Daß wir die wichtigsten Lebensprozesse an der einzelnen (möglichst autonomen) Zelle und nicht an vielzelligen Organismen studieren und darlegen wollen, hat mehrere, z. T. auf der Hand liegende Gründe. Einer der zwingendsten ist der, daß die uns vor allem interessierende Virusvermehrung sich im Inneren von Zellen und nirgends sonst abspielt.

Die Bakterienzelle ist ein ausgezeichnetes Beispiel für unseren Zweck. Bringt man sie in eine geeignete Umgebung, so vermehrt sie sich rapide, wie wir oft zu unserem Schaden feststellen müssen, d. h. sie nimmt zunächst an Masse zu, teilt sich sodann in zwei Tochterzellen, und diese wiederholen jede für sich den gleichen Vorgang, bis aus einer Zelle über 2, 4, 8, 16, 32 und so fort schließlich Milliarden geworden sind. In jeder Generation, oder in gleichen Zeitabständen, was hier wichtiger ist, wird also die Zellzahl immer wieder verdoppelt. Eine solche Vermehrungsweise nennt man „geometrisch".

Eine ganz andere Vermehrungsweise hingegen gilt z. B. für die Arbeiterinnen eines Bienenstaates. Hier legt die Königin in gleichen Zeitabständen immer nur *ein* Ei, aus dem nur *eine* Arbeiterin werden kann, die ihrerseits das Eierlegen nicht gelernt hat. Die Zahl der Arbeiterinnen im Staat wächst daher in gleichen Zeitabständen um immer den gleichen Betrag, und eine solche Vermehrungsweise nennt man „arithmetisch". Diese beiden Vermehrungstypen müssen wir uns merken, denn sie werden uns später noch sehr beschäftigen.

Zwar wissen wir nun, nach welchem *Schema* Vermehrungen ablaufen können, aber das sagt uns noch nichts darüber, welche „treibende Kraft" hinter einem biologischen Vermehrungsprozeß steht. Sollen wir uns etwa mit der Scheinerklärung begnügen, das sei eben die Lebenskraft? Dann könnte ebenso gut ein Student der Wirtschaftswissenschaften mit der Auskunft zufrieden sein, der Zinsfuß sei die treibende Kraft für die Vermehrung eines Bankkontos!

Wir wissen natürlich, daß Zinsen schließlich immer nur durch irgendwo geleistete Arbeit, durch Energie- und Güterumsätze einkommen. Das Gleiche gilt aber auch für die „Zinsen", die eine Bakterienzelle in Gestalt ihrer Milliarden von Tochterzellen einbringt, die übrigens gewissermaßen alle zum Kapital geschlagen werden, also Zinseszins tragen (geometrischer Vermehrungstyp, s. o.!). Auch hier ist die treibende Kraft in Energie- und Stoffumsätzen zu suchen. In beiden Fällen kann man nun, wenn man will, den Einzelheiten über Umfang und Qualität der verrichteten Arbeiten und vollzogenen Umsätze, über ihr Wie, Wann und Wo nachgehen, um so, und nur so, ein erschöpfendes Bild des Zusammenwirkens aller der Faktoren zu gewinnen, die einerseits die Kapitalanhäufungen in den Banken, andererseits die Zellanhäufungen im Kulturröhrchen des Bakteriologen bewirken und regulieren. Dies letztere ist jetzt unser Anliegen.

Fließbandfabrikation. Manche stofflichen Umsetzungen, die von Zellen vollzogen werden können, kennt man schon recht lange, z. B. die Vergärung von Zucker zu Alkohol und Kohlensäure durch Hefezellen. PASTEUR, der diese Entdeckung machte, hielt die alkoholische Gärung für eine „Lebensfunktion" der Hefezelle. Er, der Meister sauberer Experimente und scharfsinniger Schlüsse, begnügte sich merkwürdigerweise für sein Teil mit dieser typischen Scheinerklärung, ohne das Bedürfnis zu empfinden, mit weiteren Forschungen eine so willkürlich aufgerichtete Barriere zu durchbrechen. Dem Denken — oder besser: den Gefühlen — seiner Zeitgenossen kam er damit allerdings sehr entgegen, und deshalb verursachte ein sehr einfaches Experiment, das zwei Jahre nach seinem Tode gemacht wurde, eine in gar keinem Verhältnis zu der damit verbundenen Leistung stehende Sensation: es war gelungen, mit einem aus Hefezellen hergestellten *zellfreien Preßsaft* Zucker zu Alkohol und Kohlensäure zu vergären (BUCHNER).

Wir erinnern uns hier einer ähnlichen Sensation anläßlich der Entdeckung der Kristallisierbarkeit des Tabakmosaikvirus. Offenbar kommt es zu Sensationen solcher Art immer, wenn vorgefaßte Meinungen, die fest im allgemeinen Bewußtsein verankert sind, durch Tatsachen umgestoßen werden. So wird es noch manche derartige Sensation geben, denn der vorgefaßten Meinungen sind noch viele.

Der zuckervergärende Hefesaft gab den Anstoß zum nach und nach immer erfolgreicheren Eindringen in die chemischen Mechanismen lebender Zellen. Viren gaben später einen neuen Anstoß in der gleichen Richtung, aber gewissermaßen auf einer höheren Ebene, wie wir schon einmal andeuteten und später noch genauer sehen werden. Da also der Hefesaft eine wohlbekannte chemische Substanz, nämlich Zucker, in andere, ebenso gut bekannte chemische Stoffe, nämlich Alkohol und Kohlendioxyd umzuwandeln vermochte, war anzunehmen, daß in ihm etwas enthalten sei, das diese Umwandlung bewirkte. Die mysteriöse Lebenskraft kam glücklicherweise — denn sonst hätte man sich um weitere Aufklärung wieder nicht bemüht — hier nicht mehr in Betracht, selbst nicht für ihre eingefleischtesten Anhänger. Daß diese Kraft noch in eine Flüssigkeit zu bannen sein sollte, die sonst keinerlei Lebenszeichen mehr von sich gab, hätte sie vermutlich in den Augen ihrer Verteidiger zu sehr herabgewürdigt. Nun konnten also nur noch diejenigen weiterhelfen, die nach Ansicht der „Vitalisten" respektlos genug waren, um handfesten, mechanistischen Vorstellungen zu huldigen, sogar dem Lebendigen gegenüber. Nach mechanistischer Auffassung mußte der Hefesaft und somit auch die lebende Hefezelle, aus der er stammt, *Stoffe* enthalten, die mit Zucker irgendwie chemisch reagieren und dadurch seine Spaltung herbeiführen. Also galt es, diese spaltenden Stoffe oder „Enzyme", wie man sie nannte, aus dem Saft zu isolieren, um sie näher untersuchen zu können.

Die Aufgabe war weit, weit schwieriger als zunächst angenommen und wurde erst vor ein paar Jahren endgültig gelöst. Das hatte zwei Gründe: erstens waren diese gesuchten Stoffe bzw. Enzyme sehr empfindlich, so daß erst besondere Methoden entwickelt werden mußten, um sie bei den Reinigungsversuchen nicht zu zerstören oder unwirksam zu machen. Die nötige Verfeinerung der Experimentierkunst brauchte viel Zeit. Zweitens aber stellte es sich heraus, daß eine unerwartet große Zahl in ihrem chemischen Aufbau und vor allem in ihrer chemischen Wirkung ganz verschiedener Enzyme und Hilfssubstanzen im Hefesaft vorhanden war, die alle zusammenarbeiten mußten, damit Zucker in Alkohol und Kohlendioxyd gespalten werden konnte. Das geschieht nämlich nicht auf einen Ruck, wie man anfänglich dachte, sondern nur Schritt für Schritt über viele chemische Zwischenstufen, die der Zucker durchlaufen muß, bis schließlich die beiden Endprodukte aus ihm geworden sind. Jede Zwischenumwandlung aber erfordert ein besonderes Enzym, so wie jeder Handgriff beim Zusammenbau eines Autos am Fließband einen besonderen Arbeiter erfordert. Wenn er ausfällt und nicht ersetzt werden kann, dann verlassen bei dieser Art der Arbeitsteilung auch keine Autos mehr — als Endprodukte — die Fabrik.

Man kann sich vorstellen, welcher Aufwand an Mühe und an unerhörter Geschicklichkeit dazugehörte, bis dieses chemische Fließband, das im Hefesaft bzw. in der Hefezelle am Zucker herumarbeitet, in allen Einzelheiten rekonstruiert war, wenn man hört, daß ein rundes Dutzend verschiedener Enzyme sich an dieser Arbeit beteiligt. Sie sind übrigens durchweg Eiweißstoffe und deshalb so empfindlich. Heutzutage aber kann man sie, jedes für sich, in reiner Form gewinnen, in Flaschen füllen und in den Schrank stellen. Mischt man sie wieder zusammen und fügt Zuckerlösung hinzu, dann beginnt sofort dessen Umwandlung in Alkohol und Kohlensäure.

Das Bild vom Fließband gibt in der Tat recht anschaulich wieder, was chemisch in der Zelle geschieht, wenn sie aufgenommene Stoffe abbaut, umbaut oder andere daraus aufbaut. Stets werden diese Umwandlungen, wie man heute auf Grund unzähliger experimenteller Studien weiß, Schritt für Schritt auf solchen chemischen Fließbändern vollzogen, die bereits fix und fertig in der Zelle „montiert" sind, wohlbesetzt mit „Arbeitern" in Gestalt der verschiedensten Typen von Enzymmolekülen, von denen jede Sorte einen bestimmten chemischen „Handgriff" vollzieht: nur diesen, keinen anderen. Dessen Vollzug verändert das Enzymmolekül nicht bleibend. Man könnte ja denken, als chemischer Stoff könnte es die von ihm verlangte chemische Umwandlung eines in der Zellflüssigkeit dahertreibenden anderen Stoffes, auf den es spezifisch eingestellt ist, nur bewirken, indem es chemisch mit ihm reagiert und sich so gleichfalls zwangsläufig verändert. Das tut es auch für einen Augenblick, aber wenn die Reaktion im Bruchteil des

Bruchteils einer Sekunde zu Ende ist, dann ist nur der eine Partner dieser Reaktion in einen neuen Stoff verwandelt. Der andere, das Enzymteilchen, geht wie Phönix aus der Asche völlig unversehrt daraus hervor und kann den gleichen Vorgang mit neuen „Arbeitsstücken" sofort wiederholen. Ein menschlicher Arbeiter am mechanischen Fließband wird ja zum Glück auch nicht in das Auto eingebaut oder auch nur bei der Ausführung seines sich ewig wiederholenden Handgriffs beschädigt — wenigstens nicht, wenn er aufpaßt. Sonst wäre das eine teure und unpraktische Angelegenheit, die sich weder Ford noch die Zelle leisten könnten.

Jedes Enzym wirkt also, wie man sagt, als „Katalysator" einer bestimmten chemischen Umwandlung, die von selbst nicht ablaufen würde, d. h. es ermöglicht sie, ohne endgültig in sie einbezogen zu werden. Die chemische Industrie benutzt solche Katalysatoren ebenfalls, z. B. für die Herstellung von Stickstoffdünger aus der Luft oder die Umwandlung von Kohle in Benzin. Nur handelt es sich bei den technischen Katalysatoren meist nicht um Eiweißstoffe, sondern um sehr viel widerstandsfähigere chemische Verbindungen.

Wir wissen nun also, auf welche Weise eine Zelle irgendwelche Stoffe, die sie aus ihrer Umgebung aufnimmt, behandelt, um aus ihnen andere zu machen. Der Zweck ihrer chemischen Anstrengungen liegt in den meisten Fällen auf der Hand: wenn sie wächst und sich teilt, bedeutet das ja nichts anderes, als daß sie weitere Mengen von allen den Enzymen und sonstigen Stoffen, aus denen sie selbst besteht, neu herstellt. Da sie aber fast nichts davon unter den chemischen Substanzen ihrer Umgebung fertig vorfindet, bleibt ihr nur der Ausweg, aus den vorgefundenen Stoffen, soweit sie für sie „Nährstoffe" sind, d. h. verarbeitet werden können, auf chemischem Wege das Material aufzubauen, aus dem sie selbst sich zusammensetzt. Dazu aber dienen ihre chemischen Fließbänder. Besonders die Zellen von Mikroorganismen haben es in dieser Kunst oft sehr weit gebracht. Aus einer wäßrigen Lösung, die nur ein paar Salze und eine kohlenstoffhaltige Verbindung, z. B. Glyzerin, enthält, vermögen sie die kompliziertesten chemischen Moleküle für die Aufrechterhaltung und Vermehrung ihres eigenen Bestandes herzustellen.

Energiegewinnung. Doch wie soll man jene Fälle verstehen, in denen die Zelle schließlich scheinbar nichts anderes erreicht als mit umfangreicher Fließbandarbeit ein Produkt herzustellen, das sich für sie als unbrauchbar erweist und deshalb einfach ausgeschieden wird? Die Hefezelle z. B., die mit ihrer Alkoholfabrikation doch überhaupt den ersten Hinweis auf die chemischen Methoden lebender Gebilde lieferte, kann mit dem von ihr produzierten Alkohol gar nichts anfangen. Wozu dient also der Aufwand, den sie hier mit der Bereitstellung eines besonderen und, wie man sah, nicht gerade einfachen Fließbandes treibt? Will sie sich nur mit dem Produkt ihrer privaten Schwarzbrennerei betrinken? Nun, das tut sie tatsächlich, wenn sie Gelegenheit dazu hat, und zwar so sinnlos, daß sie den Rausch oft nicht überlebt. Doch geschieht es eigentlich unfreiwillig und kann kaum der Hauptzweck ihrer beträchtlichen Aufwendungen zur Gewinnung von Alkohol sein. Es ist auch nicht der Hauptzweck, sondern es steckt etwas viel Wunderbareres dahinter.

Um das zu verstehen, müssen wir uns klar machen, wessen es — außer Ziegelsteinen, Mörtel und Balken — noch bedarf, wenn man z. B. ein Haus bauen will. Die Antwort wurde schon in einem der ersten Abschnitte dieses Kapitels andeutend vorweggenommen: es muß beim Hausbau ja auch Arbeit geleistet werden, und dazu braucht man Vorräte an Energie (Frühstücksbrote für die Arbeiter, elektrischen Strom oder Benzin für Betonmischmaschinen, Aufzüge usw.). Die Zelle befindet sich in derselben Lage, wenn sie ihr Haus, mit dem sie übrigens in jeder Beziehung identisch ist, erweitern, d. h. wachsen und sich vermehren will. Auch das geht nicht ohne Arbeitsaufwand vonstatten, und dafür muß die Zelle eine Energiequelle erschließen.

Für sie als ingenöse Chemikerin ist es natürlich das Nächstliegende, *chemische* Energiequellen anzubohren. Das aber tut sie mit besonderen, nur diesem Zweck dienenden chemischen Fließbändern, deren augenscheinliche Endprodukte zwar schließlich für sie unbrauchbar werden, wie der Alkohol und die Kohlensäure für die Hefezelle. Aber bei diesem Fließbandtyp kommt es eben, im Gegensatz zu dem *aufbauenden* Typ, nicht auf das *chemische* Endprodukt an. Es handelt sich vielmehr um einen *abbauenden* Typ, dessen Mechanismus sich einer angebotenen chemischen Substanz, z. B. des Zuckers bemächtigt, um durch chemische Umwandlungen Energie, also ein *physikalisches* Nutzungsprodukt, daraus zu gewinnen.

Daß chemische Umwandlungen Energie liefern können, ist wohl zu allgemein bekannt, als daß näher darauf eingegangen werden müßte. Die im täglichen Leben am häufigsten zur Energiegewinnung herangezogene chemische Umwandlung ist die Verbrennung, d. h. ein Vorgang, bei dem Luftsauerstoff unter Wärmeentwicklung (aber nicht notwendigerweise unter Feuererscheinung!) mit einer „brennbaren Substanz" reagiert. Lebende Zellen machen von dieser Möglichkeit zur Energiegewinnung zwar ebenfalls sehr häufig Gebrauch, denn von allen ihnen zugänglichen, energiespendenden chemischen Prozessen liefert dieser Vorgang, der hier Atmung genannt wird, bei weitem am meisten Energie. Doch enthalten manche Zelltypen die erstaunlichsten Spezialfließbänder, um auch dann Energie gewinnen zu können, wenn Sauerstoff aus irgendwelchen Gründen nicht verfügbar ist. Einem dieser Spezialmechanismen haben wir schon ausführliche Betrachtungen gewidmet: der alkoholischen Gärung. Tatsächlich benutzt die Hefezelle diese — ziemlich unwirtschaftliche — Art der Energiegewinnung nur, wenn Luftsauerstoff für sie unerreichbar ist. Bekommt sie ihn aber, dann wird das Gärungsfließband sofort automatisch abgeschaltet. Statt dessen tritt ein anderes in Funktion, bei dem durch Ausnützung des Luftsauerstoffes vom Zucker nicht Kohlensäure und Alkohol (der ja brennbar ist, also noch erhebliche ungenützte Energiemengen enthält), sondern Kohlensäure und Wasser übrigbleiben. Aus diesen beiden Endprodukten ist auf chemischem Wege keine Energie mehr zu gewinnen.

Energieausnützung. Wir sollten jetzt noch kurz darauf eingehen, wie sich die Zelle jene Energie nutzbar macht, die sie aus dem Abbau von chemischen Substanzen, d. h. von Nährstoffen, herausholt. Man hat lange Zeit gedacht, dies sei sehr einfach: bei chemischen Umwandlungen, die Energie liefern, erscheint diese Energie ja meist in Form von Wärme. Also nahm man an, der Zelle käme es auf diese Wärmeenergie an, so wie uns, wenn wir unter Dampfkesseln Kohle verbrennen. In Wirklichkeit kann sie jedoch mit Wärmeenergie nur sehr wenig anfangen, und zwar aus folgendem Grunde.

Gebraucht wird Energie in der Zelle überall da, wo kompliziertere chemische Verbindungen aus einfacheren Bausteinen aufzubauen sind. Aber solche Bausteinmoleküle tun einem keineswegs willfährig den Gefallen, sich zu komplizierteren Molekülen zusammenzufügen, wenn man sie nur kurzerhand erwärmt. So geht es also nicht. Dieses Ziel läßt sich jedoch erreichen, wenn man die Bausteinmoleküle mit Energie auflädt und sie so gewissermaßen in gespannte Federn verwandelt, die nur auf den leisesten Anstoß warten, um loszuschnappen und sich dabei miteinander zu verhäkeln. Wie aber soll man sie aufladen? Einfach nach demselben Prinzip: man nimmt erst einmal — woher, wird gleich gesagt werden — ein „Spezialmolekül", das besonders energiereich ist und läßt es ein wenig, aber nicht ganz losschnappen. Dabei verhäkelt es sich mit dem Bausteinmolekül, das „aufgeladen" werden soll. Den beiden so zusammengefügten Partnern bleibt jetzt der noch nicht aufgebrauchte Rest an chemischer Federspannung, der von jenem Spezialmolekül herrührt und genügt, um in einem zweiten „Zuschnappen" die eigentlich erwünschte, endgültige Vereinigung des aufgeladenen Bausteinmoleküls mit einem weiteren zu vollziehen. Wenn jetzt noch dafür gesorgt wäre, daß der spannungslos gewordene Rest des „Spezialmoleküls" sich in dem Augenblick wieder selbständig macht, da die beiden Bausteinmoleküle fest zusammenhängen, dann wäre das gesteckte Ziel schon erreicht. Nun, es *ist* dafür gesorgt, denn die Chemie verfügt über die erstaunlichsten Tricks, und nur durch ihre vollendete Ausnützung baut sich dann also die Zelle auf, was sie braucht. Unter Verwendung immer neuer, noch nicht entladener „Spezialmoleküle" als Energiespender lassen sich auf dem geschilderten Wege einfache, aus wenigen Atomen bestehende Bausteinmoleküle zu, wenn nötig, beliebig langen Ketten, zu Netzen und kompliziertesten räumlichen Strukturen, d. h. zu sogenannten „Riesenmolekülen" zusammenfügen.

Darauf aber kommt es in der Zelle immer wieder an. Ihre wichtigsten Apparate bestehen aus solchen Riesenmolekülen und Komplexen noch höherer Ordnung. Unentbehrliche Mitglieder dieser Gesellschaft sind u. a. die Enzymmoleküle, die wir schon kennengelernt haben. Bei der beschriebenen „Schnapperei" z. B. spielen sie wiederum eine maßgebliche Rolle als geschickte Fließbandarbeiter, die dafür sorgen, daß alles geordnet abläuft und zu den erwünschten Produkten führt, indem sie immer nur die „richtigen" Bausteinmoleküle eine Verbindung miteinander eingehen lassen.

Die Geschichte ist aber offensichtlich noch nicht zu Ende erzählt. Wo deckt denn eigentlich die Zelle ihren zweifellos enormen Bedarf an diesen energiereichen „Spezialmolekülen"? Ihre Herkunft wurde bis jetzt verschwiegen. Die Antwort ist: sie entstehen als Produkt der Energie-Fließbänder (Atmung und Gärung), die also aus Zucker nicht nur Kohlensäure und Wasser (oder Alkohol) machen, sondern auch solche chemischen Springfedern. Hier wird die beim Zuckerabbau verfügbar werdende Energie hineingesteckt und aufbewahrt, statt ihr Gelegenheit zu lassen, sich als Wärme praktisch unbenutzbar zu verflüchtigen. Diese mit chemischer Spannung geladenen Moleküle (ihr wichtigster Vertreter heißt Adenosin-triphosphat, kurz ATP) werden von der voll in Betrieb befindlichen Zelle sofort verbraucht, doch das Wichtigste dabei ist, daß die nach Erfüllung ihrer Aufgabe spannungslos gewordenen Reste der „Spezialmoleküle", von denen schon die Rede war (aus ATP wird z. B. Adenosin-monophosphat und anorganisches Phosphat), an die Atmungs- und Gärungsfließbänder zurückkehren und hier immer wieder in die energiereiche Form zurückverwandelt werden. Die ATP-Moleküle sind also richtige, transportable Akkumulatoren, die ihre gespeicherte Energie stets nur dort abgeben, wo sie wirklich gerade benötigt wird. Dieses Hin und Her wickelt sich sehr rasch ab, und deshalb ist die absolute Menge dieser eigenartigen Molekülsorte in jeder Zelle nur recht klein. Daher blieben sie trotz ihrer wichtigen Vermittlerrolle zunächst lange Zeit unbeachtet und sogar unentdeckt.

All diese hier skizzierten Vorgänge sind vom chemischen Standpunkt ganz durchsichtig, und es haftet ihnen in dieser Beziehung nichts eigentlich Geheimnisvolles an. Selbst hier ist man inzwischen schon so weit, daß man ziemlich umfangreiche Teile dieses chemischen Orchesters dazu bringen kann, statt in der Zelle auch im Reagenzglas noch im richtigen Takt zu spielen und allerhand Stoffe nach Wunsch aufzubauen. Die viel verlästerte, verachtete „Materie" kann eben unendlich viel mehr als manche rechthaberischen Philosophen ihr zutrauen wollen. Dem Naturwissenschaftler aber nötigt sie immer wieder die größte Bewunderung ab. Die Anordnung und gegenseitige Verknüpfung der auf- und abbauenden chemischen Prozesse in der Zelle in ihrem fein ausgewogenen Zusammenspiel durchschauen zu lernen, gewährt ebensowohl ästhetische wie intellektuelle Freuden, gerade weil das Unerwartete hier eine so große Rolle spielt. Dies alles vollkommen zu würdigen, wird freilich nur dem gelingen, der den Tatsachen in allen Einzelheiten nachzugehen vermag. Aber es steht doch zu hoffen, daß auch die hier gewählte, sehr allgemein gehaltene Darstellung ausreicht, den gewünschten Eindruck bei allen jenen Lesern zu erwecken, denen allzu viele Einzelheiten nichts mehr sagen würden.

Spiel mit verteilten Rollen. Jetzt aber gilt es, das chemische Zusammenspiel in der Zelle in einem letzten Anlauf konsequent bis zum Ende zu durchdenken. Hat es überhaupt ein Ende? Das muß untersucht werden! Fassen wir zu diesem Zweck das bisher Vorgetragene noch einmal zusammen: Zellen, die wachsen und sich vermehren, synthetisieren dabei offenbar unaufhörlich mehr und mehr von allen den chemischen Bestandteilen, aus denen sich jede von ihnen zusammensetzt. Allein hierin kommt ihr „Lebendigsein" zum Ausdruck, denn sonst geschieht ja gar nichts. Wir können daher auch, umgekehrt, sagen: *Jede Versammlung von Stoffen, zwischen denen chemische Umsetzungen und Wechselwirkungen so ablaufen, daß sie alle ohne Ausnahme dabei aus einfachsten Verbindungen ständig neu aufgebaut, d. h. vermehrt werden, stellt ein lebendes System dar, ist „lebendig"*. Die verschwommene Frage „was ist Leben" läßt sich also an diesem Punkt, wo uns das Lebensphänomen in seiner einfachsten Gestalt zuerst entgegentritt, ganz scharf präzisieren und damit wissenschaftlich brauchbar machen, denn jetzt erst können wir weiter fragen: Von welcher Art müssen die chemischen Umsetzungen und wie müssen die Stoffe gebaut sein, zwischen denen sie sich abspielen, damit ein solches bezüglich seiner sämtlichen Syntheseleistungen vollkommen autonomes System zustandekommt?

Das Rohmaterial für seine synthetischen Leistungen kann das System, d. h. die Zelle, natürlich nur aus der Umgebung nehmen, denn aus nichts kann auch eine Zelle nichts machen. Deshalb hat man sie häufig als „offenes" System apostrophiert, weil man sich von der ständigen Aufnahme von Nähr- und Abgabe von Abfallstoffen zu sehr beeindrucken ließ. Zu fruchtbaren Ideen konnte diese im Grunde triviale Betrachtungsweise nicht verhelfen, denn es ist, wie wir feststellen müssen, gerade die *produktive Geschlossenheit*, durch welche das lebende System sich von anderen abhebt, denen diese Geschlossenheit infolge von Lücken im molekularen Zusammenspiel fehlt, obwohl auch sie lange Zeit das Phänomen ständiger Stoffaufnahme und -abgabe zeigen können.

Um das Rohmaterial für chemische Synthesen entsprechend verarbeiten zu können, *muß* die Zelle, wie wir schon gesehen haben, zu einem sehr beträchtlichen Teil aus Enzymen bestehen, die so zu chemischen Fließbändern zusammengestellt sind, daß aus den Roh- bzw. Nährstoffen teils weitere Zellbestandteile von der Art der schon vorhandenen hergestellt werden können, teils die dafür benötigte Energie gewinnbar wird. Weisen wir noch einmal ausdrücklich darauf hin, daß praktisch stets ein und derselbe Nährstoff, z. B. Zucker (oder Glyzerin oder Essigsäure usw.) *beiden* Zwecken dienen kann, je nachdem, ob er auf ein *abbauendes* (Energiegewinnung) oder auf ein *aufbauendes* chemisches Fließband gerät. Das bedeutet natürlich eine wichtige Vereinfachung der Verarbeitungsvorrichtungen in der Zelle. Da sie zudem die gewonnene Energie, unabhängig davon, welche Art von Nährstoff angeboten und abgebaut wurde, stets in denselben Typen von „Spezialmolekülen" speichert, ergibt sich hiermit eine weitere Vereinfachung des apparativen Aufwandes. Übrigens hängen die Fließbänder der Zelle durch vielfältigste Querverbindungen und Verzweigungen alle miteinander zusammen, so daß sich ein umfassendes dynamisches Netzwerk unaufhörlich in allen möglichen Richtungen ablaufender, chemischer Reaktionen ergibt.

Diese spezifische Dynamik, entfaltet von vielerlei verschiedenen, Hand in Hand arbeitenden Enzymmolekülen, befähigt das System also zunächst zu beliebig vielseitigen chemischen Synthesen. Es ist aber keineswegs allein beliebige Vielseitigkeit in bezug auf Syntheseprodukte, was wir brauchen, um unserem System Leben einzuhauchen. Es bleibt ein *produktiv offenes* System mit Anfang (Rohstoffe) und Ende (irgendwelche Fertigprodukte), solange nicht dafür gesorgt ist, daß zumindest alle *die* Typen von Enzymmolekülen, die unentbehrliche Träger der entwickelten Dynamik sind, sämtlich *auch* unter den Fertigprodukten vorkommen. Erst dann erhält sich das ganze System selbsttätig, indem es zugleich unaufhörlich wächst, solange genügend „Nährstoffe" zur Verfügung stehen.

Hieraus gewinnen wir eine für weitere Überlegungen besonders wichtige Erkenntnis: Enzymmoleküle müssen letztlich irgendwie ihre eigene Vermehrung betreiben. Da sich ihre chemischen Leistungen aber darauf beschränken, jeweils nur einen einzigen „Handgriff" an irgendeinem Fließband auszuführen, scheint ihr Beitrag zur eigenen Vermehrung sehr indirekter Natur zu sein. Er besteht darin, daß jedes Enzymmolekül, indem es an der ihm bestimmten Stelle dafür sorgt, daß „sein" Fließband weiterläuft, schließlich auch bewirkt, daß die ganze Fabrik, repräsentiert durch das Netzwerk gekoppelter chemischer Reaktionen, arbeiten kann. Dann aber, und nur dann, können — an irgendeiner ganz anderen Stelle des Reaktionsnetzes! — auch weitere Enzymmoleküle seines Typs produziert werden.

Was hier am Beispiel der Enzymmoleküle klarzumachen versucht wurde, nämlich ein sehr eigenartiger, *indirekter* Vermehrungsmechanismus, der nur denkbar ist vermittels einer bis ins letzte getriebenen Arbeitsteilung an vernetzten Fließbändern, das muß zweifellos ebenso für die übrigen Zellkomponenten gelten. Sie alle sind für ihre Vermehrung oder Vergrößerung in der wachsenden Zelle oder für ihre

Ergänzung im Falle der Abnutzung aufeinander angewiesen und spielen dabei ein Spiel mit verteilten Rollen.

Wir verstehen nun sicherlich schon etwas besser, was alles dahintersteckt, wenn wir so einfach dahinsagen: die Zelle vermehrt sich! Dieses „sich" mag wohl, bezogen auf die Zelle als Ganzes, noch ein zulässiger Ausdruck für die Autonomie und Unmittelbarkeit des von außen her betrachteten Gesamtvorgangs sein. Dringt man aber in die Tiefe und besieht sich die Vermehrungsweise der einzelnen Zellkomponenten, deren Gesamtheit ja mit der Zelle identisch ist, dann würde es irreführend sein, aus der formal ebenfalls zutreffenden Feststellung: auch die Komponenten vermehren „sich", zu schließen, dies geschehe gleichermaßen autonom. Es geschieht vielmehr, wie wir gesehen haben, auf die denkbar indirekteste Weise. Ob für einzelne wenige Komponenten eine gewisse Lockerung des strikten Prinzips der indirekten Vermehrungsweise statthat, wird später noch ausführlich zu diskutieren sein.

Tot oder lebendig. Mit dem Gesagten eröffnet sich uns also der Weg zu einem rationalen Verständnis dessen, was „Leben" auf dem Niveau der autonomen Zelle eigentlich heißt. Ein nach den vorstehend ausführlich erörterten Grundsätzen zusammengefügtes, durch seine Syntheseleistungen nur den eigenen Maschinenpark ständig vergrößerndes und sich eben und nur dadurch dauernd erhaltendes und reproduzierendes chemisches Reaktionsnetz *ist* ein lebendes Gebilde — und eine lebende Zelle *ist* ein solches Reaktionsnetz. Legt man die Dynamik eines so beschaffenen Netzes auch nur vorübergehend still, z. B. durch Ausschaltung der Fließbänder für Energiegewinnung, so bleibt offensichtlich im gleichen Moment nur eine Ansammlung verschiedener Stoffe übrig, die als Ganzes ebenso „tot" ist wie jeder einzelne Bestandteil für sich allein stets „tot" war — *vor und nach* der Stilllegung! Eliminiert man hingegen auch nur *eine* der auf gegenseitige Synthesehilfe angewiesenen stofflichen Komponenten aus dem Zusammenspiel, ohne jedoch die Dynamik zu blockieren, dann mag zwar ein fast beliebig großer Teil der chemischen Reaktionen dieses Netzes noch eine ganze Weile ablaufen — aber schließlich ist das Netz dann doch zum „Tode" verurteilt, denn es vermag sich nicht mehr vollständig zu regenerieren. Hierin scheint auch die normale Todesursache bei höheren Organismen gegeben. Sie müssen manche ihrer wichtigsten Zellen mit Sonderaufgaben belasten, die diese nur erfüllen können, wenn dafür die produktive Geschlossenheit ihrer Netzwerke geopfert wird. Damit ist ihr Urteil bereits gesprochen. Früher oder später wird es vollstreckt und rafft den ganzen Organismus mit dahin. Einen normalen Tod in diesem Sinne gibt es bei einzelligen Lebewesen selbstverständlich nicht. Sie können nur Unfällen erliegen. Prinzipiell leben sie ewig — oder sie könnten überhaupt nicht leben!

Wenn die Biochemiker bisher im Reagenzglas auch mit noch so viel ingeniös zusammengemischten Enzymen und anderen aus Zellen isolierten Materialien noch niemals ein lebendes Gebilde aufgebaut bzw. rekonstruiert haben, sondern nur mehr oder weniger umfangreiche Teilstücke von solchen Reaktionsnetzen, dann nicht etwa deshalb, weil die aus der Zelle gelösten Mischungsbestandteile sich im Reagenzglas irgendwie grundsätzlich anders verhalten als in der Zelle, sondern allein deshalb, weil man es noch nicht fertigbringt, chemische Reaktionsnetze so komplett zusammenzustellen, daß wirklich jeder für die Aufrechterhaltung der Synthesen unentbehrliche Molekültyp auch seinerseits laufend neu synthetisiert wird. Dazu muß man vor allem genau wissen, an welcher Stelle und mit Hilfe welcher chemischen Mechanismen sich das Ganze „in den Schwanz beißt". Es wird dem Leser wohl jetzt schon durchaus klar sein, daß dieser Trick nur mit Enzymen, so wie wir sie kennenlernten, niemals zu schaffen ist. Jedes Enzym würde ja mindestens für den letzten Schritt seiner Fertigstellung aus dem unmittelbaren Vorprodukt ein besonderes, nur diesen Schritt katalysierendes Enzym brauchen, dieses dann aber seinerseits für die eigene Fertigstellung wieder eines — und so fort *ad infinitum*. Was gebraucht wird, ist ein chemischer Mechanismus, der es ermöglicht, beim Aufbau eines produktiv geschlossenen Systems mit einer *endlichen* Anzahl verschiedener Molekültypen auszukommen.

Viren als Spürhunde. Hier nun treten endlich die Viren wieder auf den Plan. Es wurde schon mehrfach darauf hingewiesen, daß sie „sich" ausschließlich innerhalb von lebenden Zellen vermehren. Die nähere Untersuchung hat aber gezeigt, daß auch hier dieses „sich" zu Mißverständnissen führte, solange man daraus eine vollkommene Autonomie der Virusvermehrung herauslesen wollte. Vielmehr ist es so, daß ein Virusteilchen zeitweilig eine bestimmte Rolle im Reaktionsnetz der von ihm infizierten Zelle übernimmt, was dazu führt, daß das Reaktionsnetz eine Umsteuerung erfährt. Diese Umsteuerung aber läuft darauf hinaus, daß die zelleigenen Fließbänder anstelle von normalen Zellkomponenten jetzt große Mengen von Virusteilchen neu herstellen. Demnach sind Virusteilchen also ebensowenig „belebt" wie Enzymmoleküle oder irgendwelche anderen, normalen Zellbestandteile, sondern betreiben ihre Vermehrung gleichfalls auf eine sehr indirekte Weise, und zwar mit Hilfe des bereits fertig vorgebildeten Reaktionsnetzes ihrer Wirtszelle.

Daß sie sich in dieses so gut einfügen, hängt offenbar mit ihrer chemischen Struktur zusammen, die der gewisser normaler Zellkomponenten sehr ähnelt, so daß sie deren Platz einnehmen können. Dieser Platz aber befindet sich allem Anschein nach genau dort im Reaktionsnetz der Zelle, wo mit Hilfe eines ganz besonderen chemischen Kunstgriffs dafür gesorgt ist, daß Zahl und Art der in einem lebenden System mitspielenden Stoffe begrenzt bleiben kann. Er wird für gewöhnlich von den stofflichen Trägern der Vererbung, den Erbfaktoren oder Genen der Zelle, eingenommen.

Die ausführliche Begründung dieser Vermutung, die das Interesse der theoretischen Wissenschaften an den Viren bedingt, wird uns künftig immer wieder beschäftigen. Dazu ist es zunächst erforderlich zu erfahren, wie man Viren so handhaben kann, daß sie sich als Spürhunde in den Fuchsbau der Zelle einschleusen lassen, wo sie uns, unbeirrt durch das Labyrinth der Synthesewege, zu dem sonst unzugänglichen Knotenpunkt der ganzen Anordnung hinleiten.

III. Vom technischen Umgang mit Viren

1. Aufspüren in der Natur

Als Mikrobenjäger konnte man seit LEEUWENHOEK und kann man noch immer Erfolg haben, auch wenn man sich nur mit einem guten Mikroskop bewaffnet, um unbekannte Einzeller aufzuspüren. Wer aber auf die Entdeckung von Viren erpicht ist, dem würde hierbei selbst ein Elektronenmikroskop gar nichts nützen, obwohl man Virusteilchen damit tatsächlich sehen kann. Bei der Auffindung und Charakterisierung neuer Virustypen kommt das Anschauen immer erst zum Schluß an die Reihe. Man muß dafür Präparate zur Verfügung haben, die das betreffende Virus bereits in recht hoher Konzentration enthalten, sonst würde man ganz unsicher sein, welche von den vielen, winzigen Gebilden, die ein Blick auf den Bildschirm des Elektronenmikroskopes stets zeigt, ganz gleich, was für Säfte und Proben man damit besichtigt, denn nun wirklich Virusteilchen sind und welche nicht. Eine einzelne Bakterienzelle nur mit Hilfe eines gewöhnlichen Mikroskopes, z. B. in einer kleinen Bodenprobe, aufzufinden, dürfte schon schwierig genug sein, selbst wenn man genau wüßte, daß sie sich darin befinden muß. Dieselbe Aufgabe zu lösen, wenn es sich um ein Virusteilchen handelt und ein Elektronenmikroskop zur Verfügung steht, wäre noch aussichtsloser als der Versuch, die sprichwörtliche Stecknadel im Heuhaufen zu finden. Gerade die enorme Vergrößerung, die ein Elektronenmikroskop ermöglicht und die man braucht, um ein Virusteilchen überhaupt sehen zu können, erzeugt diesen hinderlichen Heuhaufen, denn sie würde ein Krümchen von 1 mm Durchmesser zu einem Koloß von 60 m Länge anschwellen lassen. So manches Virusteilchen hätte unter diesen Umständen gerade knapp Stecknadelkopfgröße.

Hinzu kommt, daß man gar nicht vorher weiß, welche äußere Gestalt für unbekannte Virusteilchen in Betracht kommt. Eine Zelle ist in den meisten Fällen als solche zu erkennen. Da gibt es, trotz vieler Variationen, doch fast stets einigermaßen typische, allen gemeinsame Merkmale. Virusteilchen aber haben, soweit man bis jetzt sehen kann, keine „typische Virusform". Manche Arten sind kugelförmig, andere vielkantig, wieder andere stäbchen- oder fadenförmig, und abermals andere sehen aus wie kleine Kaulquappen oder Keulen. Dem Formenspiel sind also anscheinend auch in diesen winzigen Dimensionen keine bestimmten Grenzen gesetzt, und gemeinsame äußere Merkmale fehlen.

Vielleicht ist es ganz gut, daß Entdeckungsreisen mit dem Mikroskop hier nichts nützen, denn so bleibt man wenigstens auf diesem Gebiet von jenen übereifrigen Amateuren verschont, die glauben, mit genialem Blick durch eine Mikroskopröhre so aufsehenerregende Dinge wie z. B. „den Krebserreger" entdecken zu können. Es hat sicher Zeiten gegeben, da ein geschulter Blick und eine gewisse Begabung zur Beschreibung gesehener Formen genügten, um das Tor zu neuen Erkenntnissen aufzustoßen. Sie sind heute wohl für immer vorbei. Der verständnisvolle Leser wird schon dem vorhergehenden Kapitel entnommen haben, daß auch in den Bereichen der Biologie die eigentlich fundamentalen Prozesse sich hinter die Grenzen unmittelbarer Sichtbarkeit zurückgezogen haben. Daran ändert sogar das Elektronenmikroskop nichts mehr. Man kommt also mit bloßem Sehen und Beschreiben bei der Aufklärung normaler oder pathologischer Lebenserscheinungen heutzutage kaum weiter, weil das, was wir noch sehen können, meist nur weitabliegende Folgeerscheinungen und -produkte sind, deren Verknüpfung mit den verursachenden Vorgängen eben mit optischen Mitteln allein nicht aufzuhellen ist, so gern man sie auch zu Hilfe nimmt, wann immer möglich. Denn der Mensch ist ein „Augentier". Letztlich können doch nur exakte, aber indirekte Methoden zum Ziel führen, worüber schon einiges gesagt wurde. Manche bevorzugen allerdings wilde Spekulationen, um in die Bereiche des Unsichtbaren vorzustoßen, weil das schneller geht.

Was ist also zu tun, wenn man Virusteilchen erst sehen kann, nachdem man sie in erheblicher Menge und Reinheit bereits gewonnen hat? Wie soll man ohne unmittelbare Kontrolle des Auges jemals soweit kommen, ja, wie soll man dann ein Virus überhaupt irgendwo entdecken? Das erste Kapitel gab bereits die Antwort: Die Viren erkennt man zu allererst an ihrer *Wirkung auf lebende Organismen.* Um mit ihnen experimentieren, sie anreichern und in reiner Form gewinnen zu können, gilt es daher, diese ihre Wirkung experimentell so zu erfassen und zu dirigieren, daß sie unter gleichen Bedingungen stets zuverlässig in gleicher Weise eintritt, d. h. reproduzierbar wird. Ist dies erreicht, dann kann man damit auch Virus*mengen* messen, die wichtigste Voraussetzung für jede weitere wissenschaftliche Arbeit. Wie das technisch gemacht wird, werden wir bald sehen.

Eine solche indirekte, auf einer Wirkung beruhende Meßmethode für Substanzmengen nennt man einen „quantitativen Test", und der Chemiker braucht einen solchen Test vor allem dann unbedingt, wenn er irgendwelche Stoffe, die ihn interessieren, von allerhand wirkungslosen Beimengungen absondern und rein darstellen will. Ganz gleich, ob der gesuchte, aber als solcher noch unbekannte Stoff ein Hypophysenhormon, ein Vitamin oder ein Virus ist: ohne einen entsprechenden verläßlichen, quantitativen Test, der das „Auge" des Biochemikers darstellt, ist dieser hilflos und könnte gar nicht daran denken, die Isolierung in Angriff zu nehmen.

Ehe man mit der Ausarbeitung eines Tests beginnt, muß man natürlich sicher sein, daß es wirklich ein Virus ist, dem beobachtete Schäden an Pflanze oder Tier zuzuschreiben sind. Bei Pflanzen gibt es z. B. gelegentlich Mangelkrankheiten, die auf das Fehlen bestimmter Mineralien im Boden zurückzuführen sind, aber für Viruserkrankungen gehalten werden könnten. Man muß sich also von der Übertragbarkeit der Erkrankung auf gesunde Pflanzen überzeugen, was nicht immer ganz leicht ist, weil Viren oft besondere Anforderungen an die Art der Übertragung stellen. Wir werden noch davon hören.

Bei Tier und Mensch wiederum besteht eher die Gefahr der Täuschung über die *Art* des Krankheitserregers, denn der Beweis der Übertragbarkeit ist hier meist nicht allzu schwierig anzutreten. Aber damit allein ist noch nicht gezeigt, daß wirklich eine Viruskrankheit vorliegt. Der Erreger könnte auch ein schwer züchtbares Bakterium, vielleicht sogar ein Pilz sein. Wir erinnern uns hier des klassischen Filtrationsexperimentes (S. 4). Danach sollte der Erreger einer mutmaßlichen Viruskrankheit von bakteriendichten Filtern nicht zurückgehalten werden. Ist dies doch der Fall, so ist damit ein Virus noch nicht ausgeschlossen. Manche Virusarten werden leicht von solchen Filtern adsorbiert oder sogar inaktiviert und erscheinen deshalb nicht im Filtrat. Andererseits gibt es bestimmte Formen von Mikroorganismen, die sicherlich nicht zu den Viren gehören und trotzdem so klein sind, daß sie durch die engen Poren dieser Filter hindurchschlüpfen können. Die absolute Größe ist eben in Wirklichkeit kein sehr geeignetes Einteilungsprinzip zur Abgrenzung der Viren von echten Mikroorganismen, aber doch einigermaßen brauchbar, wenn es mit der nötigen Kritik und Erfahrung, unter gleichzeitiger Berücksichtigung anderer Merkmale, angewendet wird. Heutzutage ist man ohnehin nur noch selten genötigt, Viruserkrankungen als solche nachzuweisen. Die wichtigsten sind längst bekannt, und auf neue mühselig Jagd zu machen, ist meist viel weniger reizvoll als das Sammeln von Schmetterlingen. Die reine Wissenschaft beschränkt sich lieber auf das bereits vorhandene Forschungsmaterial, um hier in die Tiefe zu bohren und die allgemeinen und speziellen Gesetzmäßigkeiten der Viruserkrankungen aufzudecken. Immerhin ist die in die Breite gehende Sammlerarbeit niemals zu verachten, denn abgesehen von ihrer Unentbehrlichkeit bei der Seuchenbekämpfung werden dabei immer wieder einmal Objekte entdeckt, die wegen irgendeiner Besonderheit vorzüglich geeignet sind, prinzipiell wichtige Fragen zu beantworten, denen man mit schon bekanntem Studienmaterial schwer oder gar nicht beikommen konnte. Auch im

Bereich der Virusforschung gibt es ein ausgezeichnetes Beispiel für die Nützlichkeit einer entsprechenden, scheinbar ausgefallenen und unwichtigen Entdeckung, die uns noch viel Stoff für weitere Darlegungen liefern wird. Es handelt sich um eine Virusart, die sich darauf spezialisiert hat, nur Bakterien zu befallen.

2. Massenproduktion

Ein Zoologe, der sich für Spinnen und ihre Lebensäußerungen interessiert, kann meist ganz gut darauf verzichten, sie in seinem Laboratorium zu züchten. Es genügt ihm, bei Bedarf ein paar Exemplare in der freien Natur zu sammeln oder nur zu beobachten. Will man sich aber mit Viren beschäftigen, dann ist dieses einfache Verfahren offensichtlich nicht brauchbar. Hier muß ein Weg zur Züchtung im Laboratorium oder in dessen enger Nachbarschaft gefunden werden, sonst ist jede nähere Untersuchung unmöglich. Bei der Ausarbeitung eines Züchtungsverfahrens ist besonderer Wert auf technisch möglichst unkomplizierte Bedingungen und auf eine möglichst hohe Virusausbeute zu legen, falls eine Reindarstellung des Virus beabsichtigt ist. Beides ist oft nur sehr schwer zu erreichen. Man muß sich dann notfalls damit begnügen, nur solche Experimente anzustellen, die keine hohen Viruskonzentrationen und kein reines Virusmaterial erfordern. So war die Lage z. B. noch bis vor kurzem beim Poliomyelitisvirus, dem Erreger der spinalen Kinderlähmung.

Die Grundlagenforschung mit ihren weitgesteckten Zielen wird sich selbstverständlich von vornherein für ihre Zwecke nur solche Virusarten aussuchen, bei denen wenigstens Züchtung und Reindarstellung keine wesentlichen Schwierigkeiten bereiten, so daß sie routinemäßig von Laboranten durchgeführt werden können. Ob das unter diesem Gesichtspunkt ausgewählte Virus große *praktische* Bedeutung hat oder nicht, ist dabei weniger wichtig, denn es hat sich immer wieder gezeigt, daß man Erkenntnisse, die an einer Virusart gewonnen wurden, nutzbringend auf die Arbeit mit anderen übertragen kann.

Welche Möglichkeiten zur Produktion größerer Virusmengen stehen nun zur Verfügung? Wären Virusteilchen im wahren Sinne (S. 17) selbstvermehrungsfähige Organismen, wie z. B. Bakterienzellen, dann würde man es ziemlich leicht haben. Die passende Zusammensetzung für einen Bakteriennährboden ist meist rasch gefunden. Ein Virusteilchen aber kann, wie wir schon wissen, auch mit den liebevollsten Zubereitungen der bakteriologischen Nährbodenküche nichts anfangen. Es kann nur als Glied eines bereits vorgebildeten Netzwerks biochemischer Fließbänder vermehrt werden, und solche finden sich in geeigneter Form bisher nur in lebenden Zellen. Um also Virus züchten zu können, gilt es zunächst, lebende Zellen zu züchten, die dann durch Infektion mit Virus zu Virusproduzenten zu machen sind.

Manchmal ist das alles sehr leicht zu bewerkstelligen, z. B. beim Tabakmosaikvirus. Wenn man Tabaksamen aussät und zu prächtig beblätterten Pflanzen heranwachsen läßt, tut man damit ja nichts anderes, als große Mengen lebender Zellen zu züchten, die sodann mit Tabakmosaikvirus infiziert werden können. Die Infektion breitet sich unter passenden Bedingungen bald durch die ganze Pflanze aus, d. h. praktisch jede Zelle stellt reichlich neue Virusteilchen her, so daß in jeder Pflanze — oder gar auf einem kleinen Tabakfeld — schließlich eine ganz beträchtliche Menge Mosaikvirus zusammenkommt. Wie wir uns erinnern, läßt sich das Virus mit dem Preßsaft aus den Pflanzen herausholen, wovon man sich einen genügend großen Vorrat für weitere Versuche, besonders natürlich für die Reindarstellung des Virus, anlegen kann.

Es wäre schön, wenn jede beliebige Virusart in Tabakpflanzen oder ähnlich billigen Organismen gezüchtet werden könnte. Das ist aber bekanntlich keineswegs der Fall. Viren haben meist einen engen Wirtsbereich, d. h. eine bestimmte Art kann jeweils nur von wenigen Organismentypen vermehrt werden. Eigentlich entscheidend ist überhaupt der *Zell*typ, der dem Virus angemessen sein muß, damit es zur Vermehrung kommt. Es werden also meist gar nicht einmal alle Zellen eines virusinfizierten Organismus zur Virusproduktion angeregt, sondern nur die Zellen bestimmter Gewebe. Bei vielen Virusarten treibt man deshalb eine ziemliche Verschwendung, wenn man zu Züchtungszwecken immer ganze Pflanzen oder gar Tiere verwendet. Auch hat man dann als Zugabe noch die Mühe, die virushaltigen Gewebsteile von den übrigen zu trennen, die gar kein Virus gemacht haben. Die Verschwendung macht sich besonders bemerkbar — vor allem auch finanziell —, wenn man es mit Viren zu tun hat, die teuer und schwierig zu haltende Tiere als Wirt benötigen, wie z. B. Affen für das Polio-Virus oder Rinder für das Virus der Maul- und Klauenseuche.

Es liegt also nahe, in solchen Fällen gar nicht die ganzen Wirtstiere zu züchten, sondern nur diejenigen ihrer Zellgewebe, die für die Virusproduktion brauchbar sind. Die Gewebezüchtung ist eine Kunst, die man schon seit vielen Jahrzehnten beherrscht. Man kann Leber-, Nieren-, Nerven- oder Bindegewebszellen usw. in Fläschchen vermehren, die mit geeigneten Nährlösungen beschickt sind und im Laboratoriumsbrutschrank bei Körpertemperatur gehalten werden. Diese Züchtungskunst hat inzwischen in der Virusforschung breiteste Anwendung gefunden, nicht nur für Forschungszwecke, sondern auch für die Praxis. Man stellt heute große Mengen von Polio-Virus her, indem man Nierengewebe von Affen, das sich in Zuchtflaschen befindet, damit infiziert. Das gewonnene Virus wird dann zum Impfstoff weiterverarbeitet, von dem die Zeitungen leider nicht immer nur Gutes zu berichten wußten. Die Mängel rühren aber nicht von der Züchtungsmethode her, sondern von den Schwierigkeiten, die die Herstellung eines wirksamen, doch ungefährlichen Impfstoffes aus dem aktiven Virus bereitet (s. Kap. VII).

Ideal ist dieses Verfahren zur Züchtung anspruchsvoller Viren trotzdem noch nicht, besonders, wenn wissenschaftliche Probleme zu lösen sind, die selbst schon alle Kräfte eines Stabes von Wissenschaftlern und Hilfspersonal erfordern. Wie man sich denken kann, macht es viel Mühe, Gewebekulturen in größerem Maßstab in Gang zu halten. Die Zellen höherer Organismen sind sehr empfindlich, müssen häufig auf frische Nährböden umgepflanzt werden und sind dabei natürlich trotz aller Sorgfalt stets der Gefahr einer Infektion mit Bakterien ausgesetzt, die rasch die ganze Kultur vernichten, weil sie viel robuster sind als die Gewebezellen und daher alles überwuchern. Der ständige Nachschub frischer Kulturen erfordert also einen erheblichen technischen Aufwand. Dauernder Nachschub ist aber unbedingt erforderlich, da die virusinfizierten Zellen einer Gewebekultur nicht etwa zu weiterlebenden Dauerausscheidern von Virus werden, sondern einer raschen Zerstörung anheimfallen. Die Selbstzerstörung der virusproduzierenden Zelle ist fast ein Gesetz zu nennen, dessen Begründung uns noch ausführlich beschäftigen soll.

Zähigkeit und Einfallsreichtum verhalfen auch hier wieder zu einer Verbesserung der Technik, durch die viele der eben genannten Schwierigkeiten aus dem Wege geräumt wurden. Man fand, daß eine ganze Reihe von tier- und auch menschenpathogenen Viren in den Zellen eines sich in der Eischale entwickelnden Hühnchens vermehrt werden können. Wiederum braucht man dazu keineswegs das ganze Hühnchen. Es genügen gewisse Gewebsteile, z. B. sogar solche, die später gar nicht mehr zum fertigen Küken gehören, sondern dieses nur während seiner Entwicklung wie ein Sack umhüllen. Man nennt diesen Sack die Chorioallantoismembran, und sie kleidet die Innenseite der Eischale wie eine Tapete aus (Abb. 4). Damit ist eigentlich schon klar, was zu tun ist: Man braucht nur ein angebrütetes Hühnerei vorsichtig am stumpfen Ende zu öffnen, das noch unfertige Hühnchen herauszuholen und statt dessen eine virushaltige

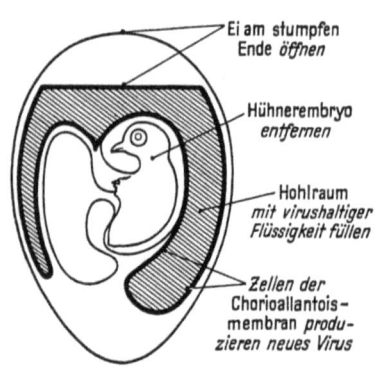

Abb. 4. Schematischer Längsschnitt durch ein angebrütetes Hühnerei. Der schraffierte Hohlraum nimmt die virushaltige Flüssigkeit auf

Flüssigkeit in die Höhlung hineinzugeben. Dann werden die Tapetenzellen vom Virus infiziert, machen reichlich neues Virus und geben dieses wieder an die Flüssigkeit ab. Wahrhaft ein Ei des Kolumbus, dieses von der Natur selbst gelieferte Kulturgefäß für Viren (Abb. 5)! Die „Gewebekultur" ist hier von vornherein ohne jeden technischen Aufwand solange steril, bis sie wirklich zur Virusproduktion benutzt wird, und von da an braucht man sich sowieso keine großen Sorgen mehr um die Fernhaltung von Bakterien zu machen, da die Tapetenzellen in einigen Stunden mit ihrer Neuproduktion von Virus fertig sind. In so kurzer

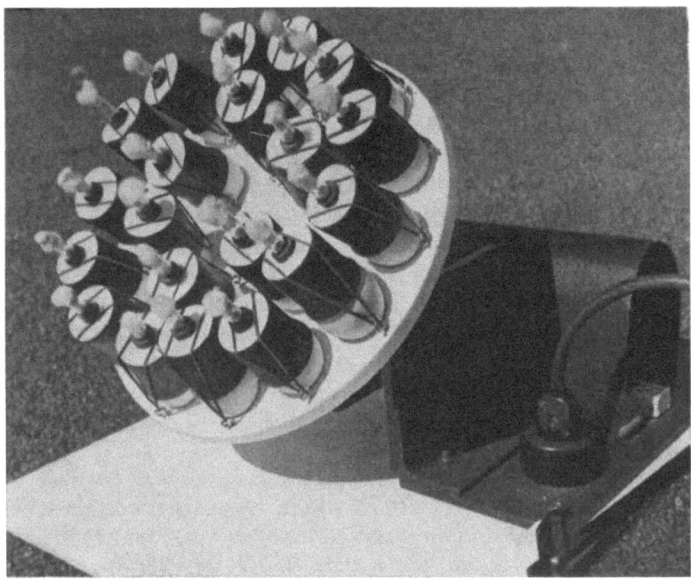

Abb. 5. Batterie entembryonierter Hühnereier, fertig zur Virusproduktion. Eine Gummikappe verschließt das geöffnete, stumpfe Ende. Glasröhrchen mit Wattebausch sorgen für Lufteintritt und erleichtern die Entnahme oder Einführung von Flüssigkeit während der Versuchsdauer. Die Eier sind auf einer schräggestellten Holzscheibe fixiert, die sich langsam dreht. Das Ganze steht im Brutschrank

Zeit können größere Bakterienmengen nicht heranwachsen, es sei denn, man setzt beim Öffnen des Eis durch unsauberes Arbeiten eine massive Infektion. Um allen solchen Eventualitäten vorzubeugen, kann man in der Kulturflüssigkeit noch etwas Penicillin oder Streptomycin oder irgend ein anderes Antibioticum auflösen. Dadurch werden zufällig eingeschleppte Bakterien an der Vermehrung verhindert, während die Virusvermehrung davon unbeeinflußt bleibt.

Geht es noch einfacher? Man sollte es kaum glauben, aber es geht! Nur muß man dann auf die Arbeit mit tier- oder pflanzenpathogenen Viren verzichten und an ihrer Stelle eine besondere Art benutzen, die, wir erwähnten das schon, sich auf Bakterien als Stätte ihrer Vermehrung kapriziert hat. Aber diese Beschränkung schadet nichts, im Gegenteil: je einfacher sich der Umgang mit Viren gestalten läßt, umso leichter hat man es, hinter ihre Geheimnisse zu kommen. Den Bakterienviren, die man auch Bakteriophagen (wörtlich übersetzt „Bakterienfresser") oder kurz: Phagen nennt, verdankt man bis jetzt mehr und wichtigere Aufschlüsse als allen anderen Virusarten zusammengenommen. Bei ihnen ist die Züchtung überhaupt kein Problem. Es genügt, eine einfache Nährbouillon mit der richtigen Bakteriensorte anzuimpfen und ein paar Stunden zu warten, bis eine ausreichende Menge Bakterienzellen herangewachsen ist. Das erkennt man daran, daß die vorher klare Flüssigkeit sich durch die Millionen von darin verteilten Zellen trübt. Dann fügt man ein paar Tropfen von einer phagenhaltigen Flüssigkeit hinzu und wartet weiter, bis die Mischung wieder klar wird. Hat man alles richtig gemacht, dann enthält jetzt jeder Kubikzentimeter der Brühe zwar praktisch keine lebenden, unzerstörten Bakterien mehr, dafür aber bis zu einer Billion neugemachter Phagenteilchen. Das sind schon ganz erklecklide Mengen, und sie sind so einfach zu gewinnen! Noch einfacher und billiger geht es vorläufig nicht. Während ein einzelner, fleißiger Forscher, der mit der Eiermethode arbeitet, allein für Bruteier etwa 10 000 DM im Jahr ausgeben muß, kommt ein Phagenmann für die gleichen Zwecke mit weniger als einem Zehntel dieses Betrages aus.

3. Mengenmessung, Teilchenzählung

Schon im einleitenden Abschnitt dieses Kapitels war erwähnt worden, daß man, vor allem für den Zweck der Reindarstellung eines Virus, unbedingt einen Test braucht, der Virusmengen wenigstens vergleichend zu messen gestattet. Noch besser wäre freilich eine Methode, die eine direkte Zählung der Virusteilchen ermöglichen würde, weil man dann nicht nur Mengen*vergleiche,* sondern *absolute* Mengenangaben machen könnte.

Selbstverständlich sind solche Messungen keineswegs allein bei der Reindarstellung unentbehrlich, sondern bei jedem beliebigen Virusexperiment, sofern man quantitative Antworten auf seine Fragen erwartet. Je genauer und einfacher diese Meßtechnik, umso feiner die Einzelheiten, die sich über den Prozeß der Virusvermehrung in Erfahrung bringen lassen. Ohne quantitative Antworten auf präzise Fragen würde dieser Prozeß, wie alle Naturvorgänge, in mystisches Dunkel gehüllt bleiben. Später wird der Leser einsehen, daß nahezu jedes exakte Virusexperiment darauf hinausläuft, möglichst genau festzustellen, wieviel Virusteilchen unter den jeweiligen Versuchsbedingungen in eine Zelle bei der Infektion hineingebracht werden und wieviel neue Virusteilchen wieder aus ihr herauskommen.

Die wichtigste, weil stets anwendbare vergleichende Meßmethode zur Abschätzung von Virusmengen ist sehr einfach. Man benützt sie auch bei gewöhnlichen Giften, bei Wirkstoffen und sogar bei Bakterien, wenn ein exakterer Weg nicht zur Verfügung steht. Zunächst macht man sich ein „Standardpräparat" des zu prüfenden Materials, das durchaus nicht in reiner Form vorzuliegen braucht, und stellt dieses in seiner Konzentration so ein, daß bei der Hälfte der damit behandelten Versuchstiere oder -pflanzen die erwartete Wirkung eintritt, bei der anderen Hälfte nicht. Die erwartete Wirkung ist im Falle eines Virus natürlich Krankheit, u. U. Tod des Versuchsobjektes. Es stellt sich heraus, daß eine solche empirische Ausbalanzierung des Wirkungseintrittes auf 50% positive und 50% negative Fälle meist recht gut reproduzierbar ist, und zwar aus statistischen Gründen natürlich umso besser, je mehr Versuchsobjekte in jedem solchen Experiment eingesetzt werden.

Der Erreichung maximaler Genauigkeit auf diesem Wege, d. h. durch Erhöhung der Zahl der Versuchsobjekte, sind freilich technische Grenzen gesetzt, so daß man sich in der Praxis stets mit einem Kompromiß begnügt. Solche Kompromisse sind keineswegs immer unbedenklich, besonders dann nicht, wenn von der Zuverlässigkeit des Ergebnisses Menschenleben abhängen, wie z. B. bei der ähnlich durchgeführten Prüfung von Polio-Impfstoff auf die Abwesenheit von aktivem Virus, aus dem er gemacht wird. Das schlimmste ist hier, daß natürlich bei weitem nicht so viele Affen zum Test herangezogen werden können, wie später Menschen mit dem nach Ausweis des Testes scheinbar harmlosen Präparat geimpft werden. Wo soll man Millionen von Affen hernehmen! Das bedeutet aber die Gefahr, daß sich bei der Impfung manifestiert, was beim Test durch die Maschen der Statistik hindurchschlüpfte — nämlich geringste Mengen aktiv gebliebener Polioteilchen im Impfpräparat, und daher das Auftreten einzelner Fälle von Kinderlähmung, die auf die Impfung zurückzuführen sind.

Nachdem das Standardpräparat auf die geschilderte Weise eingestellt ist, kann man Lösungen von unbekanntem Virusgehalt damit vergleichen, indem man sie demselben Testverfahren unterwirft. Muß eine solche Lösung z. B. 5fach verdünnt werden, um nur 50% der Versuchsobjekte erkranken oder sterben zu lassen und nicht mehr, dann enthält sie offenbar 5mal mehr Virus in der Volumeneinheit als der Standard. Auf diese Weise kann man also die fortschreitende Anreicherung des Virus bei Versuchen zur Reindarstellung laufend verfolgen — oder umgekehrt die Inaktivierung und Vernichtung von Virus, z. B. bei Experimenten zur Heilung von Viruskrankheiten. Da die *absolute* Virusmenge im Standardpräparat, ausgedrückt in Gewicht oder Teilchenzahl, bei diesem Testverfahren unbekannt ist und bleibt, kann man selbstverständlich auch niemals zu Aussagen über den absoluten Virusgehalt damit verglichener Lösungen gelangen. Für viele Zwecke ist das zwar nicht unbedingt nötig, aber doch stets sehr wünschenswert. Bis vor kurzem schien dieser Wunsch indessen bei allen tier- und pflanzenpathogenen Viren unerfüllbar. Bei letzteren ist er es noch, bei einigen der ersteren hat man eine Absolutmethode entwickeln können, indem man bei den Bakterienviren in die Schule ging. Davon später.

Besonders einfach und relativ billig gestaltet sich der statistische Test, wenn man mit Viren zu tun hat, die auch in angebrüteten Hühnereiern, d. h. im Hühnerembryo vermehrt werden und diesen dabei töten. Man braucht dann nur eine genügende Anzahl von angebrüteten Eiern mit der zu prüfenden Lösung zu impfen — diesmal, ohne den Embryo herauszunehmen — und nach einiger Zeit nachzusehen, in welchem Prozentsatz der Eier ein Absterben des Embryos erfolgt ist.

Trotzdem ist auch dieser Test für Routinearbeiten noch zu teuer und umständlich. Deshalb hat man eine besondere Eigenschaft einiger tierpathogener Viren für einen quantitativen, allerdings wiederum nur vergleichenden Test ausgenützt. Die besondere Eigenschaft besteht in der Fähigkeit solcher Viren, rote Blutkörperchen zu verklumpen, wenn sie damit in Berührung kommen. Die Verklumpung oder „Agglutination" ist mit bloßem Auge zu sehen und tritt erst oberhalb einer bestimmten Grenzkonzentration des Virus ein, die sich recht genau einstellen läßt. Viruslösungen unbekannten Gehaltes brauchen also nur bis zu dieser Grenzkonzentration verdünnt zu werden, um miteinander vergleichbar zu werden. Die Lösung, die am stärksten verdünnt werden mußte, um die Grenzkonzentration zu erreichen, muß auch am meisten Virus enthalten haben. Der jeweilige Verdünnungsfaktor heißt „Agglutinationstiter" und ist ein relatives Maß für die Virusmenge.

Schließlich kann man Virusmengen auch mit Hilfe serologischer Kunststückchen nach Art der berühmten Wassermannschen Reaktion auf Syphilis messen. Diese sogenannte „Komplementbindungsreaktion" ist zu kompliziert, um sie hier auseinanderzusetzen, und die erforderlichen umständlichen Erklärungen hätten zudem mit dem Thema „Virus" nichts mehr zu tun. Deshalb begnügen wir uns mit dem Hinweis, daß auch diese Methode, wie alle anderen, eine bestimmte Wirkung des Virus quantitativ erfaßt. Wiederum erlaubt sie jedoch nur relative Angaben.

Bei den pflanzenpathogenen Viren ist die Testsituation meist noch schlechter, in einigen Fällen hingegen nicht viel, aber doch etwas besser. Zum Beispiel ist es wieder das Tabakmosaikvirus, das hier rühmlich hervorragt. Manche Pflanzen läßt es zwar durch und durch erkranken, und das bedeutet stets die Misere, für Testzwecke mit großen Anzahlen von Einzelpflanzen arbeiten zu müssen. Zum Glück gibt es aber auch Ausnahmen. Eine besondere *Tabakart* z. B. erkrankt, wenn man etwas Mosaikviruslösung auf ihren Blättern verreibt, nicht ganz und gar, sondern die Infektion bleibt auf einzelne Stellen der behandelten Blattfläche beschränkt, die sich bald verfärben und dadurch leicht zu erkennen sind (Abb. 6). Man nennt diese Stellen „Lokalläsionen", d. h.

„örtliche Verletzungen". Hier hat sich das Virus jeweils in eine relativ kleine Gruppe von Zellen eingenistet, wurde von ihnen vermehrt und brachte sie dadurch zum Absterben, ohne über diesen engen Bereich weiter vorzudringen. Man fand sehr bald heraus, daß die Zahl dieser Lokalläsionen in gewissen Konzentrationsbereichen ungefähr propor-

Abb. 6. Einzelherde von Tabakmosaikvirus auf einem Blatt von Nicotiana glutinosa

tional der Viruskonzentration ist, d. h. eine doppelt konzentrierte Viruslösung erzeugt doppelt soviele Flecke usw.

Auf den ersten Blick könnte es scheinen, als habe man hier endlich die Möglichkeit, einzelne Virusteilchen zu zählen. Tatsächlich ist es ziemlich sicher, daß jeder Fleck ursprünglich von einem einzigen Virusteilchen herrührt, das an dieser Stelle in eine Blattzelle eindrang, die beim Verreiben der Viruslösung ein wenig „angekratzt" wurde. Leider wird aber bei dieser Prozedur nicht immer gerade da eine Zelle oberflächlich beschädigt und dadurch zur Aufnahme eines Virusteilchens bereitgemacht, wo ein solches zufällig hingerät. Mit anderen Worten: bei diesem Test wird immer ein gewisser, nicht angebbarer Anteil des insgesamt aufgebrachten Virus verschwendet, weil er nicht auf aufnahmebereite Zellen trifft. Umgekehrt werden auch aufnahmebereite Zellen verschwendet, weil zufällig kein Virusteilchen mit ihnen in Berührung kommt. Bei genauerem Zusehen scheint es also fast, als sei dieser zunächst so erfreulich klar anmutende Test doch reichlich dubiös. Wenn man es richtig anfängt, gibt er aber recht zuverlässige Resultate.

Zu diesem Zweck modifiziert man ihn z. B. so, daß man immer nur eine Blatthälfte mit der Viruslösung unbekannter Konzentration bestreicht, während die andere mit einer vorher eingestellten Standardlösung behandelt wird. Man bestimmt dann das Verhältnis der Fleckenzahlen von je zwei so behandelten Blatthälften auf möglichst vielen Testblättern und merzt damit statistische Schwankungen sowie physiologische Unterschiede in der Reaktionsbereitschaft individueller Blätter aus, prinzipiell natürlich wiederum umso besser, je fleißiger man ist, d. h. je mehr Blätter man in den Test einbezogen hat. Die exakte Auswertung des Testergebnisses erfordert dann noch ziemlich umständliche Rechnereien.

Der ideale Test, der eine wirklich absolute Zählung *aller* Virusteilchen in einer Lösung unbekannter Konzentration erlaubt, ließ sich lange Zeit nur bei jener besonderen Virusart verwirklichen, den schon mehrfach erwähnten Bakteriophagen. Auch aus diesem Grunde, nicht nur wegen der einfachen Gewinnbarkeit (S. 28), zogen sie das Interesse von Wissenschaftlern mit „quantitativer" Geistesverfassung in immer größerem Umfang auf sich. Biophysiker und Biochemiker erkannten die einmalige Chance, die der Virusforschung hier geboten war. Inzwischen ist die ganze Biologie im Begriff, mehr und mehr eine quantitative Wissenschaft zu werden, und zwar gleichsam von unten, von der Mikrobiologie und der Genetik her. Diese Entwicklung nahm vor allem von den angelsächsischen Ländern ihren Ausgang. Bei uns fällt es dem Rechenschieber oft noch recht schwer, sich gegenüber der Botanisiertrommel durchzusetzen.

Der Phagenzählungstest beruht auf einem ganz ähnlichen Effekt wie der Test für das Tabakmosaikvirus. Dieses erzeugt Flecken auf damit bestrichenen Blättern, die von Bezirken absterbender oder toter — durch das Virus getöteter — Zellen herrühren. Auch die Phagen töten die von ihnen befallenen Bakterienzellen. Aber nicht nur das, sie lösen sie auch auf. Wenn man demnach einen dichten, gleichmäßigen Bakterienrasen erzeugt, der jetzt also die Stelle des Tabakblattes vertritt, und eine Lösung darauf bringt, die einige hundert Phagenteilchen enthält, dann wird sich überall da, wo eines dieser Phagenteilchen sich auf dem Rasen absetzt, nach einiger Zeit ein Loch bilden, d. h. ein kreisförmiger Bereich, innerhalb dessen die Bakterienzellen aufgelöst wurden. Diese Löcher sind mit bloßem Auge sichtbar (Abb. 7), man kann sie leicht zählen, und die gefundene Zahl ist hier wirklich gleich der Zahl der Phagenteilchen in der aufgebrachten Menge Lösung. Das aber ist genau, was man wissen will!

Man muß zugeben, es ist eine verblüffende Leistung, mit Hilfe dieses hübschen Tricks Teilchen einzeln für das bloße Auge „sichtbar" zu machen, die kleiner sind als der zehntausendste Teil eines Millimeters. In Wirklichkeit sieht man natürlich nicht die Teilchen selbst, sondern wieder einmal nur ihre Wirkung.

Was sich bei der Lochbildung abspielt ist folgendes: Eines dieser winzigen Virusteilchen läßt sich auf den dichtgepackten Bakterienzellen irgendwo nieder und infiziert dabei eine davon. Dies geschieht mit tödlicher Sicherheit — warum, werden wir später sehen — und nicht nur dann, wenn die Zelle, wie beim Tabakblatt, vorher etwas beschädigt wurde. Die infizierte Bakterienzelle macht nun innerhalb weniger Minuten ein paar hundert neue Phagenteilchen, worauf sie platzt und diese in die nächste Umgebung verstreut. Hier finden die neuen Phagenteilchen natürlich sofort weitere Bakterienzellen, die sie schleunigst ebenfalls infizieren, worauf nun schon ein paar tausend Nachkommen des ersten Teilchens erzeugt werden. Diese Vermehrungslawine setzt sich fort, bis schließlich, unter gleichzeitiger Produktion von Milliarden neuer Virusteilchen, soviel Bakterienzellen zerstört sind, daß der Defekt im sonst überall gleichmäßig trüben Zellrasen als klares, kreisrundes Loch sichtbar wird.

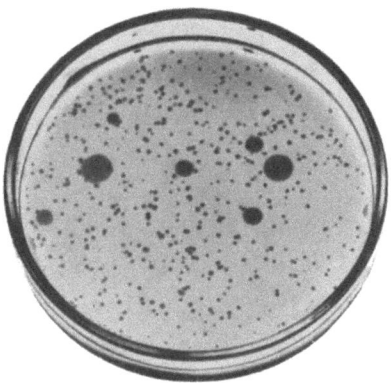

Abb. 7. Glasschale mit geliertem, bakterienbewachsenem Nährboden. Phagenteilchen von verschiedenem Typ haben teils große (Typ T 3), teils kleine (Typ T 2) Löcher im trüben Bakterienrasen erzeugt

Vielleicht möchte mancher Leser wissen, weshalb man so sicher behaupten darf, daß die Zahl dieser Löcher mit der Zahl der Phagenteilchen in der geprüften Suspension tatsächlich identisch ist. Der Beweis ist nicht schwer zu führen, wenn man über eine möglichst saubere, d. h. beimengungsfreie und ziemlich konzentrierte Phagensuspension verfügt. Dann kann man nämlich die darin enthaltenen Virusteilchen, die eine charakteristische Gestalt besitzen (S. 52), unter dem Elektronenmikroskop direkt auszählen und das Ergebnis mit der Lochzahl vergleichen, die von der gleichen Suspension nach dem üblichen Testverfahren geliefert wird. Beide Zahlen stimmen bestens überein, und damit ist der gewünschte Beweis für die Zuverlässigkeit des Lochtests erbracht.

Es wurde bereits angedeutet, daß der Lochtest auch für tierpathogene Viren brauchbar zu machen war. Selbstverständlich läßt sich hier mit einem Rasen von Bakterienzellen nichts anfangen, denn diese Viren müssen Warmblüterzellen haben. Das Problem bestand also darin, solche Zellen zur Bildung eines entsprechenden Rasens zu veranlassen. Dies gelang schließlich —, keineswegs ohne anfänglich erhebliche Schwierigkeiten, trotz der langjährigen Erfahrungen mit der Gewebezüchtung, auf die man sich stützen konnte. Jetzt ist die Technik bereits so gut durchgebildet, daß sie von jedem normal ausgestatteten Viruslaboratorium routinemäßig angewendet werden kann. Die Virusteilchen erzeugen in der gleichmäßigen Schicht von Warmblüterzellen, die den Boden der gläsernen Testschalen bedeckt, keine Löcher, sondern runde, trübe Flecke abgestorbener, doch nicht aufgelöster Zellen. Die Flecke sind aber gut zu sehen und zu zählen (Abb. 8). In dieser Hin-

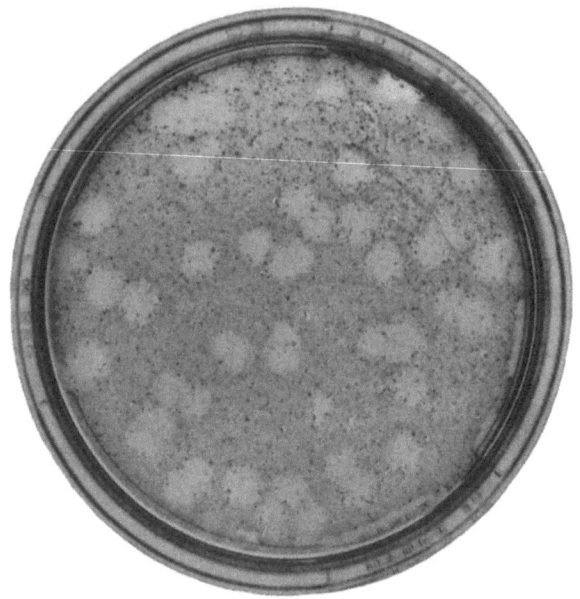

Abb. 8. Fleckförmige Zerstörungen in einer dünnen Schicht von künstlich gezüchtetem Hühnergewebe, hervorgerufen durch Teilchen des WEE-Virus

sicht herrschen also ähnliche Verhältnisse wie bei dem Blattest für das Tabakmosaikvirus, das befallene Zellen auch nur tötet, nicht auflöst. Man vergesse aber nicht, daß dieser letztere Test nur relative Mengenangaben und keine absoluten Angaben über Teilchenzahlen liefert, was leider oft auch für den „Lochtest" mit tierpathogenen Viren gilt.

4. Reindarstellung

So wie ein guter Test die Voraussetzung für jeden Versuch zur Reindarstellung eines Virus ist, so ist die Reindarstellung wiederum Voraussetzung für die chemische Analyse und Strukturermittlung von Virusteilchen. Solange ein Viruspräparat noch erhebliche und unkontrollierbare Mengen von stofflichen Verunreinigungen enthält, kann man zwar schon viele interessante und aufschlußreiche Experimente bestimmter Art damit anstellen, aber chemische Experimente nicht. Die Verunreinigungen, meist herrührend von Zerfallsprodukten der Zellen, in denen das Virus hergestellt wurde, würden jedes analytische Resultat verfälschen. Gerade in der Darstellbarkeit vollkommen sauberer Viruspräparate liegt aber, davon hatten uns vorangegangene Überlegungen überzeugt, ein unschätzbarer Vorteil, denn erst damit werden die Viren für die exakten Naturwissenschaften Chemie und Physik zu einem Schlüssel, der die Konstruktion von mancherlei chemischen Schlössern offenbart, derer sich die lebende Zelle für ihre eigenen Zwecke und unter Verwendung eigener, kaum zugänglicher Schlüssel bedient. Um im Bilde zu bleiben — ein Virus ist eigentlich, wie sich immer mehr herausstellen wird, ein Nachschlüssel, ein Dietrich, dessen Benutzung in vielerlei Hinsicht ähnlich problematisch und — vielleicht nicht zuletzt deshalb — auch ähnlich aufregend ist wie die Benutzung metallener Dietriche für metallene Schlösser.

Der Chemiker pflegt meist die Kristallisierbarkeit eines Stoffes als einen ausreichenden Beweis für dessen Reinheit und Einheitlichkeit anzusehen. Deshalb räumte vor mehr als 20 Jahren die Mitteilung, das Tabakmosaikvirus sei kristallisiert worden, zunächst ganz von selbst alle Zweifel daran beiseite, in den isolierten Kristallen wirklich eine chemisch reine *Substanz* in Händen zu haben, bestehend aus lauter strukturell gleichartigen Molekülen, von denen jedes einzelne die Mosaikkrankheit hervorrufen und „sich" zugleich uferlos vermehren kann. Diese Auffassung ist, das wissen wir schon aus dem vorhergehenden Kapitel, von etwas voreiligem Optimismus getragen gewesen. Man muß bedenken, daß es gerade beim Tabakmosaikvirus, obwohl es als erstes kristallin dargestellt werden konnte, bis heute noch keinen Test gibt, der absolute Zahlen für infektiöse Teilchen liefert. Die Viruskristalle könnten also durchaus infektiöse und nicht infektiöse, z. B. bei der Aufarbeitung inaktivierte, Teilchen nebeneinander im gleichen Kristallverband enthalten, ohne daß dies vorläufig irgendwie festzustellen wäre. Man hat tatsächlich Grund genug anzunehmen, daß dies bis zu einem gewissen Grade wirklich nicht so selten der Fall ist. Die chemischen und physikalischen Unterschiede zwischen aktiven und inaktiven Teilchen können so geringfügig sein, daß man sie nicht auseinandersortieren kann.

Trotzdem ist und bleibt es von unbestreitbarer Bedeutung, daß die Kristallisierbarkeit eines Virus überhaupt erst einmal gezeigt werden konnte. In den Tagen, als diese Entdeckung gemacht wurde, wäre es jedem, der ein *amorphes,* also nicht zur Kristallisation zu bringendes Viruspräparat vorgewiesen hätte, sehr schwer geworden, damit auch nur einen Hund hinter dem Ofen hervorzulocken, selbst wenn es zu 100%/o aus aktiven Virusteilchen bestanden hätte. Kein Mensch hätte an die Einheitlichkeit des Präparates geglaubt, und vor allem: Kein Mensch, vielleicht nicht einmal der Hersteller des amorphen Präparates selbst, wäre auf die Idee gekommen, sein Virus sei „nur" ein Stoff und nicht ein Organismus. Dazu gehörte erst noch die scheinbare Verletzung eines allgemeinen, wiewohl durch nichts zwingend gemachten Glaubenssatzes, daß nämlich nur Stoffe kristallisieren, Organismen aber nicht. Weil eine Änderung dieses Satzes unwillkürlich für undenkbar gehalten wurde, hatten es die Viren plötzlich so leicht, als Stoffe anerkannt zu werden. Man muß sagen: glücklicherweise, denn nur dadurch kam erneut Bewegung in eines der interessantesten naturwissenschaftlichen Arbeitsgebiete. Nachdem das geschehen war, konnten Rückfälle in alte, verschwommene Spekulationen über „das" Leben und allerhand sonstige, z. T. auch durchaus berechtigte Bedenken echten Fortschritten nicht mehr gefährlich werden, sondern höchstens noch nützen.

Nachdem der erste Schreck vorüber war, versuchte selbstverständlich mancher Kämpfer wider einen (falsch verstandenen) Materialismus und Mechanismus seine Stimme zu erheben und die Viren doch wieder für, wenn auch primitive, *Organismen* zu erklären. Damit allein ist natürlich keinerlei echte Einsicht gewonnen, sondern allenfalls ein Streit um Worte vom Zaun gebrochen. Schließlich sind auch Atome und Moleküle organisiert, aber warum weigert sich jedermann mit Recht, diese Gebilde generell als „Organismen" zu bezeichnen? Es muß noch etwas Neues hinzukommen, und die einzig wichtige Frage ist, was! Bei den Viren kommt tatsächlich *nichts* Neues hinzu, sondern es sieht nur so aus. Ihre Belebtheit ist nichts als Schein, der nur trügt, wenn man um eine brauchbare Definition von „Leben" verlegen ist. In Wirklichkeit sind sie, wie alle Moleküle, rein statische Gebilde, solange sie sich selbst überlassen bleiben. Nur unter besonderen Umständen kann sich das Virusteilchen für kurze Zeit ein Scheinleben borgen, und zwar von einem echten Organismus, einer lebenden Zelle, in die es hineingerät. Erst eine Zelle verfügt über das „Neue", und ich denke, meine Leser werden dem II. Kapitel entnommen haben, worin es besteht. Es besteht in einem autonomen, selbstgesteuerten Zusammenspiel von chemischen Fließbändern, die zwar auch aus lauter statischen Komponenten, d. h. chemischen Molekülen aufgebaut sind. Aber weil diese passend ausgesucht und kombiniert sind, müssen sie, indem sie ganz zwangsläufig nach chemischen Gesetzen reagieren, im Endeffekt allesamt, jedes an seinem Platz, dafür sorgen, daß sich dieses ganze chemische „Kombinat" selbst ergänzt und vermehrt.

Leben können also überhaupt nur Gebilde zeigen, die auf Grund einer geeigneten Zusammensetzung aus *sehr* vielen verschiedenen, chemischen Komponenten eine autonome Dynamik nach dem genannten Prinzip der verteilten Rollen zu entfalten vermögen. Nur solche Gebilde sollte man „Organismen" nennen, denn hier tritt zu einer statisch-räumlichen Organisation, über die die Viren (in erheblich geringerem Umfang) *auch* verfügen, noch eine auf Dynamisch-Zeitliches ausgerichtete Organisation hinzu, über die die Viren *nicht* verfügen.

Inzwischen macht sich niemand mehr Sorgen, wenn ein von ihm gewonnenes Viruspräparat trotz augenscheinlicher Reinheit nicht kristallisieren will. Die Kristallisierbarkeit ist weder für die Feststellung der Reinheit noch für die Klassifizierung als Virus (statt als Organismus) von wesentlicher Bedeutung geblieben. Für die Reinheit z. B. hat man andere, z. T. wesentlich verläßlichere Kriterien. Seit man bemerkte, daß die Fähigkeit von Teilchen, sich zu Kristallen zusammenzulagern, von bloßen Zufälligkeiten ihrer äußeren Form, der Verteilung elektrischer Ladungen auf ihrer Oberfläche usw. stark abhängig ist, wurde es mehr zum Sport und zu einer Angelegenheit ästhetischer Befriedigung, Viruspräparate so lange mit raffinierten Mitteln zu kitzeln, bis

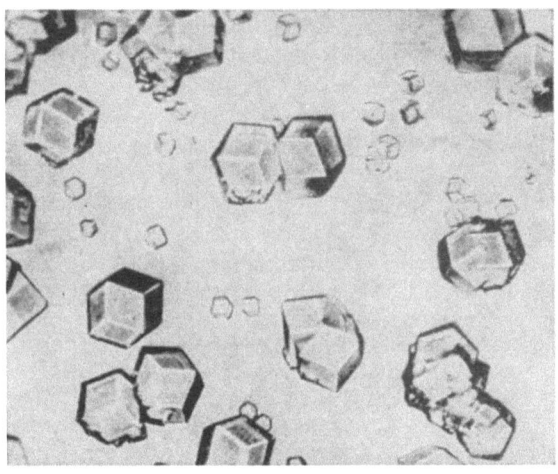

Abb. 9. Kristalle des „bushy stunt"-Virus. Vergr. etwa 300fach. Auch diese besonders wohl ausgebildeten Kristalle bauen sich aus kugelförmigen Virusteilchen auf (vgl. Abb. 5), doch genügt die Vergrößerung bei weitem nicht, um sie sichtbar werden zu lassen

sie sich — vielleicht — zur Bildung von manchmal wirklich sehr schönen Kristallen bequemen (Abb. 9). Die Lösung echter Probleme bleibt davon unberührt. Bis man aber überhaupt so weit kommt, Viruskristalle zu erhalten — oder, wie gesagt, nicht kommt —, muß man jedenfalls meist eine Periode mühevoller Experimente durchstehen, die wenig Abwechslung bieten.

Wenn man einen bestimmten Stoff von anderen, die einen nicht interessieren, abtrennen will, muß er vor allem in seinen physikalisch-chemischen Eigenschaften von diesen genügend verschieden sein, sonst ist der Reinigungsversuch ein hoffnungsloses Beginnen. Diese Voraussetzung ist bei den Viren meist gegeben. Für die Abtrennung kommen hier hauptsächlich zwei Verfahren in Betracht: die Ausnützung von Löslichkeitsunterschieden und die Ausnützung des meist ziemlich hohen Teilchengewichtes der Viren im Verhältnis zum Teilchengewicht der Begleitstoffe, die aus zerstörten Zellen oder Geweben stammen.

Das erste Verfahren ist technisch im Grunde sehr einfach. Viren sind oft in schwach saurem Wasser oder in Wasser, das viel Salz enthält, schlecht löslich. Man braucht also nur zur rohen Viruslösung, die man durch schwaches Zentrifugieren geklärt hat (z. B. zum oft zitierten Tabakpreßsaft!), etwas Säure oder ein geeignetes Salz hinzuzugeben, dann kann sich das Virus nicht mehr in Lösung halten und setzt sich als fester Niederschlag ab. Allerdings nicht allein. Es sind ihm so gut wie immer noch erhebliche Mengen von anderen Stoffen beigemischt, die Säure oder Salz ebenfalls nicht mögen oder vom Virus einfach „mitgerissen" werden. Aber alle anderen, denen eine solche Behandlung gleichgültig ist, und das ist schon ein hoher Prozentsatz der unerwünschten Verunreinigungen, bleiben in der Flüssigkeit gelöst und können nun mit dieser ab- und weggegossen werden.

Daß das gesuchte Virus wirklich im Niederschlag steckt und nicht etwa in der Lösung verblieben ist, kann man natürlich weder direkt sehen noch von vornherein voraussagen. Vielleicht war nicht genug Säure oder Salz zugegeben worden, oder das Virus hat die Behandlung damit nicht vertragen und nun seine Infektionsfähigkeit eingebüßt! Hier muß sich der Biochemiker sein künstliches Auge einsetzen, d. h. den quantitativen Test zu Rate ziehen. Von jetzt an hat der Test bei *jedem* Reinigungsschritt zu entscheiden, wo, d. h. in welcher der gewonnenen Fraktionen, das aktive Virus geblieben ist. Man kann sich wohl vorstellen, daß unter diesen Umständen viel Fleiß und Hartnäckigkeit dazugehören, die ganze Sache durchzustehen, besonders wenn der Test umständlich und zeitraubend ist. In praxi hat man meist im Handumdrehen 10 oder 20 verschiedene Fraktionen beisammen, die alle durchgetestet sein wollen, ehe man weitermachen kann. Man darf sich noch glücklich schätzen, wenn das Virus diese langen Zwischenpausen ohne Aktivitätsverlust überdauert. Sonst kann man zu allem Überfluß jedesmal wieder von vorn anfangen mit der Auftrennung in Fraktionen.

Ist man auf Grund des Testes sicher, daß das Virus z. B. im ausgefallenen Niederschlag darinsteckt, dann wird man diesen vielleicht in reinem Wasser wieder auflösen und die ganze Prozedur mit Säure oder Salz ein- oder mehrmals wiederholen, um so nach und nach immer mehr von den unerwünschten Begleitstoffen loszuwerden. Der Phantasie und Geschicklichkeit sind dabei keine Grenzen gesetzt bezüglich kleinerer oder größerer Varianten in der Weiterbehandlung und der Einbeziehung anderer Verarbeitungsmethoden. Da es uns hier aber nur um ein allgemeineres Verständnis geht, wollen wir nicht näher darauf eingehen.

Hilft schließlich abwechselndes Lösen und Fällen nicht mehr weiter und hat man trotzdem den Verdacht, daß das Virus noch nicht sauber ist, dann kann man — u. U. auch gleich von vornherein, z. B. bei Bakteriophagen — sein relativ hohes Teilchengewicht für die weitere Reinigung heranzuziehen versuchen. Dazu benötigt man eine besonders schnellaufende Zentrifuge, von der schon im ersten Kapitel die Rede war. Sie heißt Ultrazentrifuge, und man kann mit ihr, wenn man sie schnell genug drehen läßt, sogar festen Zucker aus einer wäßrigen Zuckerlösung herausholen (Abb. 10). Für die Virusteilchen, die etwa

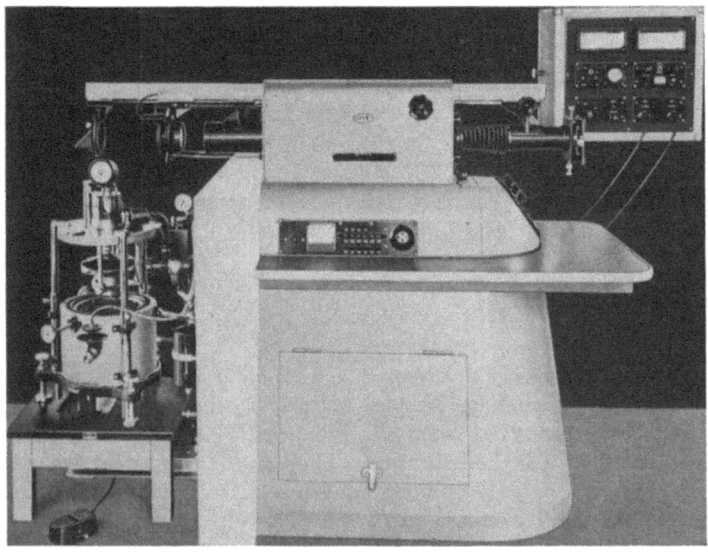

Abb. 10. Gesamtansicht einer Ultrazentrifuge: links die eigentliche, preßluftgetriebene Zentrifuge (geöffnet), rechts die optische Zusatzeinrichtung (SVEDBERG)

10 000mal größer und schwerer sind als Zuckermoleküle, braucht man sie nicht so zu überanstrengen, sondern kann sich mit einer geringeren Tourenzahl begnügen. 30—50 000 Umdrehungen in der Minute benötigt man aber immerhin doch noch. Um eine Vorstellung von der Größe dieser Drehgeschwindigkeit zu geben: Ein Punkt am äußeren Umfang des Drehkörpers oder „Rotors" hat dabei ungefähr die Geschwindigkeit einer Pistolenkugel!

Die Viruslösung wird also in kleine Röhrchen aus zähem Kunststoff gefüllt — Glas würde bei der hohen Drehzahl platzen —, darauf kommen die Röhrchen in den Zentrifugenrotor (Abb. 11), und die irrsinnige Karussellfahrt kann beginnen. Nach einer Stunde vielleicht stellt man die Maschine wieder ab und findet dann am Boden der Röhrchen eine feste Abscheidung, die, so hofft man natürlich, aus reinem Virus besteht. Das wird i. a. auch der Fall sein, wenn die zentrifugierte Lösung nicht noch andere Teilchen von annähernd Virusgröße enthielt. Diese würden ganz unvermeidlich mit dem Virus zusammen auf den

Boden des Röhrchens absinken, und in solchen Fällen hilft die Ultrazentrifuge nichts bei der Virusreinigung. Verunreinigende Teilchen von der Größe der Virusteilchen muß man auf andere Weise loszuwerden versuchen.

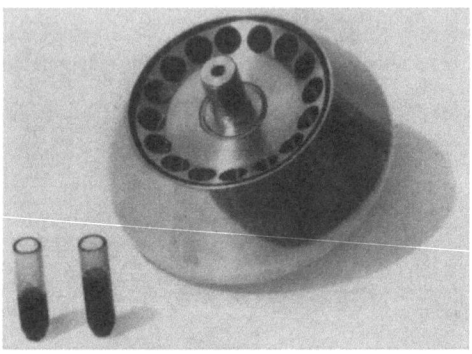

Abb. 11. Drehender Teil (Rotor) einer Ultrazentrifuge, in dem Virusteilchen abgeschleudert werden können. Die Bohrungen im Rotor nehmen die mit virushaltiger Flüssigkeit gefüllten Röhrchen auf

Zu diesem Zweck nutzt man z. B. auch die Tatsache aus, daß winzige Materieteilchen sehr oft von Natur aus, d. h. auf Grund ihrer individuellen chemischen Struktur, trotz gleicher Größe eine verschieden starke elektrische Ladung tragen. Diese Ladung ist für jede Art von Teilchen unter gewissen Voraussetzungen konstant und ebenso charakteristisch wie sein Gewicht. Von zwei Teilchen gleicher Größe, doch verschieden starker Ladung wandert nun dasjenige in einem elektrischen Feld, d. h. einfach zwischen einem Plus- und einem Minuspol, schneller, das die größere Ladung trägt. Hat man also eine Lösung, die eine Mischung von Teilchen verschiedener Ladung enthält, dann braucht man nur einen Gleichstrom hindurchzuschicken, und schon beginnen sie ihren Langstreckenlauf, wobei sie sich je nach ihrer Ladung zu Gruppen von verschiedener Schnelligkeit zusammenfinden, die sich, je länger der Versuch dauert, umso weiter auseinanderziehen. Um ihnen dazu genügend Gelegenheit zu geben, läßt man das Ganze in einem langen, engen, meist U-förmig gebogenen Rohr vonstatten gehen (TISELIUS).

Mit optischen Tricks, die eine allgemein bekannte Erscheinung ausnützen, kann man sogar, das ist natürlich besonders wichtig, die jeweiligen Standorte der einzelnen Gruppen im Rohr feststellen. Jeder hat schon einmal das Flimmern der Luft über einem heißen Dach oder einem Schornstein gesehen. Hier sieht man tatsächlich etwas „eigentlich" Unsichtbares, nämlich Luft, und zwar heiße Luft in kalter. Das liegt daran, daß Lichtstrahlen von heißer Luft, weil sie „dünner" ist, weniger stark gebrochen werden als von kalter. So kommen die Verzerrungen des Hintergrundes zustande, die uns als Flimmern erscheinen. An den

Stellen im Rohr, wo sich eine Gruppe mit gleicher Geschwindigkeit wandernder, unsichtbarer Teilchen befindet, wird aber durchfallendes Licht ebenfalls stärker gebrochen als da, wo ein Zwischenraum bis zur nächsten Gruppe, also nur reines Wasser ist. Das erzeugt auch hier eine Hintergrundsverzerrung, die den Standort der Gruppe genau angibt. Man braucht das Rohr schließlich nur noch zwischen den einzelnen, auseinandergezogenen Gruppen abzuklemmen, dann hat man jede für sich säuberlich in der Falle und kann nun testen, welche davon aus Virusteilchen besteht.

Offensichtlich ist diese Methode der sog. „Elektrophorese" (d. h.: Elektro-Transport) auch sehr gut geeignet, nachzuprüfen, ob ein Präparat elektrisch geladener Teilchen einheitlich ist oder nicht. Wenn sie alle gleich schnell wandern und dieselbe Größe haben, müssen sie alle eine gleich große Ladung tragen, und dann ist es schon sehr unwahrscheinlich, daß in Wirklichkeit doch noch eine Mischung vorliegt, die aus chemisch voneinander verschiedenen und nur zufällig haargenau gleich stark geladenen Teilchen besteht.

Für präparative Zwecke ist die Elektrophorese meist zu umständlich. Sie hat aber den großen Vorteil, auch bei äußerst empfindlichen Substanzen anwendbar zu sein, weil diesen dabei meist nicht das geringste Ungemach widerfährt. Darin übertrifft sie noch die Ultrazentrifuge, denn hier ist das dichte Zusammenpressen der ausgeschleuderten Substanz am Boden der Röhrchen manchmal das kritische, zu unerwünschten Effekten führende Moment.

Übrigens läßt sich auch die Ultrazentrifuge dazu benutzen, Präparate von Virusteilchen auf Einheitlichkeit zu prüfen. Während bei der Elektrophorese *gleich stark geladene* Teilchen gleich schnell wandern, wandern in der Ultrazentrifuge *gleich schwere* Teilchen gleich schnell, und zwar vom Drehmittelpunkt fort. Mischungen von Teilchen verschiedenen Gewichtes trennen sich demnach auch hier in Gruppen (verschiedener *Sink*geschwindigkeit) auf, die man mit den schon geschilderten optischen Mitteln im Zentrifugenröhrchen auf ihrer Wanderung verfolgen und gegebenenfalls abfangen kann. Ist während der Zentrifugierung nur *eine* Gruppe festzustellen, dann sind auch alle vorhandenen Teilchen von derselben Größenklasse, das Präparat ist also unter diesem Gesichtspunkt einheitlich.

Während sich aus der elektrophoretischen Wanderungsgeschwindigkeit eines Teilchentyps die Teilchen*ladung* ohne allzugroße Umstände berechnen läßt — wir hörten ja, daß beide in einem bestimmten Abhängigkeitsverhältnis stehen —, läßt sich aus der Sinkgeschwindigkeit in der Zentrifuge das Teilchen*gewicht* ableiten, denn hier besteht, wie schon im ersten Kapitel angedeutet, ein ganz entsprechender quantitativer Zusammenhang. Einmal bewegen meßbare elektrische Kräfte das Teilchen vom Fleck, das andere Mal meßbare Fliehkräfte. In die Berechnungen geht übrigens u. a. auch die äußere Gestalt der Teilchen ein, so daß man die Möglichkeit hat, Aussagen darüber zu machen, ehe man sie überhaupt zu Gesicht bekommt. So wußte man z. B. schon ziemlich lange vor der Erfindung des Elektronenmikroskopes, daß die Teilchen des Tabakmosaikvirus stäbchen- und nicht kugelförmig sind!

Erst wenn ein Viruspräparat bei den beiden zuletzt besprochenen Prozeduren, der Elektrophorese und der Ultrazentrifugierung, keine Beimengungen mehr zu erkennen gibt, besteht einige Aussicht, aber, wie gesagt, keineswegs die Sicherheit, es auch zur Kristallisation bringen zu können. Meist wendet man hierbei wieder die Methode der Verdrängung aus der Lösung durch zugefügte Salze an. Nur muß man die Zugabe von Salz jetzt sehr langsam und vorsichtig vornehmen — möglichst auch im Kältelabor bei Temperaturen in der Nähe des Gefrierpunktes — sonst fällt das ganze Virus auf einmal und viel zu rasch aus, und dann ist es fast immer amorph. Nur wenn man ihm genügend Zeit läßt, kann man — oft erst nach Tagen — mehr oder weniger wohlgeformte Kristalle auf dem Boden des Glaskolbens, in dem man die Operation vornahm, bewundern.

Damit haben wir dem Biochemiker bei seinen Versuchen, sich reine Viruspräparate zu verschaffen, genügend lange auf die Finger gesehen. Jetzt interessiert uns noch, was er weiter damit anfängt.

5. Chemische Charakterisierung und ein paar Spekulationen

Zu allererst macht er damit etwas scheinbar ganz Furchtbares. Kaum hat er sein reines Präparat in Händen, steckt er es in eine Glasröhre und verbrennt es! Diese Handlungsweise ist indessen nicht auf geistige Überanstrengung in den vorangegangenen Wochen, Monaten oder Jahren des Kampfes um ein sauberes Präparat zurückzuführen, sondern dient einem ganz bestimmten Zweck, der „Elementaranalyse". Bei der Verbrennung wandelt sich jeder beliebige organische Stoff — dazu gehören auch die Viren — in sehr einfache Verbindungen wie Kohlensäure, Wasser, Ammoniak, Phosphorsäure, Schwefelsäure usw. um. Die aus einer genau gewogenen Menge organischer Substanz bei der Verbrennung entstehenden Gewichtsmengen dieser einfachen Verbindungen lassen sich sehr exakt bestimmen, und dann ist es für den Chemiker ein Kinderspiel, daraus zu berechnen, wieviel Prozent von jedem der in Betracht kommenden Elemente Kohlenstoff, Wasserstoff, Stickstoff, Phosphor, Schwefel usw. die verbrannte Substanz enthält. Das muß er aber wissen, denn daraus gewinnt er die ersten Anhaltspunkte für den strukturellen Aufbau und damit die chemische Klassifizierung der verbrannten Substanz. Zu diesem Ende helfen ihm noch weitere chemische Proben, die unendliche Fülle von Möglichkeiten für die räumliche Anordnung und Verknüpfung der verschiedenen, gefundenen Atomarten einzuengen, bis er schließlich sicher weiß, daß z. B. sein Viruspräparat aus zwei Hauptkomponenten zusammengesetzt ist, von denen die eine unter dem Namen „Eiweiß" oder „Protein" allgemein bekannt ist, während die andere, nur den engeren Fachgenossen nicht fremd, den Namen „Nucleinsäure" (wörtlich: Kernsäure) führt. Sie verdankt ihn der Tatsache, daß man sie zuerst in Zellkernen in großer Menge entdeckte, ohne für lange Zeit die geringste Ahnung zu haben, welche Funktionen sie hier hat.

Die eifrigen Bemühungen der Biochemiker um die Darstellung immer neuer Viren in chemisch reiner Form brachten bald eine wichtige Erfahrungstatsache zutage, die man heute wohl schon ruhig kurz und knapp als „Gesetz" formulieren kann: Es gibt keine Viren, die frei von Protein oder frei von Nucleinsäure sind. Stets kommen diese beiden chemischen Körper *zusammen* in jedem beliebigen Virusteilchen vor. Viele Virusarten scheinen aus überhaupt nichts anderem zu bestehen. Dahinter muß etwas Wichtiges stecken!

Es wäre verfehlt zu glauben, daß Protein immer gleich Protein und Nucleinsäure immer gleich Nucleinsäure ist. Ganz im Gegenteil! Die Strukturprinzipien, nach denen beide chemischen Körperklassen aufgebaut sind, erlauben so viele Variationen, daß fast unendlich viele verschiedene Proteine und Nucleinsäuren denkbar sind. Für beide Körperklassen steht eine bestimmte Anzahl von chemisch voneinander verschiedenen Bausteinen zur Verfügung, die an bestimmten Stellen so eingerichtet sind, daß sie sich hier miteinander verhäkeln, d. h. feste chemische Bindungen untereinander herstellen können. Darüber, wie solche Verknüpfungen (von der Zelle oder vom Chemiker) willkürlich zuwege gebracht werden und was für komplizierte, räumliche Gebilde dabei herauskommen können, wenn sehr viele (gleichartige oder unterschiedliche) Bausteine zum Verbauen angeboten werden, war im zweiten Kapitel schon einmal die Rede.

Die Bausteine, aus denen sich *Proteine* zusammensetzen, nennt der Chemiker „Aminosäuren". Sie bestehen meist aus nur wenigen Kohlenstoff-, Wasserstoff-, Stickstoff-, Sauerstoff- und allenfalls noch Schwefelatomen und haben alle mindestens je zwei Stellen in ihrer Struktur, die für eine gegenseitige Bindung in Betracht kommen. Deshalb kann man sie z. B. zu langen, Polypeptid-Ketten genannten Strängen zusammenfügen, und zwar in ganz beliebiger Reihenfolge. Nehmen wir vier verschiedene Aminosäuren und stellen wir fest, wieviel viergliedrige Ketten sich daraus aufbauen lassen! Erstens könnte man Ketten machen, die immer nur *eine* der vier Aminosäuren enthalten, also z. B. AAAA oder BBBB usw. Dann könnte man jeweils noch eine andere hinzunehmen, also z. B. ABBB oder BAAA oder ABAA usw., bis man schließlich alle diese Möglichkeiten erschöpft hat und nun mit allen vier Aminosäuren gleichzeitig weiterkombiniert, z. B. ABCD oder ACBD oder DCBA usw. Man sieht, schon mit nur vier solchen Bausteinen und bei Beschränkung auf nur vier Kettenglieder kann man eine ganz verblüffende Menge von Anordnungen finden. Für den Aufbau von

Proteinen stehen nun aber nicht nur vier, sondern rund zwanzig verschiedene Aminosäuren zur Verfügung, und die Polypeptidketten, deren Zusammenfaltung kompakte Proteinmoleküle ergibt, enthalten nicht nur vier Glieder, sondern hunderte bis tausende! Die Kombinationsmöglichkeiten erreichen hier vollkommen unvorstellbare, superastronomische Größenordnungen, die natürlich durch Probieren auch nicht entfernt mehr abgeschätzt werden können. Nur der Mathematiker kann ihre Zahl noch berechnen. Doch selbst er würde in Schwierigkeiten geraten, wenn wir ihm mitteilen müßten, daß manche Aminosäuren auch so eingerichtet sind, daß sie über drei oder mehr Verknüpfungsstellen verfügen, so daß sie zu Verzweigungspunkten für die Bildung flächiger oder räumlicher Gitterstrukturen werden können. Wir wollen uns bei dieser Gelegenheit schnell noch einmal ins Gedächtnis zurückrufen, daß alle Enzyme — die unentbehrlichen Fließbandarbeiter jeder Zelle — Proteinmoleküle sind. Dahinter steckt wieder einmal ein wunderbarer Kunstgriff zur Vereinfachung der technischen Probleme, mit denen ein produktiv autonomes System fertig werden muß. Zellen brauchen ja dann offensichtlich nicht mehr als nur 20 separate Fließbänder, um damit das *gesamte* Baumaterial, d. h. 20 verschiedene Typen von Aminosäuren, für *alle* ihre vielen Enzyme herstellen zu können. Zu Proteinmolekülen mit den verschiedensten katalytischen und sonstigen Eigenschaften zu gelangen, ist jetzt nur noch eine Frage der besonderen Auswahl, Reihenfolge und gegenseitigen Verknüpfung dieser Aminosäuren innerhalb der Ketten, die sie zu bilden vermögen.

Obwohl die theoretisch mögliche Zahl von unterschiedlich aufgebauten Proteinen derart unübersehbar groß ist, steht der Chemiker doch nicht vollkommen hilflos vor dem Problem, Proteine voneinander zu unterscheiden, selbst wenn er ihren Feinbau im einzelnen gar nicht kennt. Erstens hat er die Möglichkeit, solche Riesenmoleküle nach Teilchenladung und Teilchengewicht zu charakterisieren, wie wir bereits wissen. Wenn er sie in die einzelnen Aminosäuren zerlegt, was nicht schwierig ist, dann erfährt er außerdem wenigstens ihre Brutto-Zusammensetzung in bezug auf diese Bausteine, und das ist auch schon viel wert. Neuerdings sind aber sogar Methoden entwickelt worden, mit denen man tatsächlich die *Reihenfolge* der Aminosäuren in jeder beliebigen Polypeptidkette bestimmen kann. Damit ist man nunmehr in der Lage, endlich der Feinstruktur der Proteinmoleküle direkt zu Leibe zu rücken. Es ist nur eine Heidenarbeit, denn je länger die untersuchte Kette ist, umso mehr nicht gerade einfache Operationen erfordert ihr stufenweiser Abbau. Deshalb kommt man damit auch nur langsam voran, doch ist die exakte Reihenfolge der Aminosäuren schon für mehrere Proteine bestimmt worden. Solche Analysen sind, wie wir noch sehen werden, von größter theoretischer Bedeutung.

Auf sehr eigenartige Weise drückt sich der individuelle Feinbau von Proteinen aus, wenn man sie in geeignete Warmblüterorganismen einspritzt, indem diese dadurch zur Bildung sog. Antikörper veranlaßt werden. Die Antikörper sind im Blutserum der behandelten Organismen enthalten und reagieren meist sehr spezifisch nur mit dem Proteintyp, der sie hervorrief. Diese spezifische Reaktion, bei der es zu einer gegenseitigen Bindung von Protein und Antikörper kommt, läßt sich technisch auf die verschiedenste Weise so ausgestalten, daß sie zur Differenzierung und Charakterisierung von Proteinen hervorragende Dienste leistet. Diese brauchen noch nicht einmal in reiner Form vorzuliegen. Auch die Wassermannsche Reaktion, die wir wegen ihrer technischen Kompliziertheit nicht näher erklären wollten (S. 30), beruht im Grunde auf der spontanen Bindung zwischen einem Protein (z. B. Virusprotein) und seinem Antikörper.

Soviel über Zusammensetzung, Struktur und Charakterisierung von Proteinen. Gegenüber den *Nucleinsäuren* ist der Chemiker bisher in einer viel übleren Lage. Die Art ihres Aufbaus scheint zwar weit weniger Möglichkeiten für Variationen zu bieten als die der Proteine, doch bleiben noch mehr als genug, und mit chemischen Methoden ist den Nucleinsäuren in gewisser Beziehung schlechter beizukommen als den Proteinen. Auch Antikörper rufen sie i. a. nicht hervor, und so war man zu ihrer Charakterisierung lange Zeit praktisch ausschließlich auf die Feststellung ihrer Bruttozusammensetzung aus den für sie typischen Bausteinen angewiesen, ohne zu wissen, ob man vollkommen einheitliche Präparate hatte oder nicht.

Die Bausteine sind keine Aminosäuren, sondern sog. „Nucleotide". Jedes Nucleinsäuremolekül setzt sich aus einer sehr großen Anzahl — wiederum kettenförmig aneinandergereihter — Nucleotide zusammen. Es sind aber in einem Nucleinsäuremolekül nicht bis zu zwanzig Arten von Bausteinen, sondern praktisch nur vier verschiedene Nucleotidtypen vertreten, und Verzweigungen oder gar Vernetzungen treten nicht auf. Nucleinsäuremoleküle sind also immer mehr oder weniger lange Fäden. Darin liegt die Vereinfachung gegenüber der Proteinstruktur. Daß trotzdem noch eine ungeheure Zahl von Kombinationsmöglichkeiten besteht, macht man sich leicht klar, wenn man sich überlegt, in wieviel verschiedenen Reihenfolgen man die Buchstaben A, B, C und D aufschreiben kann, wenn man aus ihnen eine Kette bilden darf, in der jeder von ihnen tausendmal und öfter vorkommt.

Die Nucleotide sind nicht einfache chemische Verbindungen, wie die Aminosäuren, sondern setzen sich aus drei verschiedenen, mit chemischen Methoden voneinander trennbaren Komponenten zusammen: einem Molekül „Base" (chemische Bezeichnung für das Gegenteil von „Säure"), einem Molekül Zucker und einem Molekül Phosphorsäure, die in bestimmter Weise miteinander verknüpft sind (siehe vorstehendes Schema).

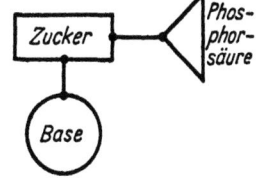

Der Zucker ist nicht in allen Nucleotiden der gleiche. Manche enthalten einen Zucker namens „Ribose", andere einen Zucker namens „Desoxy-ribose". Die Chemiker fanden heraus, daß es demgemäß auch zwei Hauptklassen von Nucleinsäuren gibt: Ribonucleinsäure und Desoxyribonucleinsäure (wir werden sie künftig mit RNS und DNS bezeichnen!). Merkwürdigerweise gibt es nämlich keine in bezug auf die beiden Zucker „gemischten" Nucleinsäuren. Es reihen sich entweder ausschließlich solche Nucleotide aneinander, die Ribose enthalten oder ausschließlich solche mit Desoxyribose als Zuckerkomponente. Zellen enthalten sowohl RNS wie DNS. Es scheint jedoch keine Virusteilchen zu geben, die unzweifelhaft beide Nucleinsäurearten nebeneinander beherbergen. In ihnen kommt entweder nur RNS oder nur DNS vor. Tabakmosaikvirus z. B., und viele andere pflanzen- und tierpathogene Viren, enthalten RNS, Bakteriophagen dagegen meist DNS.

Während also in einem gegebenen Nucleinsäurefaden keine Abwechslung in bezug auf den Nucleotid-Zucker und die Phosphorsäure herrscht, ist dies sehr wohl der Fall hinsichtlich der Nucleotid-Basen. Für den Aufbau von DNS z. B. stehen vier verschiedene Nucleotide zur Verfügung, die zwar alle den Zucker „Desoxyribose" enthalten, sich aber bezüglich der Basenkomponente voneinander unterscheiden. Bezeichnet man die vier Basen durch die Anfangsbuchstaben ihrer chemischen Namen, d. h. mit A, C, G und T*, den Zucker Desoxyribose durch einen Vertikalstrich und die Phosphorsäure durch einen darangesetzten Winkel, dann lassen sich die vier DNS-Nucleotide strukturell einfach symbolisieren durch

Um sich ein anschauliches Bild davon machen zu können, wie aus Tausenden dieser Nucleotide ein DNS-Faden aufgebaut wird, braucht man nur noch zu wissen, daß die Phosphorsäure das verbindende Glied darstellt. Sie greift von ihrem „eigenen" Zuckermolekül auf das des benachbarten Nucleotids über und bindet dieses auch. Wir brauchen also Symbole wie die obigen nur zusammenzuschieben, dann entsteht das Abbild eines DNS-Fadens:

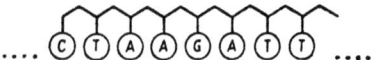

Die Reihenfolge ist, wie gesagt, prinzipiell beliebig, und die Zahl der Kombinationsmöglichkeiten bei größeren Fadenlängen daher sehr hoch.

---

* Adenin, Cytosin, Guanin und Thymin.

Weiteres brauchen wir vorläufig von der Struktur der Proteine und Nucleinsäuren, diesen beiden wichtigsten Komponenten eines Virusteilchens, nicht zu wissen. Der Leser wird vielleicht schon stöhnen und sich jedenfalls auch so eine genügende Vorstellung davon machen können, als welch' enorm komplizierte Struktur sich ein Virusteilchen darbietet, wenn man bis auf die Anordnung der Bausteine (Aminosäuren und Nucleotide) oder gar der Atome in diesen Gebilden zurückgreift. Man braucht das aber nicht unbedingt zu tun, sondern kann sich vorläufig mit einer Differenzierung in die beiden Hauptkomponenten begnügen und zunächst einmal herauszufinden versuchen, welche weitere Bewandtnis es mit ihnen hat.

Im Augenblick wollen wir uns mit ein paar Spekulationen zu diesem Punkt zufriedengeben, so wie das anfänglich auch diejenigen taten, die als erste versuchten, sich in die gegebene Situation und die durch sie gebotenen Möglichkeiten hineinzudenken. Man stellte also zunächst fest: Virusteilchen bestehen aus Protein und Nucleinsäure, und sie sind „selbstvermehrungsfähig". Wo gab es etwas Ähnliches, um Vergleiche ziehen und die Situation womöglich verallgemeinern zu können? Offensichtlich in den Zellkernen! Diese enthalten lange, fadenförmige Gebilde, die ebenfalls aus Protein und Nucleinsäure bestehen, „Chromosomen" heißen und sich bei jeder Zellteilung unter vollkommener Wahrung ihrer z. T. noch mikroskopisch erfaßbaren, strukturellen Besonderheiten exakt verdoppeln. Freilich sind diese Chromosomen riesengroß im Verhältnis zu einem Virusteilchen, aber man war auf Grund von mancherlei Experimenten zu der Auffassung gelangt, daß sie sich aus viel kleineren, diskreten Untereinheiten zusammensetzen, die man „Gene" nannte. Als Erbfaktoren sind sie von entscheidender Bedeutung für die Ausbildung und Aufrechterhaltung aller charakteristischen Eigenschaften eines Organismus über die Generationen hinweg. Wenn man den Genen auch noch „Selbstvermehrungsfähigkeit" zuschrieb, waren sie also schon recht gut mit den Viren in Analogie zu setzen.

Daß man auf diesen Aspekt der Selbstvermehrungsfähigkeit der Gene so erpicht war und bis heute ist, hat seinen guten Grund. Im II. Kapitel wurde ausführlich auseinandergesetzt, daß in der Zelle chemische Fließbänder operieren, die mit Enzymen als „Arbeitern" besetzt sind. Aufgabe dieser Enzyme ist es, bestimmte Stoffe ab- und andere, die die Zelle benötigt, Schritt für Schritt aufzubauen. Zu den von der Zelle benötigten Stoffen gehören aber natürlich auch die Enzyme selbst. Deshalb müßte die Zelle also u. a. spezielle Enzyme zum Aufbau ihrer Enzyme haben, und zum Aufbau dieser speziellen Enzyme wieder spezielle Enzyme usw. usw. Wo soll das je enden? Nach einem solchen Konstruktionsprinzip kann eine Zelle unmöglich funktionieren, es würde ins Uferlose führen und keinen geschlossenen Organismus liefern. Irgendwo muß also ein „Kurzschluß" in der ganzen Anordnung vorhanden sein, damit ein wirklicher „Kreisprozeß" mit einer endlichen Anzahl von stofflichen Mitgliedern, die ihn und ihren eigenen Bestand durch ihre chemische Aktivität aufrechterhalten, zustandekommen kann. Da verfiel man auf die Gene als Kurzschlußglied.

Das ist eine Vermutung, die gar nicht so an den Haaren herbeigezogen ist, wie man vielleicht denken könnte. Man wußte ja, daß die Gene sich als „Erbfaktoren" betätigen, d. h. von ihnen hängt es ab, was eine Zelle samt allen ihren Nachkommen chemisch tun kann oder nicht tun kann. Diese Kommandogewalt der Gene kommt, wie man damals gerade herauszufinden begann, im wesentlichen dadurch zustande, daß jedes individuelle Gen irgendwie dafür sorgt, daß ein ganz bestimmtes Enzym hergestellt wird. Verändert sich die Struktur eines Gens oder wird es gar zerstört, — ein Vorgang, den man „Mutation" nennt — dann wird auch das Enzym, für dessen korrekte Herstellung das betreffende Gen verantwortlich ist, von der Zelle nicht mehr gemacht, was zur Folge hat, daß eine ganz bestimmte Stoffumwandlung in ihr nicht mehr vollzogen werden kann. Die Zelle besitzt also in ihrem Schatz von Genen ein Archiv, in dem ihre gesamten Möglichkeiten zu jeder Art von chemischer Betätigung sozusagen schriftlich niedergelegt sind. Deshalb muß auch größter Wert darauf gelegt werden, daß gerade dieser Schatz bei jeder Zellteilung ganz exakt kopiert wird, sonst könnte keine Zelle Nachkommen hervorbringen, die ihr aufs Haar gleichen (BEADLE, TATUM).

Wenn nun dieses Archiv, d. h. wenn die Gene so eingerichtet wären, daß sie ihre Verdopplung *selbst* vornehmen könnten, ohne daß dabei für jedes einzelne ein spezielles „Verdoppelungsenzym" notwendig würde, dann wäre der Kreis an der einzig wirklich passenden Stelle geschlossen. Es war nicht einzusehen, warum die Natur nicht gleichfalls auf diesen Gedanken gekommen sein sollte, und die Viren, deren Lieblingsbeschäftigung es ist, sich identisch zu reproduzieren, die ebensowenig „Organismen" sind wie die Gene und die eine enge chemische Verwandtschaft mit diesen zu verbinden schien, kamen nun gerade recht, solche Vorstellungen zu fördern. Man hat sie deshalb gelegentlich geradezu als „vagabundierende Gene" bezeichnet, weil sie nicht in den Zellen gefangen bleiben, in denen sie ihre Reproduktion besorgen. Wir werden noch sehen, daß dies denn doch nicht ganz das trifft, was den Charakter eines Gens einerseits und den eines Virusteilchens andererseits ausmacht.

Trotzdem war es richtig, der Analogie zu trauen und zu hoffen, durch Klärung des chemischen Reproduktionsmechanismus der Viren verallgemeinerungsfähige Einsichten in einen der wichtigsten Tricks zu gewinnen, dessen sich die Natur bedient, um produktiv autonome, d. h. *lebende* chemische Systeme zu ermöglichen. Mochten die zelleigenen Gene auch jedem direkten Zugriff entzogen bleiben, und damit ihr Kopierungsmechanismus: mit dem Virus hatte man doch endlich ein

Agens in der Hand, das gerade diesen Vorgang unaufhörlich mit sich selbst durchzuspielen schien, also quasi schön in aller Öffentlichkeit.

Selbstverständlich hat es auch in bezug auf diesen Kopierungs- bzw. Reproduktionsmechanismus nicht an Spekulationen gefehlt, noch ehe man irgendwelche *experimentellen* Anhaltspunkte für die Reduplikationsweise von Viren und Genen hatte. Da Viren bestimmt aus Protein und Nucleinsäure bestehen und man von den Genen dasselbe vermutete, war anzunehmen, daß das Geheimnis des gesuchten Mechanismus aus der chemisch-räumlichen Struktur *dieser beiden* Verbindungstypen ableitbar sein müßte. Ohne noch über allzu gründliche Kenntnisse von den wirklich gegebenen strukturellen Details zu verfügen, machte man sich kühn daran, allerhand Modelle zu konstruieren, die zeigen sollten, daß fertige Nucleinsäure- und Proteinstrukturen unter geeigneten Bedingungen *gar nicht anders können,* als sich selbst oder vielleicht sich gegenseitig zu reproduzieren. Und zwar, indem sie freie Bausteine — Aminosäuren bzw. Nucleotide —, die ihnen in jedem Falle die chemische Fabrik der Zelle liefern muß, zwangsläufig so an sich heranziehen und festhalten, daß dabei schließlich dieselben Reihenfolgen und Anordnungen resultieren wie sie in ihren eigenen, individuellen Strukturen bereits vorgegeben sind. Nach der vorschriftsmäßigen Anlagerung brauchen die Bausteine nur noch nach rechts und links, oben und unten in feste chemische Bindung untereinander zu treten, und die Kopie ist fertig! Sehr einfach, nur schade, daß alle anfänglich in Erwägung gezogenen Modelle bei näherem Zusehen stets alsbald einen Haken aufwiesen, an dem man sie, zusammen mit dem Perpetuum mobile, in der Sammlung für nicht patentfähige Ideen aufhängen konnte.

Natürlich war das kein Grund, jeden Gedanken an einen „autokatalytischen" Mechanismus solcher Art aufzugeben, denn ohne seine Verwendung in irgend einer Form ist der Aufbau eines lebenden Systems aus einer begrenzten Zahl von Molekültypen ja offensichtlich unmöglich. An irgend einer Stelle *muß* es dort molekulare Partner des Zusammenspiels geben, die ihre Kopierung unter eigener Regie zu vollführen vermögen, d. h. ohne Mitwirkung einer sofort ins Unendliche wachsenden Anzahl hochspezifischer Katalysatoren bzw. Enzyme.

Wo diesem Geheimnis nachzuspüren war, deutete übrigens neben allen spezielleren Überlegungen schon eine ganz allgemeine Erfahrung an: man kannte mittlerweile bereits Hunderte von Enzymen, die alle möglichen Stoffe, auch ganz ausgefallene, in alle möglichen anderen umzuwandeln vermochten, und war doch niemals auf ein Enzym gestoßen, das aus Aminosäuren ein ganz bestimmtes Protein oder aus Nucleotiden Nucleinsäurefäden mit definierter Reihenfolge der Nucleotide hätte aufbauen können. Und das, obwohl andere chemische Verbindungen auch nicht entfernt so häufig und in solchen Mengen von lebenden Zellen synthetisiert werden wie gerade Proteine und Nucleinsäuren.

Es wirkte ziemlich frustrierend, zusehen zu müssen, wie in jedem Frühling beim Sprießen der Blätter Millionen und Abermillionen Tonnen davon in kürzester Zeit entstanden — und doch nicht zu wissen, wie! Aber es war auch kein Zweifel mehr möglich, daß Proteinsynthese und Nucleinsäuresynthese durch ihre offensichtlich enge gegenseitige Koppelung ein Doppelproblem darstellten, dessen Lösung weit mehr als nur dieses spezielle Geheimnis zu enthüllen versprach.

Wir wollen diese Überlegungen nun für eine Weile auf sich beruhen lassen und erst später an Hand gezielter Experimente sehen, wie nach und nach Licht in alle diese nur dunkel geahnten Zusammenhänge kam.

6. Besichtigung

Da das Anschauen der Teilchen eines Viruspräparates, wie gesagt, im Laboratorium stets erst ganz zum Schluß an die Reihe kommt, wenn die Hauptarbeit der Reinigung und chemischen Charakterisierung bereits getan ist, schien es am Platze, einer so wohlbegründeten Gepflogenheit auch in diesem Büchlein zu folgen, obwohl kein direkter Zwang dazu besteht. Es dürfte dies umso angebrachter sein, als das

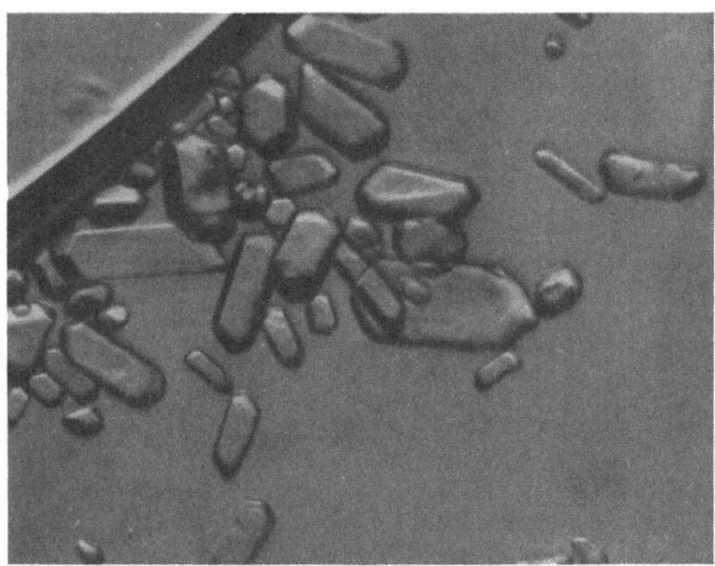

Abb. 12. Kristallisiertes Virus der Kinderlähmung. Vergr. 800fach

Betrachten der Teilchen selbst, ebenso wie das Betrachten der aus ihnen aufgebauten Kristalle (falls sie sich zu ihrer Bildung bequemen, wie z. B. neuerdings sogar das Virus der Kinderlähmung, Abb. 12), ein vorwiegend ästhetisches Vergnügen ist, das auch beim Leser die Anstrengungen krönen sollte, denen er sich bis zu diesem Punkte vielleicht ausgesetzt fühlte.

Wenn aber nichts anderes zum bloßen Betrachten hinzukommt, steht man mit etwas verständnislosem Erstaunen vor den merkwürdigen Formen, die sich dem Auge in dieser Welt des Kleinsten darbieten. Gleich dem biederen Schlesier, der sich in den Anblick eines in seinem Käfig vor sich hindösenden Löwen vertiefte, um ihn schließlich mit einem verschüchterten „nu, Leewe?" anzureden, würde uns beim Anblick der gefährlichen und doch so harmlos aussehenden Kügelchen des Polio-Virus (Abb. 13) vielleicht auch kein tiefsinniger Kommentar einfallen. Die moralische Forderung, man solle sich bei den Dingen,

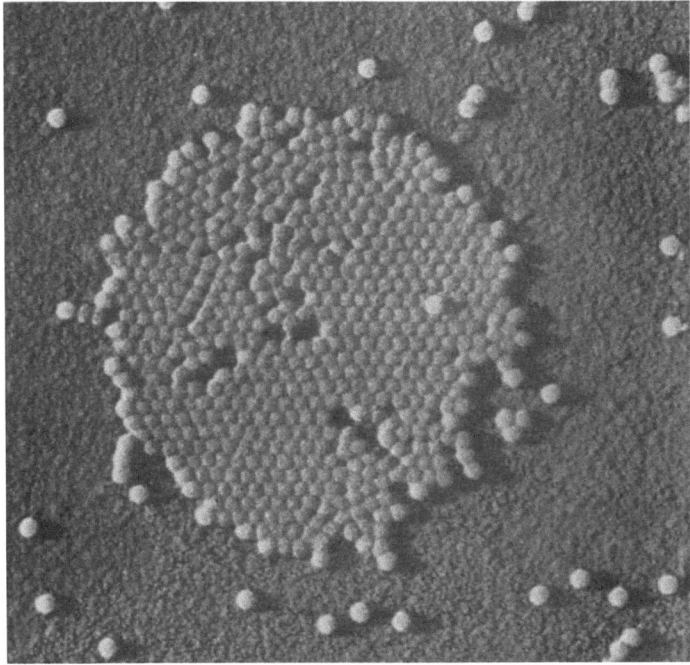

Abb. 13. Die kugelförmigen Teilchen des Virus der Kinderlähmung unter dem Elektronenmikroskop (Vergr. 83 000fach). Die Teilchen haben sich hier zufällig bereits so zusammengelagert, daß sie die erste Schicht eines Kristalls bilden könnten. Sehr viele solche Schichten übereinander ergeben Kristalle, wie sie Abb. 12 zeigt

die man sieht, auch noch eine ganze Menge denken können, ist jedoch Viren gegenüber nur schwer zu befriedigen. Man muß erst viele Experimente mit ihnen angestellt oder wenigstens davon gehört haben, ehe die zunächst seltsam willkürlich und unerklärlich wirkenden Teilchenformen einen gewissen, wiewohl auch für die Wissenschaft erst teilweise klaren Sinn bekommen.

Besonders bizarr wird z. B. jedem die äußere Form der schon mehrfach zitierten Bakteriophagen erscheinen. An ihnen fällt sofort der merkwürdige Fortsatz auf, der entweder relativ kurz, gedrungen und starr ist, wie beim Typ T 2 (Abb. 14) oder auch lang und biegsam sein

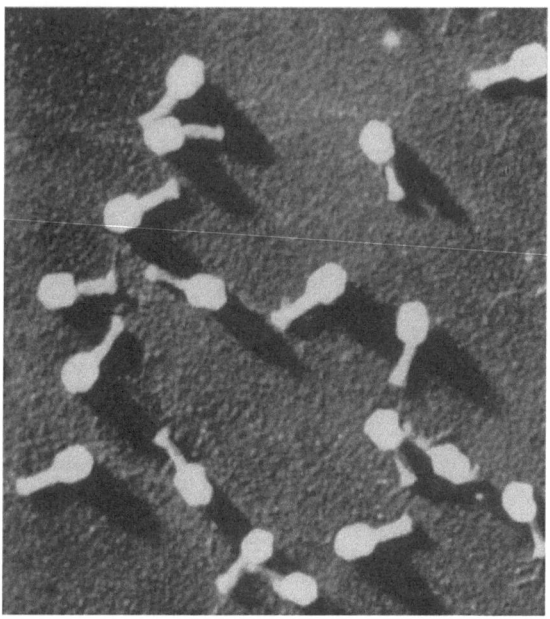

Abb. 14. Bakteriophagen vom Typ T 2 unter dem Elektronenmikroskop. Vergr. 37 000fach. Jedes dieser winzigen Teilchen, die wie Handgranaten aussehen, kann in einem Bakterienrasen, auf den es gerät, die Erzeugung eines Loches auslösen (vgl. Abb. 7) und dadurch auch ohne Hilfe des Elektronenmikroskops „sichtbar" gemacht werden

kann, wie beim Typ T 5 (Abb. 19). Manchmal ist er auch nur ganz rudimentär ausgebildet, aber keinem Phagentyp scheint er vollkommen zu fehlen. Längere Zeit konnte man sich gar keinen Vers auf seine Bedeutung machen, gab ihm aber mit der Bezeichnung „Schwanz" doch unwillkürlich eine gewisse Deutung, indem man ihn dadurch irgendwie mit dem „Hinterende" dieser merkwürdigen Virusteilchen in Verbindung brachte, die man mit Kaulquappen verglich. Vielleicht hat mancher Forscher tatsächlich im stillen erwogen, ob dieses Gebilde nicht vielleicht ein Instrument sein könnte, das dem Teilchen zur Fortbewegung dient. Daß von Eigenbeweglichkeit bei Viren keine Rede sein kann, weil sie keine eigenen chemischen Fließbänder besitzen und also auch keine Energie gewinnen können (S. 13), ist erst seit einigen Jahren experimentell gesichert. Heute weiß man, daß der „Schwanz" in Wirklichkeit keinesfalls das Hinterende, sondern viel eher das *Vorderende* des Phagenteilchens bezeichnet, wenn man die Art und Weise in Betracht zieht, mit der es seiner künftigen Wirtszelle zuleibegeht (S. 67). Eigentlich haben aber Begriffe wie „vorn" und „hinten" bei Virusteilchen keinen Sinn. Sind sie kugelförmig, wie das Poliovirus (Abb. 13) oder das Tabaknekrosevirus (Abb. 3), dann ist das

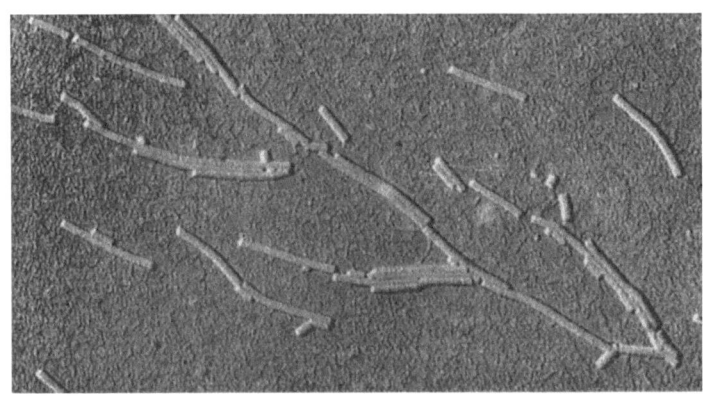

Abb. 15. Elektronenmikroskopische Aufnahme der stäbchenförmigen Teilchen des Tabakmosaikvirus (Vergr. etwa 50000fach), die im Begriff sind, sich zu Bündeln zusammenzulagern. Werden die Bündel dick genug, so erscheinen sie als die Kristallnadeln der Abb. 2

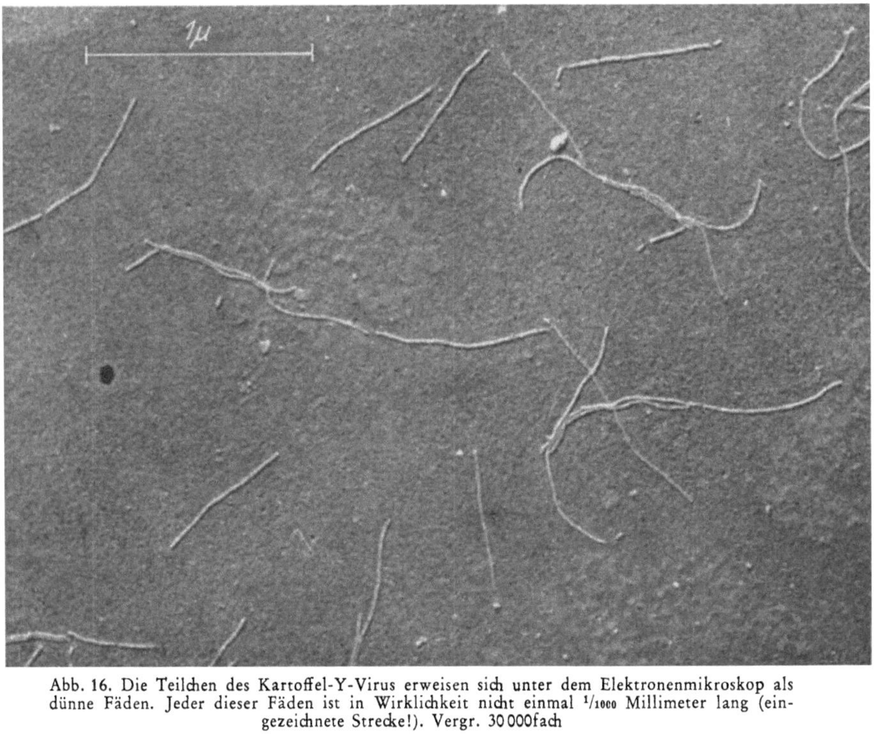

Abb. 16. Die Teilchen des Kartoffel-Y-Virus erweisen sich unter dem Elektronenmikroskop als dünne Fäden. Jeder dieser Fäden ist in Wirklichkeit nicht einmal $^1/_{1000}$ Millimeter lang (eingezeichnete Strecke!). Vergr. 30000fach

ohne weiteres klar, aber auch bei den stäbchen- oder fadenförmigen Viren (Abb. 15 und 16) genießt keines der beiden Enden einen Vorzug vor dem anderen.

Damit können wir die Besichtigung von Virusteilchen bereits abschließen. Weitere Beispiele würden uns nichts Neues bringen. Wenn im nächsten Kapitel das funktionelle Verhalten der Virusteilchen in den Vordergrund unserer Betrachtungen rückt, wird sich bald herausstellen, wie vergänglich ihre äußere Gestalt ist, sowie sie anfangen, aktiv zu werden. Was wir „das Virusteilchen" nennen, ist in Wahrheit nur eine Momentaufnahme aus einem Drama mit andauerndem Szenenwechsel. Vom Inhalt des Dramas kann es uns deshalb nicht viel verraten.

IV. Auseinandersetzungen zwischen Virus und Zelle

1. Der grundsätzliche Unterschied zwischen Virus und lebendem System

Jetzt endlich ist der Weg frei, um Einzelheiten des Mechanismus der Virusvermehrung mit Verständnis näherzutreten zu können, diesem Hauptproblem der rein wissenschaftlich orientierten Virusforschung. Wir müssen zu diesem Zweck versuchen, eine recht beträchtliche Reihe von sehr verschiedenartigen Experimenten und Überlegungen zu verarbeiten, die alle ein wenig Licht hierauf werfen, indem wir uns ihren Sinn, ihr Ergebnis und dessen Einordnung in einen größeren Zusammenhang vor Augen führen.

Einem komplizierten Sachverhalt kann man selbstverständlich niemals mit einer einzigen Art von Experiment beikommen, und sei es auch noch so genial ausgedacht. Er muß immer wieder von anderen und nochmals anderen Seiten angegangen und zu spezifischen „Äußerungen" gezwungen werden, bis er schließlich in jeder nur denkbaren Richtung abgetastet ist. Das Denken spielt hierbei eine zweifach wichtige Rolle: zunächst, wenn man sich, von etwas (aber nicht zu viel!) Phantasie beflügelt, eine bestimmte Fragestellung und die Möglichkeiten zu ihrer experimentellen Beantwortung überlegt, und sodann, wenn das Ergebnis des Experimentes vorliegt und nach einer klaren Interpretierung verlangt. Meist fällt das Ergebnis anders aus als erwartet, d. h. es beantwortet eine Frage, die man bewußt gar nicht so gestellt hatte, und verlangt deshalb erneute geistige Anstrengungen, um es verständlich werden zu lassen. Außerdem zeigt es das, was man eigentlich wissen will, immer nur in einer gleichsam verschlüsselten Form an, wenn man, z. B. wegen der Winzigkeit des Untersuchungsobjektes, nicht direkt sehen kann, was passiert.

Daß man bei den Viren fast immer gezwungen ist, in diesem Sinne experimentell „um die Ecke zu schießen", wurde schon mehrfach betont. Der Leser ist aber jetzt ausreichend orientiert, um diesem Vorgehen mit Gemütsruhe folgen zu können. Er hat in großen Zügen das Milieu kennengelernt, in dem sich die Viren tummeln — die chemodynamische Struktur lebender Zellen — und er weiß, wie man Virusmengen exakt mißt: am besten durch Teilchenzählung.

Da die Teilchenzählung besonders leicht und genau bei den Bakterienviren (Bakteriophagen) durchzuführen ist und deshalb mit diesen Viren bei weitem die klarsten Antworten auf alle Fragen zu erhalten sind, die durch ein Experiment gestellt werden können, wird alles weitere ganz vorwiegend auf Experimenten mit dieser Virusart aufgebaut werden.

Einige sehr einfache Versuche mit Phagen sind geeignet, uns noch einmal die wichtigsten Bedingungen vor Augen zu führen, unter denen die Vermehrung eines Virus überhaupt möglich ist und erfolgt, und diese Bedingungen mit denen zu vergleichen, die die Vermehrung eines wirklich „lebenden" Systems beherrschen, also im einfachsten Falle: einer Zelle.

Wenn man Bakterienzellen in einer schwachen Kochsalzlösung aufschwemmt, so vermehren sie sich darin selbstverständlich nicht. Wie sollten neue Zellen von den alten allein aus Wasser und Kochsalz aufgebaut werden können! Es geschieht den Zellen aber auch nichts Böses in der dünnen Salzlösung. Sie bleiben sehr lange Zeit quicklebendig. Man weist das leicht nach, indem man in regelmäßigen Zeitabständen genau abgemessene Proben aus der Zellsuspension entnimmt, diese wenn nötig noch passend verdünnt und dann eine bestimmte Menge von der Verdünnung auf der Oberfläche eines gelierten Nährbodens ausstreicht, der den Boden einer Glasschale bedeckt. Man nennt so präparierte Schalen nach dem Geliermittel „Agarplatten". Jede lebende Zelle, die sich auf dem Nähragar niederläßt, beginnt sehr bald, unter Verbrauch von Nährstoffen aus ihrer gelierten Unterlage Tochterzellen hervorzubringen, die alle dicht beisammen liegen bleiben, bis schließlich so viele auf einem Häufchen versammelt sind, daß man dieses mit bloßem Auge sehen kann (Abb. 17). Man nennt ein solches aus einer einzelnen Zelle hervorgegangenes Zellhäufchen eine „Kolonie".

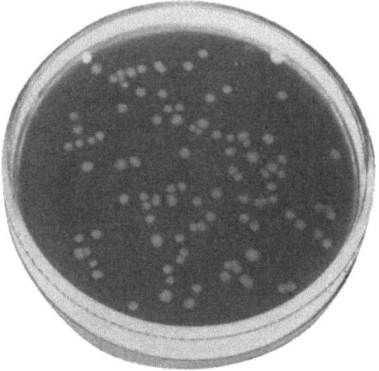

Abb. 17. Einzelne Bakterienkolonien auf der Oberfläche eines gelierten Nährbodens

Je mehr lebende Zellen also auf den gelierten Nährboden gebracht werden, um so mehr Kolonien wird man nach einiger Zeit zählen können und damit wissen, wieviel lebende Zellen in der Probe enthalten waren, die auf ihren Gehalt daran geprüft werden sollte. Solange gleichgroße Proben der erwähnten Suspension von Zellen in Kochsalzlösung immer wieder gleiche Koloniezahlen ergeben, darf man sicher sein, daß keine der suspendierten Zellen Hungers gestorben oder sonstwie verunglückt ist.

Stellt man den gleichen Versuch mit Phagenteilchen an, die in einer Salzlösung suspendiert wurden, dann kommt man zu einem ganz entsprechenden Ergebnis. Daß sie sich in der Salzlösung unter keinen Umständen vermehren können, ist klar. Sie verlieren darin aber andererseits keineswegs die *Fähigkeit* zur Vermehrung, d. h. sie werden nicht „inaktiviert". Gleichgroße Proben dieser Phagensuspension erzeugen in einem Bakterienrasen über Wochen und Monate hin immer wieder die gleiche Anzahl von Löchern, und jedes Loch stammt ja, wie wir wissen, von einem einzelnen Phagenteilchen her, das Millionen von Nachkommen hervorgebracht hat — stellt also tatsächlich eine Phagen-„Kolonie" dar und ist in dieser Beziehung einer Bakterienkolonie durchaus analog.

Wir nehmen uns nunmehr wieder eine Zellsuspension in Kochsalzlösung vor und fügen eine Mischung geeigneter Nährstoffe hinzu, z. B. Fleischextrakt. Wiederum werden in regelmäßigen Zeitabständen mit Proben der Suspension Koloniezählungen durchgeführt, und diesmal steigt die Koloniezahl dauernd stark an. Warum? Natürlich, weil die Zellen sich in der Suspension, die jetzt Nährstoffe enthält, ständig vermehren. Aus dem Anstieg der Koloniezahl mit der Zeit läßt sich leicht entnehmen, wie lange eine Zelle durchschnittlich braucht, um sich unter den gegebenen Bedingungen einmal zu teilen. Wenn eine zum Zeitpunkt t_2 entnommene Probe gerade doppelt so viel Kolonien ergibt wie eine Probe, die im Zeitpunkt t_1 entnommen wurde, dann ist die Zeitdifferenz t_2-t_1 offenbar gleich der durchschnittlichen Teilungszeit. Man findet, daß bei frischen Kulturen immer die gleiche Zeit verstreicht, bis eine gegebene Koloniezahl verdoppelt und wieder verdoppelt ist. Solche Kulturen wachsen also typisch „geometrisch" (S. 10).

Fügt man zu einer Phagensuspension Fleischextrakt hinzu, dann ändert sich, im Gegensatz zur Bakteriensuspension, gar nichts. Laufend entnommene Proben ergeben immer die gleiche Lochzahl, die Phagenteilchen vermehren sich also trotz reichlichen Angebotes an vorzüglichen Nährstoffen durchaus nicht.

Hier haben wir einen sehr auffälligen Unterschied zwischen Virus und lebendem System aufgedeckt. Vielleicht ist er aber im Grunde nur unbedeutend? Es läßt sich doch nach allem Bisherigen einfach so an, als fräßen die Bakterien relativ einfach zusammengesetzte Nährstoffe, um sich zu vermehren, während die Phagen zu dem gleichen Zweck eben Bakterien fressen müssen, also nur ein wenig unbescheidener in bezug auf ihre Diät sind als die Bakterien. Das wollen wir gleich nachprüfen! Wenn es so einfach wäre, dann brauchten wir der Suspension von Phagen in Kochsalzlösung offenbar nur Bakterien zuzusetzen, um den Phagen alles zu bieten, was sie zur Erzeugung von Nachkommenschaft brauchen.

Gesagt, getan — doch der Effekt ist gleich Null. Die Phagenteilchen wollen nicht mehr werden, wie der Lochtest zeigt. Was nun? Jetzt bleibt eigentlich nur noch eins übrig: wir bieten den Phagen Bakterien an und den Bakterien Nährstoffe. Vielleicht geht es dann! Auf der für den Lochtest verwendeten Agarplatte herrschen tatsächlich eben diese Bedingungen, denn um den Bakterienrasen zu erzeugen, braucht man gelierten Nährboden als Unterlage, der mit soviel Bakterien besät wird, daß keine einzelnen Kolonien heranwachsen, sondern ein zusammenhängender Zellrasen. In diesem aber machen die Phagen Löcher, d. h. sie vermehren sich kräftig. Konnte man ohne weiteres ahnen, daß die Phagen mit dem Bakterienrasen allein nicht zufrieden sind?

Das Experiment wird also gemacht: eine Suspension von Phagen in Kochsalzlösung, Bakterien dazu, Fleischextrakt dazu — und siehe da: laufend entnommene Proben erzeugen mehr und mehr Löcher auf den Testplatten, d. h. die Zahl der Phagenteilchen nimmt unter diesen Bedingungen wirklich zu! Sie vermehren sich in der Suspension.

Aber dieses stolze „sich" ist eigentlich durch unseren Versuch schon arg in Frage gestellt, der zusammen mit den vorhergehenden zeigt, daß es nicht genügt, den Phagen lebendige Bakterien anzubieten, sondern daß diese Bakterien durch Angebot von Nährstoffen, die doch nur für sie brauchbar sind, außerdem noch dazu angeregt werden müssen, ihre chemischen Fließbänder in Bewegung zu setzen, als wollten sie ihre eigene Vermehrung betreiben. Es bleibt aber bei diesem „als ob". Die Fließbänder laufen auf vollen Touren, wie alle möglichen biochemischen Experimente zeigen, die hier nicht besprochen werden können. Trotzdem kommt es zu keiner Teilung der Bakterienzellen, damit ist es ein für allemal aus. Proben der Phagen-Bakterien-Nährstoffmischung ergeben keine einzige Bakterienkolonie mehr, wo ohne die Phagen hunderte und tausende hätten heranwachsen müssen. Wozu dann der ganze Umstand? Offenbar, weil die Phagen nur mit Stoffen nichts anfangen können. Ihre Vermehrung erfordert eine Dynamik, die sie selbst nicht aufzubringen vermögen, jedoch in *arbeitenden* Zellen fertig vorfinden. In Wirklichkeit sind es also die Fließbänder phageninfizierter Bakterienzellen, die für die Erzeugung neuer Phagenteilchen sorgen. Sie geben dafür die Erzeugung von Material für neue Bakterienzellen gezwungenermaßen auf. Wir ahnen schon, in welch verzwickte Indirektheiten uns die weitere Verfolgung dieses Vermehrungsprozesses führen muß. Die aus diesen einfachen Experimenten gezogene Lehre gilt entsprechend für alle Viren — nur ist der Nachweis keineswegs immer so einfach zu führen.

2. Kreislauf des Virus zwischen Ruhe, Aktivität und Ruhe: Der Vermehrungszyklus

Als nächstes möchte man wissen, wie die Vermehrung der Phagenteilchen *zeitlich* abläuft und welche *Teilchenausbeuten* man von einer infizierten Bakterienzelle im Durchschnitt erhält. Beide Fragen lassen sich mit einem einzigen, wohlüberlegten Experiment beantworten (DELBRÜCK). Es ist eigentlich identisch mit dem zuletzt besprochenen, nur sind die Bedingungen schärfer gefaßt. Wir nehmen eine Suspension von Bakterienzellen in Nährbrühe und stellen durch Koloniezählung genau fest, wieviele Zellen sie enthält. Man könnte die Zählung übrigens auch unter dem Mikroskop mit Hilfe einer Zählkammer durchführen, so wie man in der Klinik die Blutkörperchen von Patienten zählt.

Ergebnis: auf den ersten Argarplatten entspricht die Zahl der Löcher genügenden Anzahl von Phagenteilchen, samt und sonders infiziert. Man hat also jetzt eine Suspension infizierter Zellen, deren Zahl genau bekannt ist, und entnimmt ihr sofort von Minute zu Minute Proben für den üblichen Lochtest.

Ergebnis: auf den ersten Agarplatten entspricht die Zahl der Löcher genau der Zahl der infizierten Zellen in der Suspension. Das ist zu erwarten, denn jede infizierte Zelle muß, ganz wie ein freies Phagenteilchen, in einem Rasen von nicht infizierten Zellen ein einzelnes Loch erzeugen. Es ist ja gleichgültig, ob sie erst auf der Testplatte infiziert wurde, wie im Falle der Zählung *freier* Phagenteilchen, oder ob die Infektion schon vorher erfolgte, wie beim jetzt besprochenen Experiment. Die während der ersten Minuten des Experimentes angefertigten Testplatten zeigen also, daß die Zahl der infizierten Zellen in der Suspension zunächst bestimmt konstant bleibt. Dasselbe würden Zählungen unter dem Mikroskop ergeben, während Koloniezählungen nicht möglich sind, denn wir wissen bereits, daß phageninfizierte Zellen keine Kolonien mehr bilden.

Ganz plötzlich aber setzt eine Änderung der Lochzahl auf den Platten ein. Die zwanzigste Platte, die also genau zwanzig Minuten nach der Infektion der Zellsuspension mit Phagen angefertigt wurde, zeigt deutlich mehr Löcher als alle vorhergehenden, und auf den folgenden Platten steigt die Lochzahl rapide an, bis schließlich etwa fünf Platten (d. h. 5 Minuten) später ein neues, konstant bleibendes, aber sehr hohes Lochzahlniveau erreicht ist. Es ändert sich auch bei beliebig langer Fortsetzung der Plattenserie nicht mehr, und die erreichte Lochzahl übertrifft die der ersten Testplatten um das Mehrhundertfache.

Der rasche Anstieg der Lochzahlen spiegelt offenbar Vorgänge wider, die in der Suspension von phageninfizierten Zellen zwischen der 20. und 25. Minute ablaufen. Worum kann es sich handeln? Sollten sich die infizierten Zellen plötzlich doch vermehrt haben, so daß folglich mehr Löcher auf den Testplatten entstehen müssen? Mikroskop und Zählkammer zeigen, daß das Gegenteil der Fall ist: von der 20. Minute an sieht man immer weniger Zellen in entnommenen Proben, sie verschwinden einem unter den Augen, indem sie zu platzen und sich aufzulösen scheinen. Weshalb zeigen die Testplatten dann aber gleichzeitig immer mehr Löcher statt weniger?

Die Antwort ist ganz einfach: 20 Minuten nach der Infektion mit Virus sind die ersten Zellen in der Suspension mit ihrer Kraft am Ende. Ihre Zellwand gibt nach, sie platzen und verstreuen die Virusteilchen, die sie bis dahin gemacht und in sich aufgespeichert haben, rings um sich in die Flüssigkeit, in der sie schweben. Hier verteilen sich diese Virusteilchen rasch und gleichmäßig, und eine zum gleichen Zeitpunkt auf die Testplatte gebrachte Probe enthält jetzt nicht mehr ausschließlich infizierte Zellen, sondern *auch freie Virusteilchen*. Jedes von diesen kann aber ebenfalls ein Loch auf der Testplatte erzeugen, und wenn jede in der Suspension geplatzte Zelle mehrere hundert Virusteilchen entläßt, dann muß natürlich ein Anstieg der anfänglich konstanten Lochzahl auf den nunmehr hergestellten Platten die Folge sein.

Die Schnelligkeit dieses Anstiegs zeigt uns, daß die infizierten Zellen sehr rasch hintereinander — innerhalb von 5 Minuten — platzen, und wenn die letzte ihren Inhalt entleert hat, hört auch der Anstieg auf, denn von da an enthält die ehemalige Zellsuspension nur noch *freie* Phagenteilchen. Diese können sich, da sie jetzt ganz auf sich selbst angewiesen sind, nicht weiter vermehren, und ihre Zahl bleibt daher unverändert, wie lange man auch mit Probeentnahmen und der Anfertigung von Testplatten fortfährt.

Offensichtlich bereitet die quantitative Auswertung dieses Experimentes nicht die geringsten Schwierigkeiten. Wenn man z. B. findet, daß für jedes *vor* der 20. Minute gezählte Loch schließlich 250 zusätzliche Löcher aufgetreten sind, dann kann das nur bedeuten: jede infizierte Zelle hat durchschnittlich 250 neue Virusteilchen gemacht und in die sie umgebende Flüssigkeit verstreut. Die Ausbeute ist übrigens unabhängig davon, ob die Zelle von nur einem oder gleichzeitig von mehreren Virusteilchen infiziert wurde.

Eine weitere quantitative Auskunft, die das Experiment gibt, ist auch nicht zu verachten. Wir haben erfahren, daß zwischen Infektion und „Lyse" einer Bakterienzelle, d. h. ihrer Auflösung unter Freiwerden der von ihr gemachten Virusteilchen, mindestens 20 Minuten verstreichen. So lange braucht sie also, um die festgestellte Durchschnittszahl von 250 neuen Virusteilchen herzustellen, und diese Teilchen werden von ihr nicht einzeln abgegeben, etwa wie ein Sekret, sondern alle auf einmal unter gänzlicher Zerstörung der Fabrikationsstätte.

Häufige Wiederholungen des Experimentes unter gleichen Bedingungen und mit dem gleichen Virustyp ergeben immer wieder exakt 20 Minuten als Mindestzeit zwischen Infektion und Lyse. Man nennt diese Zeit „Latenzzeit", und sie ist für jeden Phagentyp charakteristisch. Manche haben eine längere Latenzzeit, z. B. 45 Minuten, andere eine kürzere, z. B. nur 13 Minuten. Die Latenzzeit definiert offensichtlich ganz präzis den Vermehrungszyklus eines Phagenteilchens. Bevor es mit einer geeigneten Bakterienzelle zusammentrifft, ist es ein stoffliches Gebilde, dem keinerlei autonome, chemische Dynamik innewohnt und das daher prinzipiell von Ewigkeit zu Ewigkeit in seiner angestammten Starre verharren könnte und müßte. Hat es aber irgendwann Gelegenheit, eine ihm begegnende Zelle zu infizieren, dann entstehen in deren Innerem in wenigen Minuten ein paar hundert neue Phagenteilchen, die ihm vollkommen gleichen, also auch in bezug auf die konstitutionelle Totenstarre. Jedes dieser Teilchen verbleibt darin, auch nach seiner Entlassung aus der Wirtszelle, so lange, bis ihm der Zufall dazu verhilft, mit Hilfe einer frischen Zelle innerhalb kürzester Zeit wiederum einige Hundert neuer Nachkommen hervorzubringen. So pendeln alle Virusteilchen stets hin und her zwischen einer beliebig lange ausgedehnten Phase vollkommener Ruhe und einer sehr kurzen Aktivitätsphase, in der sich im Endeffekt nichts weiter abspielt als eine Vermehrung ihrer Anzahl.

Doch wie geht das im einzelnen vor sich? Davon erfahren wir durch die bisher besprochenen Experimente noch nichts! Es ist nicht verwunderlich, daß man in Anbetracht der erstaunlich kurzen Zeitspanne, die zur Verhundertfachung eines Virusteilchens ausreicht, anfänglich glaubte, alle interessanten Details sehr rasch ans Licht bringen zu können. Was kann in ein paar Minuten schon viel geschehen! Im Verlaufe einer langen Reihe von Jahren intensiver Forschungsarbeit stellte sich heraus, daß da unerwartet viel und überraschend Kompliziertes geschehen kann, wenn der Schauplatz das chemische Laboratorium einer Zelle ist! Der etwas voreilige Optimismus hätte wohl schon gleich einen Dämpfer bekommen, wenn man daran gedacht hätte, daß auch Bakterienzellen oft weniger als 20 Minuten brauchen, um sich zu verdoppeln. Dabei wird sogar eine viel größere Menge organischer Substanz neu aufgebaut als in einigen hundert Virusteilchen enthalten ist, und es sind weit kompliziertere chemische Strukturen exakt zu reproduzieren. Allerdings wird andererseits bei den Viren offenbar *ein und derselbe* relativ simple Verdopplungsvorgang in kürzester Frist sehr oft hintereinander wiederholt, da doch in wenigen Minuten aus dem einen Virusteilchen, das die Zelle infizierte, Hekatomben von neuen werden.

Oder ist das vielleicht nur scheinbar so? Man kann doch a priori gar nicht sicher sein, daß es sich dabei wirklich um einen echten Verdoppelungsprozeß handelt in dem Sinne, daß unter ständig wiederholtem Ablauf eines einzigen Mechanismus aus einem Virusteilchen erst 2, dann 4, dann 8, dann 16 usw. werden, als handle es sich um in Teilung begriffene Bakterienzellen!

Wir werden sogleich ausgiebig Gelegenheit haben, in dieses Problem auf Pfaden tiefer einzudringen, die von vielen, scharfsinnig erdachten Experimenten gewiesen werden.

3. Experimentelle Unterteilung des Vermehrungszyklus

Nachdem jetzt genau festgelegt ist, zwischen welchen Zeitmarken die Viren aktiv werden, d. h. wann und wo die interessierenden Vorgänge ihrer Vermehrung ablaufen — nämlich zwischen der Infektion einer Zelle mit Virus und der (oft eruptiven) Abgabe der neu produzierten Teilchen —, kann man versuchen, dieses Zeitintervall, also den gesamten Vermehrungszyklus, weiter zu unterteilen. Man muß es mit Hilfe geeigneter Experimente erreichen, aus dem vorerst nur als Ganzes dastehenden und daher durchaus undurchsichtigen Komplex von Vorgängen einzelne Phasen auszusondern und diese in ihren Bedingungen näher zu studieren, um sie sodann wieder zum daraufhin erst überschaubaren Ganzen zusammenzufügen. Gewisse Ganzheitsfanatiker pflegen solchen Vorhaben allerdings düstere Erfolgsprognosen zu stellen, denn sie wünschen — warum wohl? — Ganzheiten unangetastet belassen zu sehen. Indessen — wir werden das Odium der Ehrfurchtslosigkeit vor dem „Wesen" unseres Objektes mit Fassung ertragen und sehen, wie weit man mit der wissenschaftlichen Flickschusterei kommt.

a) Erste Begegnung zwischen Virus und Wirtszelle

Mancher Leser wird vielleicht beim Studium des vorhergehenden Abschnittes über ein Problem gestolpert sein, das sehr genau die erste Phase des Vermehrungszyklus bei Viren kennzeichnet, aber zunächst absichtlich mit arglistiger Unbekümmertheit umgegangen wurde. Es hieß dort, Bakterienzellen würden mit Phagen infiziert, indem man „einfach" beide zusammengibt. Bakterienzellen können sich aber bekanntlich meist nicht aus eigener Kraft von der Stelle bewegen. Dazu gehören besondere Vorrichtungen, wie z. B. Geißeln, über die nur bestimmte Arten verfügen. Viren haben solche Apparate niemals, und hätten sie sie, dann könnten sie doch nichts damit anfangen, weil sie ja keine chemischen Fließbänder zur Gewinnung von Energie besitzen. Trotzdem muß es möglich sein, daß Zellen und Virusteilchen in der Flüssigkeit, die sie in der Schwebe hält, in engsten Kontakt geraten, und die Virusteilchen müssen sogar, wie es scheint, in die Zelle hinein, damit neue Virusteilchen entstehen können. Wie geschieht das alles?

Verletzungen. Für pflanzenpathogene Viren ist hier kein besonderes Problem zu erkennen. Bei der Besprechung der Testmethoden für Viren wurde schon darauf hingewiesen, daß Pflanzen nur durch Verletzung von außen einer erstmaligen Infektion mit Virus zugänglich werden. Gelegenheit dazu ist in der freien Natur mit Leichtigkeit allenthalben gegeben. Es genügt z. B. schon, wenn die Blätter einer mosaikkranken Tabakpflanze die Blätter einer gesunden im Winde streifen, um diese mit Virus anzustecken. Sehr häufig sorgen Insekten mit ihren Stech- und Beißwerkzeugen für die Verbreitung von Virus über größte Pflanzenbestände hin. Daß sie auch bei Mensch und Tier die Rolle gefürchteter Virusüberträger übernehmen können, ist bekannt. Erinnert sei hier nur an die Übertragung von Gelbfieber durch Mücken.

Hat ein Virusteilchen erst einmal durch mehr oder weniger zufällige Verletzung einer Zellwand Eingang in eine Pflanzenzelle gefunden, dann braucht es sich keine Sorge mehr um sein weiteres Fortkommen im Pflanzenorganismus zu machen. Seine Nachkommen haben es nicht mehr nötig, auf neue, mechanische Hilfestellung und Zufälle zu warten, um aus der ersten Wirtszelle in weitere vordringen und schließlich die ganze Pflanze durchseuchen zu können. Die Pflanzenzellen sind nur nach außen hin durch eine zähe, großenteils aus Zellulose bestehende Wand abgedeckt. Nach innen zu stehen sie beinahe alle miteinander in Verbindung, weil die Trennwände hier feine Poren haben. Die Virusteilchen können also von Säfteströmen überall hingetragen werden, wenn ihnen nur erst einmal an der richtigen Stelle eine Eingangspforte geöffnet wurde.

Zusammenstoß. Ganz anders bei Viren, die einzeln lebende Zellen befallen oder solche Zellen, die trotz Zusammenlagerung zu Verbänden nicht durch Lücken in ihren Trennwänden miteinander kommunizieren. Zu diesen Viren gehören die Bakteriophagen, aber auch die meisten oder überhaupt alle tier- und menschenpathogenen Viren. Obwohl ihnen in den rundum geschlossenen Panzerwänden ihrer potentiellen Wirtszellen und in ihrer eigenen Unbeweglichkeit nahezu unüberwindliche Hindernisse für eine auch nur einigermaßen lohnende Vermehrungsrate erwachsen sollten, vermehren sie sich nichtsdestoweniger lawinenartig und lassen keine Zelle ungeschoren, derer sie habhaft werden können. Wie machen sie das? Besonders den Bakteriophagen können doch unmöglich Insekten dadurch auf den Sprung helfen, daß sie etwa Bakterien anstechen! Wie denn Bakterienzellen überhaupt viel zu klein sind, um in ihrem Einzelgängerdasein mechanischen Verletzungen von außen zugänglich zu sein.

Wieder müssen ein paar Experimente herangezogen werden, um den Dingen auf den Grund zu kommen. Wir nehmen eine durch viele Zellen getrübte Bakteriensuspension und zentrifugieren sie bei etwa 3000 Touren pro Minute, also relativ langsam, 5 Minuten lang in einem Gläschen. Danach können wir schon mit bloßem Auge feststellen, daß praktisch alle Zellen auf den Boden des Gläschens abgesunken sein müssen. Die Flüssigkeit ist vollkommen klar geworden, und das Gläschen zeigt am Boden ein Sediment, das aus dichtgepackten Bakterien besteht. Bakterienzellen sind also so schwer, daß sie schon durch mäßige Fliehkräfte zum Absinken gezwungen werden.

Machen wir denselben Versuch mit Phagen (oder anderen Viren), dann bleibt der Boden des Gläschens vollkommen frei von jedem Sediment, und ein Test zeigt, daß die Virusteilchen keinerlei Anstalten gemacht haben, abzusinken. Sie bleiben gleichmäßig in der Flüssigkeit verteilt, ihre Schwere reichte also nicht aus, um durch die angewendeten, schwachen Fliehkräfte ein Absinken zu erzwingen.

Jetzt mischen wir Bakterien- und Phagensuspension, warten ein paar Minuten und zentrifugieren die Mischung, wiederum bei nur 3000 Touren. Die Bakterienzellen sinken, wie vorauszusehen, ab — aber jetzt sinken die Phagen mit! Der Lochtest zeigt, daß nur ein ganz geringer Prozentsatz der Phagenteilchen in der klargewordenen Flüssigkeit schwebend verblieben ist. Da die Phagenteilchen nicht plötzlich schwerer geworden sein können, ist die einzig mögliche Erklärung die, daß sie an den Bakterienzellen kleben müssen und von diesen mit hinabgezogen werden. Dieses Kleben muß im Anschluß an zufällige Zusammenstöße zwischen Bakterien und Phagen erfolgt sein, denn wir hatten mit Bedacht für unser Experiment Bakterien genommen, die zu Eigenbewegungen nicht imstande sind, und die Phagen sind, wie alle Viren, sowieso bewegungsunfähig. Sie werden aber trotzdem langsam von der Stelle gebracht, und zwar durch die Wärmebewegung der sie umgebenden Wassermoleküle, die ihnen von allen Seiten Stöße versetzen. So kommt es, daß Phagenteilchen und Bakterienzellen trotz mangelnder Eigenbewegung zusammenstoßen können, wenn sie nebeneinander in einer Flüssigkeit suspendiert sind. Man kann die Stoßhäufigkeit pro Sekunde oder Minute sogar berechnen.

Adsorption. Das Begegnungsproblem ist also gelöst. Jetzt kommt das Problem des Klebens oder der „Virusadsorption", wie man sagt. Wie wichtig es ist, daß das Phagenteilchen nach einem zufälligen Zusammenstoß mit seiner Wirtszelle in spe an ihr haften bleibt, d. h. fest von ihr „adsorbiert" wird, bedarf keines Kommentars. Es muß ja auf irgendeine Weise die Zellwand durchbrechen, und das ist wegen deren mechanischer Widerstandsfähigkeit im Sekundenbruchteil eines Stoßkontaktes nicht gut möglich. Man kann leicht beweisen, daß das Haften der Infektion unmittelbar vorausgeht und ihre Vorbedingung darstellt. Wirbelt man das Sediment von Bakterienzellen mit daran haftenden Phagenteilchen in Nährbrühe wieder auf, dann platzen die Zellen genau nach der vorgeschriebenen Zeit (Latenzzeit, S. 60) und entlassen große Mengen neu produzierter Virusteilchen. Sie waren also wirklich infiziert worden.

Nimmt man für das gleiche Experiment einen anderen Bakterien-, aber den gleichen Phagenstamm oder umgekehrt, so kann man es leicht erleben, daß die Phagenteilchen an den Zellen nicht haften wollen. Bei der Zentrifugierung sinken nur die Bakterien ab, die Phagen bleiben in der Flüssigkeit verteilt. In solchen Fällen werden die Bakterien tatsächlich niemals infiziert, sondern leben und teilen sich munter weiter — ein neuer Beweis für die Unabdingbarkeit einer vorhergehenden Adsorption für die darauf folgende Infektion. Dieser Befund zeigt aber auch, daß es keine „allgemeine Klebrigkeit" der Bakterienzellen sein kann, die Phagen an ihnen haften läßt, sondern daß hier spezifische Anziehungskräfte zwischen bestimmten Zelltypen und bestimmten Virustypen walten müssen. Es stellt sich heraus, daß jeder Virustyp einen genau umrissenen „Wirtsbereich" von Zelltypen hat, die ihn adsorbieren und vermehren, während umgekehrt jeder Zelltyp nur von bestimmten Virustypen infiziert werden kann, von anderen nicht. Angedeutet wurde diese Tatsache schon einmal im vorhergehenden Kapitel, doch jetzt gewinnt sie konkretere Gestalt, und man ahnt, in welcher Richtung hier weiter nach Ursachen zu suchen ist.

Sollte die Fähigkeit einer Zelle, Teilchen eines bestimmten Virustyps zu adsorbieren, vielleicht eine Lebensfunktion von ihr sein, d. h. bereits laufende Fließbänder erfordern? Die Frage ist schnell geprüft. Wir töten Bakterienzellen ab, z. B. durch Hitze oder Chemikalien, suspendieren sie in wäßriger Salzlösung und fügen Phagenteilchen hinzu, von denen wir wissen, daß sie von diesen Zellen adsorbiert werden würden, wenn sie lebten. Die Zentrifugierung ergibt, daß auch die toten Zellen dies noch tun. Die klarzentrifugierte Flüssigkeit enthält kaum noch Phagenteilchen, sie müssen also von den Zellen mit ins Sediment gezogen worden sein. Wirbeln wir dieses Sediment toter Zellen mit daran haftenden Virusteilchen in Nährbrühe auf, dann könnten wir ewig warten, bis sie platzen und neue Phagen entlassen. Dazu sind sie nicht imstande, denn die „Tötung" bedeutet ja nichts anderes als die Zerstörung ihrer chemischen Fließbänder, ohne deren tatkräftige Hilfe kein neues Virus entstehen kann.

Doch nicht nur, daß die toten Zellen kein neues Virus mehr machen, sie geben auch die an ihnen haftenden Teilchen nicht wieder frei. Man mag es anstellen, wie man will, man bekommt sie in aktiver Form nicht wieder davon los, sie sind ein für allemal festgerannt und können niemals dazu gelangen, mit einer lebenden Zelle den Vermehrungsreigen neu zu beginnen. Deshalb braucht man eine Mischung toter Zellen und des dazu passenden Virus auch gar nicht zu zentrifugieren, um sich zu überzeugen, daß die Adsorption des Virus an die Zelle stattgefunden hat. Es genügt, Proben der Mischung auf Testplatten zu bringen, wo dann kaum noch Löcher entstehen. Die paar Löcher, die man findet, rühren von Phagenteilchen her, die zum Zeitpunkt der Probeentnahme noch nicht von einer der toten Zellen adsorbiert worden waren.

Mit entsprechenden Experimenten kann man übrigens zeigen, daß eine lebende oder tote Bakterienzelle nicht nur *ein* Phagenteilchen zu adsorbieren vermag, sondern sehr viele, u. U. Hunderte. Das ist höchst wichtig, denn daraus ergibt sich die Möglichkeit, Zellen mehrfach mit Virus zu infizieren und zu sehen, was das für Effekte hervorruft. Wir werden noch darauf zurückkommen.

Rezeptorsubstanzen. Ist also erwiesen, daß Zellen nicht lebendig sein müssen, um Virus adsorbieren zu können, dann erscheint es kaum noch fraglich, daß irgend etwas Stoffliches in der Zellwand darüber entscheidet, ob ein bestimmtes Virus adsorbiert wird oder nicht. Trifft das zu, so muß dieses stoffliche Prinzip, das man als „Rezeptor" für den entsprechenden Virustyp bezeichnet, auch aus der Zellwand herauszuholen, rein darzustellen und chemisch zu charakterisieren sein.

Dafür braucht man natürlich — der Hinweis ist kaum noch nötig — wieder einmal einen Test! Er bietet sich ganz von selbst an in Gestalt des eben besprochenen Befundes, daß an tote Zellen adsorbierte Virusteilchen i. a. endgültig verloren sind. Was aber gilt, wenn die „Rezeptorsubstanz" noch in die Zellwand eingebaut ist, das müßte ebenso gelten, wenn sie aus ihr herausgelöst und erst dann mit Virusteilchen zusammengebracht wird: sie sollte mit diesen eine irreversible, d. h. nicht rückgängig zu machende Bindungsreaktion eingehen und die betroffenen Virusteilchen infolgedessen inaktivieren.

Ein Versuch beweist die Richtigkeit dieser Annahme. Behandelt man Bakterienzellen mit gewissen chemischen Mitteln, die man natürlich nur durch Erfahrung und Probieren herausfinden kann, dann erhält man wirklich Extrakte, die einen oder mehrere von den Phagentypen, die für die extrahierten Zellen infektiös sind, spezifisch inaktivieren. Zur Kontrolle auf die Spezifität des Inaktivierungseffektes tut man gut, auf die gleiche Weise auch Extrakte aus solchen Zellen zu gewinnen und zu prüfen, die die betreffenden Virustypen *nicht* adsorbieren können. Behalten die Virusteilchen in diesen letzteren Extrakten ihre Aktivität, dann können sie in den anderen nur durch eine spezifisch auf sie eingestellte, aus den Zellen herausgelöste Rezeptorsubstanz inaktiviert worden sein, die den nicht infizierbaren Zellen fehlt.

Die Anreicherung und Reinigung einer extrahierten Rezeptorsubstanz verfolgt man nach dem üblichen *quantitativen* Testprinzip durch Messung der von einer Fraktionsprobe unter festgelegten Bedingungen inaktivierten Virusmenge. Je größer diese ist, desto mehr Rezeptorsubstanz muß in der gewonnenen Extraktfraktion enthalten gewesen sein. Durch chemische Aufarbeitung ähnlich der, die man zur Gewinnung reiner Viruspräparate verwendet, gelangt man schließlich zu einem Material, das schon in hoher Verdünnung erhebliche Virusmengen inaktiviert und sich in Ultrazentrifuge und Elektrophoresekammer als einheitlich erweist. Damit ist also, wenn man Glück hatte, die reine Rezeptorsubstanz gewonnen und steht für die weitere chemische und funktionelle Charakterisierung zur Verfügung.

Es ist noch gar nicht lange her, daß solche Präparierungen erstmalig vollkommen gelungen sind, doch ist es trotzdem möglich gewesen, schon eine ganze Menge darüber in Erfahrung zu bringen, was eine Rezeptorsubstanz eigentlich mit den Virusteilchen anstellt und ihnen bei der Inaktivierung antut. Die bisher isolierten Rezeptorsubstanzen zeigen alle ein ähnlich hohes Teilchengewicht wie die Viren selber. Sie bestehen aus Protein, Fettstoffen und verschiedenen Zuckern. Alle diese Komponenten sind chemisch miteinander zu Riesenmolekülen verbunden. Im Gegensatz zu den Viren enthalten bisher bekannt gewordene Rezeptorsubstanzen keine Nucleinsäure. Abb. 18 zeigt die Teilchen einer Rezeptorsubstanz, die aus Coli-Bakterien, normalen Bewohnern des menschlichen Dickdarms, isoliert wurde. Man erkennt bei der gewählten, 60 000fachen elektronenoptischen Vergrößerung, daß jedes Teilchen dem anderen in Größe und Gestalt gleicht. Sie sind alle kugelförmig und haben einen Durchmesser von 0,00003 Millimeter. Beides wußte man schon vorher aus Messungen in der Ultrazentrifuge, doch ist es immer beruhigend, sich durch direkten Augenschein von der Richtigkeit indirekt erzielter Ergebnisse zu überzeugen — selbst für den mit solchen Verfahren vertrauten Naturwissenschaftler!

Abb. 18. Die kugelförmigen Teilchen der Rezeptorsubstanz für den Phagentyp T 5 in 60 000facher Vergrößerung

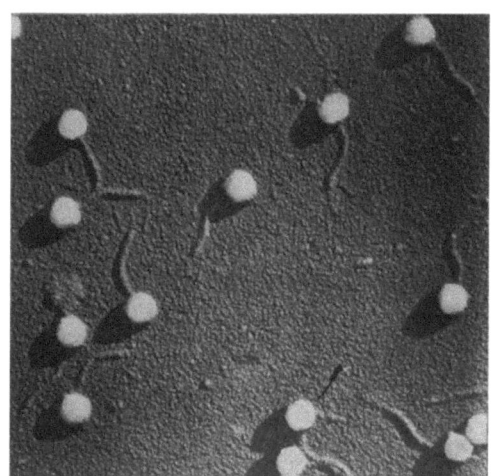

Abb. 19. Bakteriophagenteilchen vom Typ T 5. Vergr. 60 000fach

Abb. 19 zeigt einige Phagenteilchen des Typs „T 5", der für die erwähnten Coli-Zellen infektiös ist. Die Teilchen werden dementsprechend von der durch Extraktion dieser Zellen gewonnenen Rezeptorsubstanz inaktiviert. Man erkennt, daß es sich bei den T 5-Teilchen um eigenartige, kugelförmige und mit je einem dünnen, biegsamen Fortsatz versehene Gebilde handelt. Sie sehen den schon früher wiedergegebenen Phagenteilchen eines anderen Typs (Abb. 14) nicht unähnlich, doch bemerkt man deutliche Unterschiede, die eindrucksvoll unterstreichen, daß selbst so winzige Gebilde noch durch wohldefinierte, morphologische Eigentümlichkeiten ausgezeichnet und dadurch auch, trotz Zugehörigkeit zur gleichen Virusklasse (Bakteriophagen), voneinander differenzierbar sein können.

Bringt man T 5-Phagenteilchen und etwas von der zugehörigen Rezeptorsubstanz in verdünnter Salzlösung zusammen und sieht sich nach prompt erfolgter Inaktivierung der Phagenteilchen unter dem Elektronenmikroskop an, was jetzt aus ihnen geworden ist, dann findet man, wie Abb. 20 zeigt, daß am Ende des dünnen Fortsatzes eines jeden Phagenteilchens je ein Rezeptorkügelchen, ein Molekül Rezeptorsubstanz also, festhängt. Es genügt demnach offenbar, diese eine Stelle am Phagenteilchen zu blockieren, um es untauglich zu machen, jetzt noch eine Zelle zu infizieren. Die Blockierung besorgt die Rezeptorsubstanz mit ihrer erstaunlich gezielten Bindungstendenz. Woraus sofort weiter folgt, daß ein intaktes Phagenteilchen sich mit nichts anderem als der Spitze seines Fortsatzes an die Wand seiner Wirtszelle anheftet, wenn es von dieser adsorbiert wird, und zwar selbstverständlich stets an einer Stelle dieser Wand, an der sich ein passendes Rezeptormolekül eingebaut befindet.

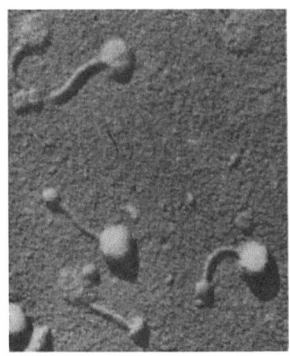

Abb. 20. T 5-Teilchen, die durch Kombination mit ihrer Rezeptorsubstanz (Abb. 18) inaktiviert wurden. Vergr. 60 000fach. Man sieht, daß jedes Phagenteilchen an der Spitze seines Fortsatzes ein Rezeptorkügelchen trägt, das hier chemisch fest gebunden wurde und dadurch das „Anheftungsorgan" des Phagenteilchens blockiert

Denn nur ein eingebautes Rezeptormolekül kann die Fixierung des Phagenteilchens an der Zellwand bewirken. Abb. 21 überzeugt uns von der Richtigkeit unserer Schlußfolgerungen. Sie zeigt zwei Bakterienzellen, die als dicke, kurze Würste erscheinen und an die viele Phagenteilchen gleichzeitig adsorbiert wurden. Man erkennt, daß alle Phagenteilchen, wenn überhaupt, mit der Spitze ihres Fortsatzes an der Zelloberfläche haften, während ihre „Köpfe" ein ganzes Stück davon abstehen.

Die Bindungsreaktion zwischen Rezeptorteilchen und Fortsatzspitze eines Phagenteilchens erfolgt offensichtlich ganz automatisch wie jede beliebige, chemische Reaktion und ist mit Sicherheit auf entsprechende, physikalisch-chemische Kräfte zurückzuführen, die die beiden Komponenten nach zufälligem Kontakt fest aneinander haften lassen. Zweifellos spielen bei der Entfaltung dieser Kräfte strukturelle Eigentümlichkeiten der sich gegenseitig bindenden Oberflächen eine maßgebliche Rolle. Sie müssen quasi wie linke und rechte Hand beim

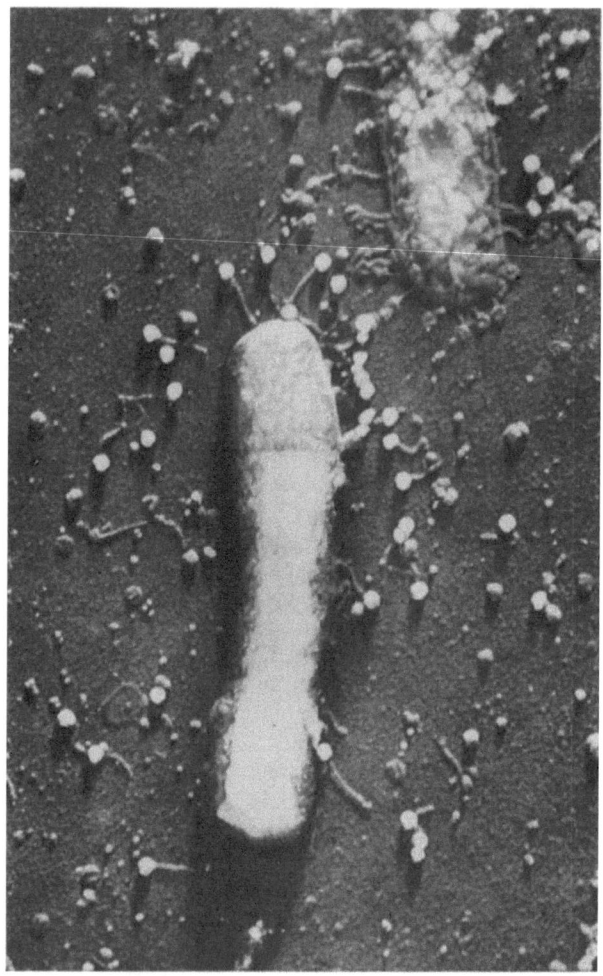

Abb. 21. Zwei Zellen von Mycobacterium mit daran haftenden Phagenteilchen. Man beachte, daß die Teilchen mit der Spitze ihres Fortsatzes an der Zellwand festhängen

Händefalten auf- und ineinander passen, sonst könnte eine so feste Bindung niemals zustandekommen. So erklärt sich auch die mehrfach betonte, hohe Spezifität dieser Reaktion. Jeder Phagentyp benötigt, um infizieren zu können, seine eigene, besonders strukturierte Rezeptorsubstanz in der Wand einer Bakterienzelle, sonst bleibt er von der

Vermehrung in dieser ausgesperrt. Die Wand einer Zellart, die von mehreren, ganz verschiedenen Phagentypen infiziert werden kann, besteht deshalb tatsächlich aus einem Mosaik von Rezeptorsubstanzen, die sich chemisch voneinander unterscheiden lassen und von denen jede auf einen bestimmten Phagentyp spezifisch eingestellt ist. Man geht jetzt an die Aufgabe heran, chemische Struktur und spezifische Bindungsfähigkeit auseinander abzuleiten, was angesichts der äußerst komplexen Zusammensetzung der beteiligten Reaktionspartner offensichtlich ein sehr schwieriges Unterfangen ist.

Virus-abweisende Zelltypen und ihre Entstehung. Warum in aller Welt eine Zelle so töricht ist, überhaupt Substanzen mit Rezeptorfunktion für Virus zu synthetisieren und in ihre äußere Hülle einzubauen, ist ein noch ungelöstes Rätsel. Wenn sie es nicht täte, könnte kein Virus ihr etwas anhaben, und tatsächlich hat sie es keineswegs nötig, einige ihrer chemischen Fließbänder zu so selbstmörderischen Zwecken einzuspannen. Das läßt sich leicht beweisen.

Man nimmt eine Testplatte für Phagen und bringt auf den Bakterienrasen nicht nur einige hundert Phagenteilchen, sondern so viele, daß keine *einzelnen* Löcher mehr entstehen können, weil sie sich alle gegenseitig überlappen. Das passiert manchmal auch aus Versehen, wenn man Phagenteilchen zählen will und nicht genau weiß, wieviele man zu erwarten hat. Die Folge ist also, daß der ganze Zellrasen durch die in zu großer Menge daraufgebrachten Phagen und ihre Nachkommen vernichtet wird. Es scheint allein der blanke Nähragar übrigzubleiben und gewissermaßen ein einziges, riesiges Phagenloch darzustellen. Läßt man aber die Platte noch ein Weilchen liegen, statt sie gleich fortzuwerfen, dann erscheinen auf dem Nähragar einzelne Bakterienkolonien, die rasch größer werden. Da wachsen also inmitten von Milliarden von Phagenteilchen, die die ganze Platte bedecken, ganz seelenruhig Bakterienzellen heran, die sich davon nicht im geringsten stören lassen. Impft man sie ab und untersucht sie näher, dann findet man, daß es sich nicht etwa um Fremdbakterien handelt, die nachträglich aus der Luft auf die Platte gerieten. Nein, es sind zweifellos Nachkommen jener Zellen, die den Phagen auf der Platte in Scharen zum Opfer fielen. Sie sind aber vollständig resistent gegenüber diesen Phagen, und zwar einfach deshalb, weil sie sie nicht mehr, wie ihre Vorfahren, adsorbieren. Das verrät sogleich der Zentrifugierungsversuch (S. 63). Extrahiert man die Zellen, um genau herauszufinden, worauf dieser negative Effekt beruht, dann ergibt sich, daß die Extrakte jenen Phagentyp, der den ganzen Zellrasen vernichtete, nicht inaktivieren. Die resistenten Zellen machen also dessen spezifische Rezeptorsubstanz nicht mehr, und das bleibt auch so bei allen ihren Nachkommen. Vom biochemischen Standpunkt ist dazu zu sagen, daß die chemischen Fließbänder in diesen Zellen ein für allemal eine Umstellung erfahren haben, und daß deshalb die betreffende Rezeptorsubstanz nicht mehr aufgebaut werden kann, dafür aber u. U. etwas anderes, für die Zelle ungefährlicheres. Es geht also auch so, der Zelle geschieht durch die Umstellung kein Schaden in ihrer Lebensfähigkeit! Warum verzichtet sie dann nicht lieber gleich auf die Herstellung der gefahrdrohenden Substanzen?

Vielleicht geht das nicht so ohne weiteres, vielleicht müssen erst Phagen auf die virusempfänglichen Vorfahren der resistent gewordenen Zellen eingewirkt haben, ehe die innere Umstellung erfolgen konnte? Diese wäre dann eine sinnvolle Reaktion auf die gefährliche Begegnung. Die Antwort ist indessen ein kategorisches Nein! Die Umstellung erfolgt ganz zufällig, spontan und vollkommen unabhängig davon, ob die davon betroffene Zelle jemals mit Phagenteilchen in Berührung kam oder nicht. Aber sie ereignet sich selten! Deshalb findet man immer nur in einer genügend großen Anzahl von phagenempfänglichen Bakterienzellen einige wenige, die die Fabrikation einer bestimmten Rezeptorsubstanz plötzlich aufgegeben haben. Diese wenigen sind es, die auf den Testplatten übrigbleiben, wenn alle anderen Schwesterzellen zu Milliarden durch eine Überschwemmung mit Phagen dahingerafft werden, und sie wachsen zu den paar bald darauf sichtbar werdenden Zellkolonien heran.

Spontane und bleibende, d. h. vererbliche Fließbandumstellungen wie die hier besprochene nennt man „Mutationen", ein Ausdruck, der schon einmal kurz erwähnt wurde (S. 48). Die virusresistent gewordenen Zellen sind also „Mutanten", weil sie durch Mutation aus den normalen, virusempfänglichen hervorgehen.

Es ist höchst merkwürdig, wie sehr es dem menschlichen Empfinden widerspricht, ein für die Zelle offensichtlich so sinnvolles Ereignis wie ihre Umschaltung von virusempfänglich auf virusresistent als einen vom blinden Zufall gesteuerten Vorgang akzeptieren zu müssen und nicht als eine Schutzreaktion, die erst von einer bedrohlich gewordenen Umwelt ausgelöst wird. Dem gewohnheitsmäßigen Denken erscheint es unmöglich, daß es nicht die Umwelt sein soll, die jede Anpassung an veränderte Lebensbedingungen hervorruft, sondern daß Organismen angeblich spontan und gleichsam spielerisch entstehen, die an Umwelten angepaßt sind, in die sie u. U. niemals hineingeraten oder die es womöglich gar nicht oder *noch* gar nicht gibt. Es ist aber doch so, daran lassen sorgfältigste Experimente keinen Zweifel. Zum Beispiel ist es vollkommen sicher, daß bereits zur Pharaonenzeit und noch viel früher, als es bestimmt keine pharmazeutische Industrie gab, dauernd spontan Bakterienzellen aufgetreten sind, denen, im Gegensatz zur Masse ihrer Geschwister, mit unseren modernen Chemotherapeutika nicht beizukommen gewesen wäre. Solche Zelltypen gibt es nicht erst heute und nicht erst dadurch, daß wir seit einigen Jahren bestimmte chemische Stoffe benützen, um bakterielle Infektionskrankheiten zu heilen, so daß sich die bekämpften Bakterien daran anpassen und

„lernen" konnten, solche Heilmittel mit Nichtachtung zu strafen. Es gibt sie immer. Aber sie hatten keinen besonderen Vorteil in einer Welt, die noch ohne chemische Fabriken auskam. Das wurde erst anders, als man die Chemotherapeutika erfand und benutzte. Wenn deshalb heute, im Gegensatz zur Frühzeit der Chemotherapie vor 20 Jahren, eine Gonorrhoe fast nie mehr mit Sulfonamiden geheilt werden kann, dann nicht deshalb, weil die Gonokokken durch ausgedehnte Anwendung von Sulfonamid an dieses für sie giftige Zeug gewöhnt wurden, sondern weil von nun an nur noch solche Gonokokken eine Chance hatten, die spontan und spielerisch ein Fließbandsystem etablierten, das durch das Gift nicht mehr blockiert werden konnte. Sie waren jetzt, trotz ihrer anfänglich geringen Zahl, unter allen anderen Gonokokken als einzige auserwählt zu überleben, sie wurden „selektioniert", wie man sagt, und das Selektionsmittel (aber nicht das Mittel zur Schaffung der Anpassung!) war das zuerst gegen die Krankheit so wirksame Sulfonamid, das nunmehr, nach vollendeter Selektion, natürlich als Heilmittel der Gonorrhoe uninteressant geworden ist.

Blinde Mutation und mechanische Selektion — das sind, jedenfalls in den hier betrachteten, engeren Bereichen, die treibenden Kräfte jeder evolutionären Situationsverschiebung, und mag sie noch so „sinnvoll" und „zielgerichtet" erscheinen. Wem das nicht in den Kopf will — z. B. lange Zeit den Sowjetrussen unter Führung des „Biologen" Lyssenko — dem ist nicht zu helfen, denn er opfert jederzeit beweisbare Tatsachen einer vorgefaßten Meinung, einer leeren Doktrin. Eine Geisteshaltung, die in unserer technisierten, auf die nüchterne Ausnützung von Tatsachen ausgerichteten Zivilisation zweifellos ein nicht ungefährlicher Luxus ist.

Daß die Phagen kein ideales Mittel zur Bekämpfung bakterieller Infektionskrankheiten sind, wird jeder Leser, der das vielleicht anfänglich im stillen gedacht und gehofft hat, nach den vorausgegangenen Erörterungen sofort einsehen. Behandelte man einen z. B. an Typhus erkrankten Patienten mit Typhusphagen, dann würde man zwar wahrscheinlich ziemlich rasch sämtliche dafür empfänglichen Typhusbakterien vernichten (obwohl es schwierig genug wäre, sie in allen Schlupfwinkeln mit Phagen aufzustöbern). Übrig blieben aber jedenfalls die wenigen, infolge einer Mutation von diesen Phagen nicht mehr infizierbaren Typhuszellen, die mit Sicherheit vorhanden sind. Sie würden rasch zu hellen Haufen heranwachsen und, da sie genau so bösartig sind wie die vernichteten, die Krankheit aufrechterhalten. Man hat nach Entdeckung der Phagen vor 50 Jahren eine Phagentherapie tatsächlich versucht, aber fast nur Fehlschläge erlebt, die man sich jetzt leicht erklären kann.

Blicken wir zurück und fassen wir in Gedanken zusammen, dann können wir mit einiger Befriedigung feststellen, daß uns die wissenschaftlich-experimentelle Durchleuchtung allein schon des Problems der

Phagenadsorption erstaunlich vielseitige Einsichten eingetragen hat, die weit über die scheinbar enge Fragestellung hinausreichen, von der anfänglich ausgegangen wurde. Das ist ein gutes Zeichen, denn so muß es sein, wenn man ein naturwissenschaftliches Problem richtig anfaßt. In der Natur gibt es keine isoliert dastehenden Tatbestände, zu denen sich nichts weiter sagen läßt. Wenn es einmal so aussieht, dann hat man bestimmt irgendwo das Wichtigste übersehen.

Selbst in bezug auf die spezielleren Ergebnisse über die Bedingungen der Phagenadsorption braucht der Leser nicht zu befürchten, hier Seltsamkeiten vorgesetzt bekommen zu haben, mit denen sich in anderen Sparten der Virusforschung nicht viel anfangen läßt. Bei vielen tier- und menschenpathogenen Viren ist die Situation, wie schon angedeutet, prinzipiell genau so. Auch diese Viren bedürfen, um in ihre Wirtszellen eindringen zu können, der Hilfe von Rezeptorsubstanzen, die die Wirtszelle in ihrer äußeren Wand bereithält und zur Verfügung stellt. In manchen Punkten weiß man schon mehr über ihre Chemie als bei bakteriellen Rezeptorsubstanzen. Doch reicht das Wissen ebenfalls noch nicht, um klare Vorstellungen über die strukturellen Vorbedingungen für die Virus-Rezeptor-Bindung entwickeln zu können. Es lohnt sich für uns deshalb nicht, in eine Diskussion darüber einzutreten.

Virusteilchen entschlüpfen einer Falle. Dafür muß aber auf eine Besonderheit aufmerksam gemacht werden, die gewissen tierpathogenen Viren eigentümlich ist und die in anderem Zusammenhang schon einmal erwähnt wurde. Wir erinnern uns, daß deren Fähigkeit, rote Blutkörperchen zu verklumpen, für den Zweck eines quantitativen Tests ausgenützt werden kann (S. 30). Dieser Effekt kommt dadurch zustande, daß nicht nur bestimmte Gewebezellen, sondern auch rote Blutkörperchen die Rezeptorsubstanz für jene Viren enthalten, sie also zu adsorbieren vermögen. Die betreffenden Virusteilchen sind aber kugelförmig und können mit jeder beliebigen Stelle ihrer Oberfläche an der Rezeptorsubstanz haften — im Gegensatz zu den Phagenteilchen, deren Achillesferse sich auf das Ende ihres Fortsatzes beschränkt. Die kugeligen Teilchen vermögen deshalb, als kleine Brücken zwischen je zwei roten Blutkörperchen zu fungieren, indem sie mit einem Punkt ihrer Oberfläche an dem einen Blutkörperchen haften, mit einem anderen Punkt am nächsten. Da jedes Blutkörperchen sehr viele von den im Vergleich zu ihm winzigen Virusteilchen zu adsorbieren vermag, ergeben sich Brücken nach allen Seiten, so daß durch ihre Vermittlung genügend viele Blutkörperchen aneinanderhängen können, um als Klümpchen für das bloße Auge wahrnehmbar zu werden.

Ein rotes Blutkörperchen ist nun aber keine vollwertige Zelle. Es fehlen ihm fast alle chemischen Fließbänder — es ist sowieso schon auf dem Absterbeetat und kann deshalb kein neues Virus machen. Daher scheint jedes an ein Blutkörperchen adsorbierte Virusteilchen in einer ebenso ärgerlichen Falle zu sitzen, wie ein Phagenteilchen, das an eine tote Bakterienzelle adsorbiert wurde, von der es nie wieder loskommt. Solches Mißgeschick müßte den tier- und menschenpathogenen Viren auf freier Wildbahn, d. h. im Blut und in den Körpersäften ihrer Wirtsorganismen, wo sogar gelöste Rezeptorsubstanzen in freier Form vorkommen, ununterbrochen passieren und gewaltig unter ihnen aufräumen — sehr zum Nutzen des infizierten Individuums. Wäre da kein Ausweg geschaffen, dann gäbe es vielleicht kaum ein Virus, das uns gefährlich werden könnte.

Hier ist der Ausweg. Läßt man virusverklumpte Blutkörperchen eine Weile stehen, dann lösen sie sich wieder voneinander und verklumpen niemals erneut — wohl aber frisch zugesetzte Blutkörperchen, denen es jedoch bald ebenso ergeht. Es läßt sich zeigen, daß das adsorbiert gewesene Virus bei jeder spontanen Lösung einer Verklumpung wieder unverändert frei wird, und zwar, weil es die Rezeptorsubstanz, an der es zunächst festhing, mit eigenen Mitteln ziemlich rasch zerstört. Es benimmt sich da wie ein Verdauungsenzym, das spezifisch auf die Verdauung der Rezeptorsubstanz eingestellt ist, und hinterläßt jedesmal Blutkörperchen, die frei von Rezeptorsubstanz und daher durch Virus nicht mehr agglutinierbar sind.

Die Virusteilchen, von denen hier die Rede ist, sind folglich von vornherein so konstruiert, daß sie sich aus jeder Falle, die ihnen durch ihre blinde Affinität zur Rezeptorsubstanz gestellt ist, und in die sie geraten müssen, wo immer sie darauf treffen, selbst wieder befreien können. Denken wir daran, daß ja auch die wirklichen Fabrikationsstätten für neue Virusteilchen, d. h. deren Wirtszellen, in ihrer Wand erhebliche Mengen von Rezeptorsubstanz enthalten, dann müssen wir darin sogar, woran man zunächst nicht denkt, die schlimmste Falle erblicken. Wie sollten die neugemachten Teilchen jemals von ihrer unbrauchbar gewordenen Wirtszelle loskommen und an frische Zellen herangelangen, wenn ihnen das spezifische Mittel zur Selbsthilfe nicht gleich mitgegeben wäre?

Meist hat man die Wechselwirkung zwischen Virus und Rezeptorsubstanz nur in gewissermaßen entgegengesetzter Richtung betrachtet, d. h. im Zusammenhang mit dem *Eindringen* des Virus in seine Wirtszelle und nicht mit seiner *Entlassung* daraus. Solange man nur das Eindringen zu verstehen suchte, mußte es natürlich als paradox auffallen, daß das Virusteilchen die Rezeptorsubstanz, die ihm zum Festhaften an seiner Wirtszelle dienen soll, automatisch zerstört — daß es also Anstalten zu machen scheint, buchstäblich den Ast abzusägen, auf dem es sitzt. Das Absägen dauert aber immerhin eine Weile, und man wird annehmen müssen, daß sofort nach der Adsorption an eine für die Vermehrung wirklich geeignete Wirtszelle Vorgänge ablaufen, die zur definitiven Infektion der Zelle führen und die beendet sind, ehe das Virusteilchen mit seiner enzymatischen Sägearbeit fertig ist.

Bakterienviren stehen meist vor einem etwas anderen Problem, wenn sie ihre Entlassung aus der Wirtszelle erzwingen wollen. Das Haupthindernis ist hier eine besondere Zellwandschicht, die den Zellinhalt als starre Panzerung umgibt. Erst wenn diese Schicht zerstört wird, kann die Zelle platzen und ihren Inhalt samt den neugemachten Virusteilchen mit großem Schwung in der Umgebung verstreuen. Die Zerstörung besorgt auch hier ein Enzym, das aber in freier Form in der Zelle erscheint und zu dessen Herstellung sie vom infizierenden Virusteilchen gezwungen wird. Wir begegnen hier zum erstenmal der hochinteressanten Beobachtung, daß Virusteilchen in der von ihnen befallenen Wirtszelle spezifische Syntheseleistungen auslösen, die nicht allein auf die Neuherstellung der chemischen Komponenten beschränkt bleiben, aus denen Virusteilchen bestehen. Darauf wird später noch näher einzugehen sein.

b) Die Wirtszelle wird infiziert

„Finsternis" (Eclipse). Weil man lange Zeit von der Voraussetzung ausging, Virusteilchen vermehrten sich durch Zweiteilung wie echte Mikroorganismen, nur eben innerhalb von Zellen, war man über eine Beobachtung verwundert, die sich bei sehr vielen Virusarten machen ließ. Wenn man nämlich Zellen mit Virus frisch infiziert hatte und sie darauf in verschiedenen Zeitabständen künstlich zerrieb, um den Fortgang der laufenden Teilchenverdopplung in ihrem Inneren verfolgen zu können, dann fand man zunächst überhaupt kein aktives Virus mehr wieder — nicht einmal das, was man selbst eben erst in die Zellen hineingesteckt hatte! Erwartungsgemäß hätte der Zellbrei stets Virus enthalten müssen, und zwar in geometrischer Zunahme um so mehr, je mehr Zeit seit der Infektion verstrichen war. Davon war also überhaupt keine Rede. Nach längerem Zuwarten tauchte zwar endlich doch wieder aktives Virus in den Zellen auf, aber zwischen diesem Zeitpunkt und dem Moment der Infektion schien eine Periode vollkommener „Finsternis" zu liegen, in der sich, wenn überhaupt etwas, dann gänzlich rätselhafte Vorgänge abspielen mußten. Man taufte diese Periode deshalb „Eclipse". Manche Forscher versuchten, den Effekt hinwegzuerklären und hielten ihn für nebensächlich. Heute wissen wir, daß die Eclipse die interessanteste Phase der Virusvermehrung darstellt, denn da geschieht das Entscheidende: die chemische Synthese von Virusnucleinsäure und Virusprotein, jenen beiden Hauptkomponenten, aus denen sich die neuen Teilchen zusammensetzen. Hier erstmalig hineingeleuchtet zu haben, ist das Verdienst der Phagenforschung.

Das infizierende Virusteilchen wird zerstört. Da man herausgefunden hatte, daß die Phagenteilchen nach der Adsorption an ihre Wirtszelle nur durch jenen dünnen Stiel oder Fortsatz mit ihr verbunden sind, von dem schon mehrfach die Rede war, schien die Möglichkeit gegeben, sie einfach durch Anwendung mechanischer Kräfte wieder von der Zelle abzureißen. Vielleicht ließ sich damit verhindern, daß die Zellen wirklich infiziert wurden, z. B. durch endgültiges Hineinschlüpfen der Virusteilchen in deren Innenraum, obwohl durch die Adsorption der Virusteilchen der erste Schritt in dieser Richtung bereits getan war. Man hätte auf solche Weise Adsorption und Infektion experimentell voneinander trennen und dadurch auch die zeitliche Aufeinanderfolge näher untersuchen können.

Das Experiment hatte ein ganz merkwürdiges Ergebnis. Tatsächlich ließ sich durch äußerst heftiges Rühren einer Suspension von Bakterienzellen, an die Phagenteilchen adsorbiert worden waren, Phagenmaterial von den Zellen abstreifen, aber nicht etwa die kompletten Phagenteilchen, sondern *nur ihre Proteinkomponente*. Der Nucleinsäureanteil hingegen verblieb bei den Zellen, und diese brachten neue Phagenteilchen hervor, *obwohl* sie über ein komplettes Teilchen — gewissermaßen als Muster — gar nicht mehr verfügten (HERSHEY).

Damit war aber nicht nur die Zweiteilungshypothese für die Virusvermehrung mit einem Schlage erledigt, sondern zugleich die Ursache für jenen eigenartigen Effekt der „Eclipse" aufgedeckt, der auch bei den Phagen bekannt war. Jedes Phagenteilchen wird offenbar sogleich nach seiner Adsorption an die Wirtszelle automatisch in seine zwei Bestandteile zerlegt, worauf auf den einen — das Protein — vollkommen verzichtet werden kann und de facto verzichtet wird, während allein der andere, die Nucleinsäure, von der Zelle aufgenommen wird und hier die Produktion neuer, kompletter (!) Virusteilchen in Gang setzt. Das infizierende Phagenteilchen verliert unweigerlich durch diese nicht mehr rückgängig zu machende Zerlegung seine ursprüngliche Identität als körperliches Gebilde von individueller, charakteristischer Zusammensetzung und Gestalt (S. 66) und damit die entsprechenden gerade hierfür typischen Eigenschaften. Ganz neue strukturelle und funktionelle Beziehungen werden jetzt geknüpft, und so ist es kein Wunder, daß man gleich nach der Infektion vergeblich nach einem infektiösen Virusteilchen in der infizierten Zelle Ausschau hält. Hier gibt es nirgends mehr ein komplettes Teilchen. Infektiös sind aber, wenn nicht besondere experimentelle Kniffe angewendet werden, auf die man jedoch erst auf Grund der eben beschriebenen Beobachtungen verfallen konnte, nur intakte Virusteilchen. Es ist ja jetzt klar, daß auch die Virusnucleinsäure allein infektiös sein muß, wenn es nur gelingt, sie erstens unbeschädigt zu gewinnen, z. B. indem man sie im Reagenzglas aus intakten Teilchen herausholt, und zweitens eine Wirtszelle dazu zu veranlassen, sie auch als frei herumschwimmenden, nicht mehr in eine Proteinhülle verpackten Faden aufzunehmen.

Wie sich die Zerlegung des infizierenden Phagenteilchens vollzieht, kann man ganz leicht mit eigenen Augen durch Vermittlung des Elektronenmikroskops sehen, wenn man nur weiß, daß so etwas hinter dem Gesehenen dahintersteckt. Nur aus elektronenmikroskopischen Aufnahmen so weitgehende Schlüsse zu ziehen, würde man sich wohl kaum getrauen, denn man kann dabei erfahrungsgemäß sehr peinlichen Fehldeutungen zum Opfer fallen. Betrachten wir noch einmal Abb. 21, und zwar besonders die Bakterienzelle rechts unten. Die Köpfe fast aller daran adsorbierten Phagenteilchen erscheinen merkwürdig eingeschrumpft im Gegensatz zu dem Anblick, den frei herumliegende Teilchen mit ihren prallen Köpfen bieten. Dasselbe findet man auch in der Abb. 20. Einige von den Phagenteilchen, die mit der freien Rezeptorsubstanz reagiert haben, sind ebenfalls trübselig in sich zusammengesunken, so daß man gerade noch ihre Umrisse erkennt. Der geisterhafte Schatten aber, der von ihnen übriggeblieben ist, stellt nach Ausweis chemischer Experimente nichts anderes dar als die Proteinkomponente des Teilchens! Sie besitzt zwar noch dessen äußere Umrisse, aber irgendetwas, das sie normalerweise stramm ausfüllte, scheint herausgelaufen zu sein. Was herausschlüpfte, ist fädige Nucleinsäure, die zweite Komponente des Teilchens.

Mit einem besonderen Präparationsverfahren kann man den ausgestoßenen Nucleinsäurefaden elektronenmikroskopisch in seiner ganzen, erstaunlichen Länge (0,035 mm) sichtbar machen (Abb. 22). Ehe sich die Schwanzspitze des Phagenteilchens an das Rezeptorteilchen anheftete, wodurch die Ausstoßung des Fadens durch den Hohlkanal des Schwanzes hindurch automatisch ausgelöst wird, befand er sich eng aufgeknäuelt im Phagenkopf. Sitzt das Rezeptorteilchen noch in einer Bakterienzellwand, so wechselt die Nucleinsäure aus der Proteinhülle des Phagenteilchens in die Zelle hinüber, und was man darauf durch Rühren von der Zelle abstreifen kann, ist allein diese schlaffe, leere Phagenhülle. Aus Zelle und Phagennucleinsäure aber ist eine neue, funktionelle Einheit geworden, die von nun an dazu determiniert ist, beträchtliche Mengen von Phagenteilchen herzustellen.

Somit gelangen wir zu dem Schluß, daß ein Phagenteilchen wie eine winzige, nucleinsäuregefüllte Injektionsspritze konstruiert ist, die beim Kontakt mit der passenden Rezeptorsubstanz automatisch ausgelöst wird. Adsorption und Infektion folgen Schlag auf Schlag. Die Bakterienzelle ist infiziert, d. h. zur Neuproduktion von Phagenteilchen prinzipiell bereit und imstande, sowie sie den Nucleinsäurefaden eines adsorbierten Phagenteilchens aufgenommen hat. Die Proteinhülle des Phagenteilchens hingegen hat mit der eigentlichen Neuproduktion von Virus nichts mehr zu tun. Sie diente nur zur Verpackung der dafür allein verantwortlichen, sehr empfindlichen Nucleinsäure und hatte außerdem vermöge ihrer chemischen Struktur dafür zu sorgen, daß dieser merkwürdige Stoff an die Zelle heran- und in sie hineinbefördert wurde. Die Nucleinsäure kann sich da nicht so ohne weiteres helfen, sondern bedarf i. a. der Vermittlung durch einen besonderen Proteinmantel mit daranhängendem Zipfel, dessen äußerstes Ende auf die zelluläre Rezeptorsubstanz paßt wie der Schlüssel zum Schloß und die Zellwand aufschließt, um die Phagennucleinsäure hindurchzulassen.

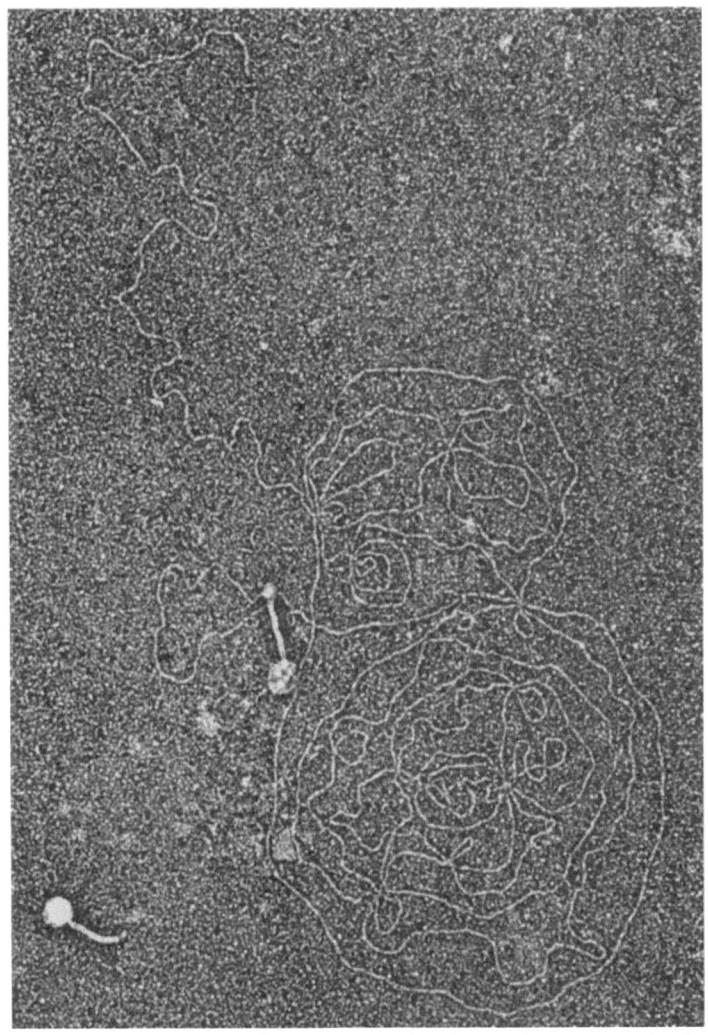

Abb. 22. Das Rezeptorteilchen an der Schwanzspitze des Phagenteilchens (Typ T 5) hat dieses veranlaßt, seinen Nucleinsäurefaden auszustoßen, der in ganzer Länge sichtbar geworden ist. Links unten ein Phagenteilchen ohne Rezeptor, Kopf noch prall mit dem aufgeknäuelten Faden gefüllt. Vergr. etwa 44000fach

Bei den tier- und menschenpathogenen Viren kennt man noch nicht so viele Details des Infektionsmechanismus, außer was die Unentbehrlichkeit einer Rezeptorsubstanz für manche dieser Virustypen anbelangt. Da aber die Eclipse ein Phänomen ist, das anscheinend in allen daraufhin untersuchten Fällen auftritt — sogar bei pflanzenpathogenen Viren —, wird man kaum fehlgehen in der Annahme, daß ein infizierendes Virusteilchen *stets* rasch „auseinandergenommen" wird und *deshalb* als infektiöses Teilchen nicht mehr nachweisbar ist. Die Voraussetzung dafür dürfte wohl immer eine leichte und vollständige Trennbarkeit des Proteinanteils eines Virusteilchens vom Nucleinsäureanteil sein. Sie ist nicht nur bei den Phagen gegeben, sondern ließ sich auch beim Tabakmosaikvirus nachweisen. Die stäbchenförmigen Teilchen dieses Virus (Abb. 15) sind konstruiert wie eine Kerze. Ein zu einer lockeren Spirale aufgewundener, nicht sehr langer Nucleinsäurefaden ist ringsum von einem dicken, zylindrischen Mantel aus Protein umgeben wie der Kerzendocht vom Wachs. Abb. 23 zeigt ein solches Stäbchen, von dem mit chemischen Mitteln kurze Stücke des Proteinmantels entfernt wurden, so daß der Nucleinsäuredocht an diesen Stellen gut erkennbar wird.

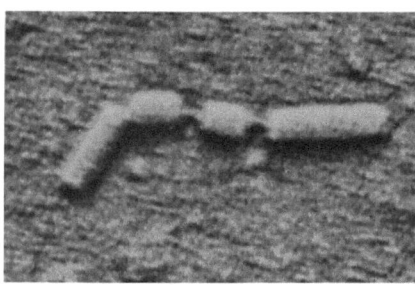

Abb. 23. Einzelnes, stäbchenförmiges Teilchen des Tabakmosaikvirus, dessen Proteinmantel an einigen Stellen entfernt wurde, so daß der innen entlanglaufende Nucleinsäurefaden zum Vorschein kommt

Die pflanzenpathogenen Viren freilich kommen *ohne* Unterstützung durch eine Rezeptorsubstanz in der Pflanzenzellwand und ohne eigenen Anbohrmechanismus aus. Schlimmstenfalls lassen sie sich vom Stechrüssel eines Insektes durch die hinderliche Barriere hindurchhelfen. Eine Zerlegung des Virusteilchens kann also in Ermangelung einer typischen Rezeptorsubstanz erst im Inneren der Zelle erfolgen, in die es eingeschleppt wird. Daß sich hier kein Spezialmechanismus für den Vorgang der Infektion entwickelte, hat wahrscheinlich nicht nur den Grund, daß er offensichtlich entbehrlich ist und deshalb keinen selektionistischen Vorteil böte, ganz im Gegensatz zur Situation, der Phagen und tier- bzw. menschenpathogene Viren gegenüberstehen. Wahrscheinlich *konnte* er sich gar nicht entwickeln, einfach weil die Zellulose und sonstige Bestandteile der Pflanzenzellwand chemisch zu träge und widerstandsfähig sind, als daß dafür ein chemischer Schlüssel konstruiert werden könnte, der, für den Einbau in Virusteilchen geeignet, diesen einen Durchlaß öffnen würde. Zellwände von Tier, Mensch und Bakterien sind dagegen auf Grund ihrer Zusammensetzung und Struktur ganz erheblich empfindlicher, d. h. chemischen Einflüssen gegenüber reaktionsfähiger, so daß die schöpferischen Möglichkeiten der Natur nicht überfordert waren, als es sich darum handelte, Virusteilchen hervorzubringen, die für einen chemischen Angriff auf solche Gebilde ausgerüstet sind.

Puzzlespiel. Aus dem soeben geschilderten Infektionsmechanismus bei Phagen hat man einen Schluß zu ziehen, der von so prinzipieller und allgemeiner Bedeutung für das Problem der identischen Reproduktion von Proteinen und Nucleinsäuren ist, daß wir ihn unbedingt so deutlich wie möglich machen müssen.

Im III. Kapitel wurden einige Spekulationen diskutiert, die sich auf dieses Problem bezogen. Sie drehten sich darum, daß vielleicht nur solche Strukturen zur („autokatalytischen") Selbstverdopplung imstande sind, die aus Protein *und* Nucleinsäure kombiniert sind. Das legten entsprechende Eigenschaften von Genen und Viren anfänglich nahe. Der Ablauf der Infektion bei Phagen, also typischen Viren, zeigt aber vollkommen eindeutig, daß hier *allein die Nucleinsäure* die tragende Rolle bei der Reproduktion sowohl ihrer selbst als auch des Phagenproteins (und damit des ganzen Phagenteilchens) spielt. Von nun an wäre es verfehlt gewesen, noch weiter nach Strukturmodellen für Proteinmoleküle oder gar für komplette Virusteilchen zu suchen, die einem die selbsttätige Kopierung solcher Gebilde verständlich machen könnten. Das Geheimnis der Kopierbarkeit unter eigener Regie muß auf Nucleinsäuremoleküle beschränkt und in ihrer Struktur allein verborgen sein.

Aber noch mehr: obwohl die Bakterienzelle vom infizierenden Phagenteilchen *nur* dessen Nucleinsäure aufnimmt, macht sie daraufhin nichtsdestoweniger *komplette* Phagenteilchen, also nucleinsäuregefüllte Eiweißbeutelchen, und zwar keineswegs irgendwelche beliebigen, sondern genau solche vom Typ des infizierenden Teilchens. Deshalb muß zweifellos jeder Phagentyp seine eigene Nucleinsäure von spezifischer Feinstruktur besitzen, und die Besonderheit dieser Struktur muß darin bestehen, daß die aufnehmende Zelle daraus wie aus einem schriftlichen Befehl genauestens ablesen kann, welche Art von Protein sie zu machen hat, um die neuen Phagenteilchen damit auszurüsten. Über eine andere Quelle für diese unentbehrliche „Information" als die aufgenommene Nucleinsäure verfügt sie ja gar nicht! Wie schon die Adsorptionsspezifität beweist (S. 68), ist natürlich auch die Feinstruktur des Proteins bei jedem Phagentyp anders und für ihn charakteristisch, doch kann sie der Zelle keinesfalls zum Muster für herzustellende Kopien dienen. Diese Überlegungen bedeuten, wenn man sie verallgemeinert, eine außerordentlich wichtige Modifikation und Präzisierung unserer Vorstellungen vom Mechanismus, mit Hilfe dessen exakte Kopien von Virusteilchen oder ähnlich komplizierten Strukturen, über die auch die normale Zelle verfügt, hergestellt werden. Eine Abhängigkeit zwischen Protein- und Nucleinsäuresynthese besteht, aber sie ist einseitig. Die Kontinuität liegt ganz bei der Nucleinsäure. Sie allein „bewahrt auf und gibt weiter". Das jeweils zugehörige Protein erscheint gleichsam nur auf einem Nebengleis. Man hat sich dabei noch besonders vor Augen zu halten, daß Nucleinsäure und Protein chemisch so verschieden voneinander sind wie nur möglich (S. 43 f.). Trotzdem müssen zwischen beiden Körperklassen strukturell-funktionelle Entsprechungen bestehen, die es aufzudecken gilt, wenn man tiefer in die Geheimnisse der identischen Reproduktion und die zentrale Vermittlerrolle der Nucleinsäure dabei eindringen will.

Der erste Schritt in dieser Richtung wurde getan, als es gelang, die molekulare Struktur von DNS-Fäden aufzuklären. DNS (Desoxyribonucleinsäure, S. 46) ist der in allen Zellkernen vorwiegend zu findende Nucleinsäuretyp, also dort, wo sich die befehlsgewaltigen und daher so hochinteressanten Gene verstecken (S. 48), und DNS befindet sich auch in den Köpfen jener Phagen, mit deren Hilfe überhaupt erst deutlich wurde, welche biologisch hochspezifischen Funktionen DNS-Moleküle ausüben. Ein wirkliches Verständnis der diesen Funktionen zugrundeliegenden Mechanismen war aber nur von der Einbeziehung einer methodisch ganz unabhängigen Forschungsrichtung zu erwarten, nämlich der chemisch-physikalischen Strukturanalyse, angewandt auf DNS-Moleküle. Die Notwendigkeit einer Zusammenarbeit auf dieses Ziel hin sofort klar erkannt zu haben, ist das große Verdienst des damals noch ganz jungen Mikrobiologen J. D. WATSON. Seine Initiative war in überraschend kurzer Zeit von Erfolg gekrönt und trug ihm und dem von ihm zu gemeinsamen Anstrengungen veranlaßten Physiker F. C. CRICK den Nobelpreis ein.

Auf sich selbst gestellt, hatten die Chemiker mit ihren Methoden von der DNS-Struktur bis dahin kaum mehr als das herauszubringen vermocht, was im III. Kapitel bereits darüber gesagt wurde. Wir sollten es vielleicht noch einmal kurz wiederholen. Ein DNS-Molekül ist dünn und langgestreckt wie ein Faden und besteht aus einer großen Zahl von Bausteinen, deren vier verschiedene Grundtypen in wechselnder Reihenfolge, wie die Glieder einer Kette, zu Tausenden aneinanderhängen. Die Bausteine heißen Nucleotide, und die vier Typen unterscheiden sich voneinander nur in bezug auf einen „basischen" Bestandteil, der in jedem der vier Nucleotide etwas anders zusammengesetzt ist. Es gelang zwar bis jetzt noch nicht, die exakte Reihenfolge aller Nucleotidglieder in irgendeinem gegebenen DNS-Faden zu bestimmen, doch ist klar, daß zwei DNS-Fäden gleicher Länge keineswegs prinzipiell identisch sein müssen, denn sie könnten immerhin eine verschiedene Reihenfolge der vier verfügbaren ungleichen Kettenglieder aufweisen. Bei beträchtlicher Fadenlänge, wie sie die DNS auszeichnet, ist es deshalb möglich, eine außerordentlich große Zahl von gleichlangen Fäden zu konstruieren, unter denen keiner mit einem anderen vollständig übereinstimmt.

Unterschiede in der Reihenfolge allein beeinflussen leider das gröbere chemische oder physikalische Verhalten von DNS-Fäden praktisch kaum. Das ist leicht einzusehen. Deshalb weiß man niemals sicher, ob ein gewonnenes DNS-Präparat wirklich einheitlich ist oder aus einem Haufen von Fäden besteht, die zwar gleich lang sind — *das* läßt sich allenfalls feststellen! — aber keine übereinstimmende Nucleotidanordnung besitzen. Wir haben ja gehört, daß mit den in Betracht kommenden physikalisch-chemischen Methoden nur solche Makromoleküle präparativ auseinandersortiert werden können, die sich in sehr unspezifischen Eigenschaften, also z. B. im Gewicht, genügend voneinander unterscheiden (S. 41). Selbstverständlich ist die Ermittlung der Nucleotidreihenfolge in einem vorliegenden DNS-Präparat vollkommen illusorisch, wenn man nicht absolut sicher sein kann, daß alle darin enthaltenen Fäden in *jeder* Beziehung vollkommen identisch sind. In Richtung einer exakten Bestimmung der Nucleotidreihenfolge in DNS-Molekülen ist der Weg also immer noch ziemlich verbaut. Warum das sehr ärgerlich ist, wird sich alsbald herausstellen.

In einer anderen Richtung kamen WATSON und CRICK jedoch rasch weiter, und zwar in der Beantwortung der Frage, ob die DNS-Fäden in Zellkernen oder Viren tatsächlich einzeln auftreten oder vielleicht irgendwie gebündelt, was ja nicht ausgeschlossen ist, aber mit rein chemischen Methoden auch nicht zu entdecken wäre. Physikalische Messungen an DNS-Präparaten ergaben, daß eine besondere Art der Bündelung wirklich die Regel ist, und zwar bilden immer *je zwei* DNS-Fäden ein Bündel. Es hat die Form einer wohlgestalteten Doppelspirale, ist also alles andere als regellos zusammengewurstelt. Die Doppelspirale entsteht dadurch, daß zwei DNS-Fäden in Parallelführung spiralförmig um einen (imaginären) Zylinder herumgewunden sind. Man kann sich das leicht anschaulich machen, indem man zwei Drähte immer schön parallel um einen dicken Holzstab herumwickelt und den Stab dann herauszieht. Was übrigbleibt, ist ein Modell der DNS-Doppelspirale.

Wenn man sich das Modell anfertigt, kann man mit einiger Überraschung feststellen, daß die beiden Einzelfäden der Doppelspirale nicht ohne weiteres auseinanderzubringen sind. Sie hängen pro Windung je einmal ineinander fest. Das genügt aber noch nicht, um sie so eng zusammenzuhalten, wie es den Messungen nach tatsächlich der Fall sein muß. Die beiden Fäden werden offenbar durch zusätzliche Kräfte in stets gleichbleibendem Abstand voneinander fixiert, und die Frage ist, wo diese Kräfte herkommen. Es fanden sich triftige Gründe anzunehmen, daß sie sich zwischen den schon mehrfach erwähnten basischen Bestandteilen der einzelnen Nucleotidglieder in den beiden DNS-Fäden hinüber und herüber entfalten, und zwar als Anziehungskräfte (sog. Wasserstoffbindungen). Die Basen der beiden Fäden sind also wie Magnete aufeinanderzu gerichtet und bilden so gewissermaßen starre Leitersprossen zwischen diesen. Die ganze Struktur würde demnach, wenn man sie noch direkt sehen könnte, den Anblick einer gewaltig langen, spiralförmig gewundenen Strickleiter, einer Art Wendeltreppe, bieten (Abb. 24). Diese Details kann man jedoch nicht mehr sehen, sondern nur mit großer Sicherheit indirekt erschließen. Wohl aber kann man sich einen optischen Gesamteindruck von der Wendeltreppe verschaffen. Der feine DNS-Faden, den Abb. 22 nach seinem Austritt aus dem Phagenkopf zeigt, ist tatsächlich kein einzelner DNS-Faden, sondern eine Doppelspirale von der eben geschilderten Struktur. Ihre Dicke liegt gerade noch oberhalb der Auflösungsgrenze des Elektronenmikroskops. Ihre Länge kann man genau messen, und wenn man sie in Vergleich setzt zu der chemisch bestimmbaren Menge an DNS, die ein einzelnes Phagenteilchen enthält, ergibt sich, daß der Faden mehr als doppelt so lang sein müßte, wenn alle Nucleotide (rund $3 \cdot 10^5$) zu einem einzigen aufgereiht wären, statt zwei umeinandergewundene Fäden, also die Doppelspirale, zu bilden.

Jetzt aber kommt der Clou, der die Wendeltreppe für Überlegungen zum Reduplikationsmechanismus erst wirklich interessant macht. Jede ihrer Stufen oder Sprossen besteht ja, wie die eben gegebene Beschreibung besagt, aus zwei Stücken, nämlich einer Nucleotidbase, die „von links" kommt, d. h. vom einen DNS-Faden her, und einer, die „von rechts" kommt, also im anderen, gegenüberliegenden und parallel laufenden Faden verankert ist. An der Berührungsstelle ziehen sich die zwei Basen an und bilden so die ziemlich starre Sprosse. Die vier zur Verfügung stehenden Basentypen sind aber nicht alle gleich lang. Zwei davon sind kürzer und zwei länger. Wenn also die Wendeltreppe schön gleichmäßig sein soll (was sie ist!), darf eine Sprosse nicht aus zwei langen oder zwei kurzen Teilstücken bzw. Basen bestehen, sondern immer nur aus einem langen und einem kurzen. Dann halten die Fäden stets gleichen Abstand voneinander, wie es tatsächlich beobachtet wird. Die beiden kurzen Basen sind durch die schon früher (S. 46) eingeführten Buchstaben T und C gekennzeichnet, und die langen durch A und G. Eine Sprosse könnte somit offensichtlich auf vier Arten zusammengesetzt werden: aus A+T oder aus A+C oder aus G+T oder schließlich aus G+C. Untersucht man jedoch die Anziehungskräfte

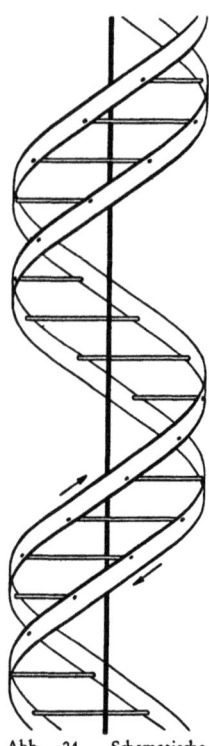

Abb. 24. Schematische Skizze zur Veranschaulichung des Doppelspiralmodells eines Desoxyribonucleinsäure-Moleküls. Die Skizze zeigt nur ein kurzes Stück des Doppelfadens, der bei dieser Vergrößerung mehr als 200 Meter lang wäre. Die beiden Bänder deuten die beiden Nucleotidketten an, die Sprossen entsprechen den aufeinander zu gerichteten Nucleotidbasen. Die Längsachse der Doppelspirale ist durch die hindurchlaufende Gerade angezeigt

genauer, dann findet man, daß sie zwischen A und C sowie G und T aus chemisch-physikalischen Gründen ganz ungenügend sein würden. Deshalb bleiben nur zwei Kombinationsmöglichkeiten übrig, nämlich A+T und G+C. Sprossen in der DNS-Leiter können demnach, wenn die Auswahlregel gilt, nur aus dem einen oder aus dem anderen dieser beiden Basenpaare zusammengesetzt sein. Die chemisch-analytisch ermittelte Zusammensetzung von DNS mit Doppelspiralstruktur zeigt denn auch tatsächlich, daß solche Moleküle stets ebensoviel A wie T, und ebensoviel G wie C enthalten.

Daraus ergibt sich eine sehr eigenartige und wichtige Konsequenz. Angenommen, die Reihenfolge der durch ihre Basen charakterisierten Nucleotide wäre in einem DNS-Einzelfaden gegeben. Dann steht sofort fest, wie der „komplementäre" Faden aussehen muß, der *als einziger* mit ihm anstandslos die Doppelspirale bilden könnte. Schreiben wir es — ohne die Spiralisierung zu berücksichtigen — hin:

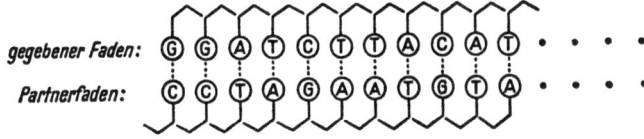

Merkt der Leser bereits, welche Möglichkeiten sich hieraus für die Vervielfältigung einer solchen Struktur unter ihrer eigenen Regie ergeben? Es ist nicht schwer zu erraten! Was zu geschehen hat, steht fest: freie Nucleotidbausteine müssen unter Leitung eines bereits vorhandenen Doppelfadens so aneinandergefügt werden, daß sich zwischen ihnen die gleiche Reihenfolge und Anordnung ergibt wie in diesem, und somit ein zweiter, dem ersten gleicher Doppelfaden entsteht. Um zu verstehen, wie das geschehen kann, braucht man sich nur vorzustellen, die identisch zu reproduzierende Doppelspirale würde am einen Ende etwas aufgezwirbelt, so daß die Basen der allerersten Leitersprossen auseinandergerissen werden. Wir können das, wiederum ohne Berücksichtigung der Spiralisierung, etwa so andeuten:

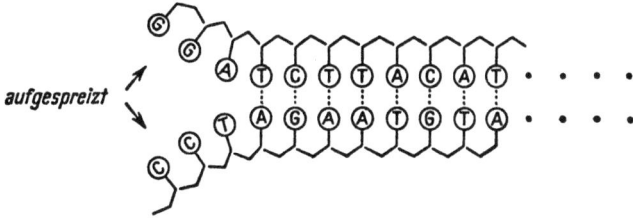

Die beiden voneinander getrennten Fadenstücke hätten dann die Möglichkeit, statt sich wieder zu vereinigen, aus einer angebotenen Mischung der vier Bausteintypen vermöge der spezifischen Anziehungskräfte zwischen A und T bzw. C und G automatisch die zu ihnen passenden Nucleotide herauszusuchen und sie festzuhalten:

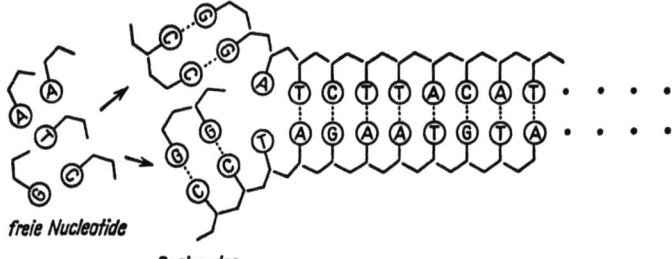

freie Nucleotide

Beginn der Verdoppelung

Damit ist aber, wie man sieht, der Anfang für die Entstehung von zwei Doppelfäden aus einem gemacht, dem sie schließlich vollkommen gleichen werden! Wenn Schritt für Schritt weitere Leitersprossen im Original-Doppelfaden reißen — als würde ein Reißverschluß geöffnet —, werden laufend neue Basenenden freigelegt, die sich alle ebenfalls aus dem Haufen frei herumschwimmender Nucleotide mit dem einzig passenden Partner versorgen. Die einzeln neu hinzutretenden Nucleotide müssen natürlich fortlaufend fest miteinander verbunden werden, damit aus ihnen ein neuer, haltbarer DNS-Einzelfaden wird. Dafür würde schon *ein* Enzym ausreichen. Art und Reihenfolge der Nucleotide, die es zusammenschweißt, könnten ihm völlig gleichgültig sein, d. h. es brauchte in dieser Hinsicht keinerlei besondere Spezifität zu entfalten. Hat der Prozeß das andere Fadenende erreicht, dann sind als dessen Ergebnis zwei identische Doppelfäden bzw. -spiralen da:

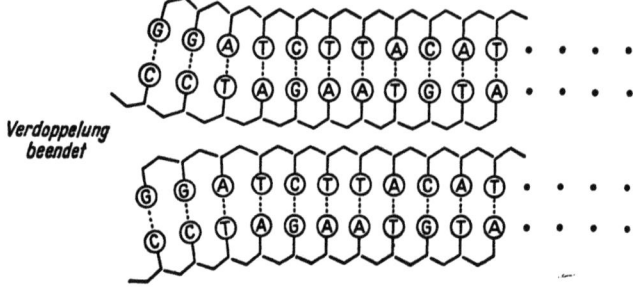

Verdoppelung beendet

In jeder von ihnen besteht der eine Faden restlos aus neu zusammengefügten Nucleotiden, der andere bildete jeweils ursprünglich die eine Hälfte der ersten Musterspirale.

Da das Ganze sich *im Inneren einer Zelle* abspielen soll, stellt der Nachschub an freien Nucleotiden kein Problem dar. Die chemischen Fließbänder der Zelle können ausreichend dafür sorgen, so daß sich der gleiche Reproduktionsvorgang mit den beiden neu entstandenen

Doppelfäden zu wiederholen vermag, worauf vier daraus würden, aus diesen acht usw. usw. (geometrisches Vermehrungsschema). Damit hatten also WATSON und CRICK einen plausiblen, autokatalytischen Kopierungsmechanismus gerade für den Molekültyp abgeleitet, der nach Ausweis der Infektionsexperimente mit Phagen nur noch dafür in Frage kommen konnte. Der Mechanismus beruht auf dem Prinzip der „komplementären Basenpaarung" und wird uns noch wiederholt beschäftigen.

Eine Zeitlang ließ sich dafür, daß er wirklich so funktioniert wie vorgeschlagen, kein direkter experimenteller Beweis erbringen. Das war aber ein Fehler nur in den Augen derer, die nicht wissen, daß zum erfolgreichen Forschen unabdingbar auch die Fähigkeit gehört, auf einigen stützenden Tatsachen gleichsam freitragende, mehr oder weniger kühne Gedankenkonstruktionen zu errichten und zu sehen, ob sie sich bewähren, indem sie die Entdeckung neuer Tatsachengruppen vermitteln oder gar einen logischen Anschluß gesicherten Wissens an das entdeckte Neuland ermöglichen und dadurch selbst als Tatsachen und nicht mehr als bloße Konstruktion betrachtet werden müssen. Wenn eine Gedankenkonstruktion so konkret formuliert ist wie die Überlegungen zum Reproduktionsmechanismus der DNS, dann ist sie für die Forschung nützlicher als ein neuer Apparat fürs Laboratorium. Sie hat auf Grund der ihr innewohnenden Klarheit natürlich ganz bestimmte Konsequenzen, die sich durch ebenso bestimmte Experimente nachprüfen lassen, auf die man sonst nie verfallen wäre. Solche Experimente müssen auf jeden Fall zu interessanten Ergebnissen führen, gleichgültig, ob sie Vermutungen bestätigen oder widerlegen. Das Watson-Crick-Modell der DNS löste sofort eine Lawine experimenteller Untersuchungen sehr gezielter Natur aus, und knapp 10 Jahre später bereits war an der direkten Bestätigung nicht mehr zu zweifeln, wie wir noch sehen werden.

Ein kurzer Rückblick läßt uns noch einmal feststellen, daß die chemische Substanz DNS bei bestimmten Viren *allein* für die Aufrechterhaltung der Identität zwischen Eltern und Nachkommen sorgt. Bei Bakterien, also wirklichen Organismen, hatte man, ohne die ganze Tragweite zu verstehen, sogar schon viel früher deutlichste experimentelle Hinweise darauf erhalten, daß auch in ihnen DNS alleiniger Erbträger ist (S. 131). Erste Voraussetzung dafür muß sein, daß DNS-Moleküle in ihrer individuellen Struktur beliebig oft und auf möglichst einfache Weise in allen Einzelheiten kopiert werden können. Ein entsprechender, recht plausibler Mechanismus, der dies leistet, kann angegeben werden. Er ergibt sich zwanglos aus der chemischen Struktur der DNS selbst.

Geheimschrift. Auf welche Weise soll nun aber die DNS, mit deren eigener, sorgfältiger Kopierung allein es doch keineswegs schon getan ist, auch den Aufbau von besonderen Proteinen vermitteln und erzwingen, etwa von Enzymen oder von Eiweißbeutelchen für Phagenteilchen, denen außer einer bestimmten *Feinstruktur* sogar noch eine charakteristische *Gesamtform* mitgegeben wird? Die endgültige Zerlegung des Phagenteilchens bei der Infektion führte uns bereits zu dem Schluß, daß in der Struktur der allein weitergegebenen DNS eines Phagenteilchens *auch noch* definitiv niedergelegt sein muß, auf welche Weise die Bakterienzelle, der sie einverleibt wird, *komplette* neue Phagenteilchen zu machen hat und wie sie auszusehen haben. Wo bietet also das Strukturprinzip der DNS Möglichkeiten für die „schriftliche" Fixierung von solchen Befehlen?

Eine einleuchtende Antwort können wir ohne Schwierigkeit aus den Fadenbildern, die wir von der DNS entwarfen (S. 46), im wahren Wortsinne ablesen. Offenbar kann man doch mit Hilfe der vier Nucleotidtypen beliebige „Codewörter" bilden, denn deren Reihenfolge ist, wie gesagt, an kein Gesetz gebunden, wenn wir *nur den einen* der beiden Einzelfäden einer DNS-Doppelspirale betrachten. (Daß die Reihenfolge im Partnerfaden feststeht, sowie sie in einem der beiden Fäden erst einmal gegeben ist, hat nur für den Verdoppelungsmechanismus Bedeutung, nicht aber für die folgenden Betrachtungen.) Wenn wir in einem Fadenstück also „lesen" könnten: „ATAGAGCGTACCTACTTCCG", dann bedeutet das für den Zellmechanismus vielleicht: „Füge die und die Aminosäuren (Eiweißbausteine, S. 43) so und so zusammen, auf daß ein Stück Phagenhaut entstehe!". Die Sequenz „CACTAAATCGGTCTGT könnte eine ganz andere Aminosäurekombination erfordern, wie sie z. B. für den Aufbau eines bestimmten Enzymmoleküls benötigt wird — usw. usw. Den Möglichkeiten, durch solche Sequenzen Befehle auszudrücken, sind in DNS-Molekülen, wenn unsere Vermutung stimmt, praktisch keine Grenzen gesetzt, und es scheint fast, als wäre die Natur bei der Festlegung dieses aus vier Elementarzeichen bestehenden Codesystems geradezu verschwenderisch gewesen. Eigentlich würden zwei Zeichen genügen, wie das Morsealphabet zeigt, das durch Punkt und Strich vom Börsenbericht bis zur Rilke-Elegie alles auszudrücken gestattet, was man sich nur denken kann.

Während das Morsealphabet 26 gewöhnliche Buchstaben durch Kombination von *zwei* Zeichen symbolisiert, werden durch das Nucleotidalphabet, so muß man annehmen, rund 20 „Buchstaben" nämlich 20 verschiedene Aminosäuren, mit Hilfe von Kombinationen aus *vier* Zeichen symbolisiert. Aus solchen feststehenden Zeichenkombinationen ergeben sich in beiden Fällen durch bestimmte Anordnung weiterhin Symbole höherer Ordnung: Wörter und Sätze der menschlichen Sprache beim Morsealphabet, Symbolisierungen bestimmter Aminosäuresequenzen in den Polypeptidketten ganzer Proteinmoleküle beim Nucleotidalphabet.

Wenn wir den Vergleich zu Ende führen, müssen wir die von einem Phagenteilchen in die Bakterienzelle übertretende DNS-Doppelspirale in Parallele setzen zu dem Papierstreifen, der, mit Punkten und Strichen bedeckt, aus tickenden Morsegeräten hervorquillt, wie man sie noch heute im Dienstraum jedes Stationsvorstehers entdecken kann. In beiden Fällen werden auf einem langgestreckten Stück Materie sinnvolle, anscheinend nach dem gleichen Grundprinzip verschlüsselte Mitteilungen an einen verständnisvollen Empfänger übermittelt.

Den DNS-Fäden gegenüber befand sich anfänglich wohl die Zelle, keineswegs aber schon der Naturwissenschaftler in der Rolle eines verständnisvollen Empfängers. Vielmehr ging es ihm wie jemandem, der dem Stationsvorsteher gern hinter die Schliche kommen möchte, aber das Morsealphabet nicht gelernt hat. Natürlich ist es trotzdem möglich, z. B. durch ständige Vergleiche der Zeichenfolgen auf dem Morsestreifen mit den dadurch ausgelösten Handlungen des Stationsvorstehers nach und nach die Bedeutung der Zeichen zu erkennen und mit beträchtlicher Mühe schließlich auch das Morsealphabet selbst daraus zu rekonstruieren.

Indem man nach genau diesem allgemeinen Rezept vorging, gelang es denn auch kürzlich, die ersten Schritte zur Entzifferung des „Nucleinsäure-Codes" mit Erfolg zu tun, d. h. herauszufinden, welche speziellen Kombinationen aus den vier zur Verfügung stehenden Nucleotiden als „Symbole" für jede einzelne der 20 verschiedenen Aminosäuren wirklich verwendet werden.

Im Augenblick kommt es uns nur darauf an zu erkennen, wohin dieser Weg schließlich führen wird. Wenn wir die Nucleotidkombinationen für sämtliche Aminosäuren erst einmal genau wissen und die technischen Voraussetzungen zur exakten Bestimmung der Nucleotidfolge in beliebigen DNS-Fäden erarbeitet sind (daß es damit ärgerlicherweise noch nicht klappt, wurde schon erwähnt), werden wir in der Lage sein, jeden gegebenen DNS-Faden direkt wie ein Rezept zur Herstellung von Proteinmolekülen genau definierter Struktur zu lesen, ohne die lebende Zelle für die Übersetzung zu Hilfe nehmen zu müssen. Der Schlußakkord dieser Zukunftsmusik wäre die für die Wissenschaft äußerst profitable Lektüre ganzer DNS-Archive, wie sie in den Zellkernen bzw. Chromosomen aller Art zu finden sind, d. h. die Entzifferung aller ihrer Gene. Es besteht jetzt weniger Grund denn je, diese Gene für etwas anderes als DNS-Moleküle oder Teilstücke von solchen zu halten, und wir sehen uns auch endlich in die Lage versetzt, ihrem Schalten und Walten rationale Prinzipien zu unterlegen. Wir können verstehen, wie sie die chemischen Möglichkeiten einer Zelle festlegen, indem sie nur ganz bestimmte Proteinmoleküle entstehen lassen, die z. B. als Enzyme Fließbänder für ebenso bestimmte chemische Aufbauleistungen bedienen, und wir können uns vorstellen, wie es möglich ist, daß jede Tochterzelle eine exakte Kopie jedes Gens mitbekommt und damit zu genau den gleichen Leistungen befähigt bleibt wie die Mutterzelle. Der „Kurzschluß" im Biosynthesenetz lebender Systeme? Im Prinzip ist er schon gefunden!

Mutation. Wir können sogar noch mehr: wir können jetzt auch begreifen, was hinter dem Ereignis einer „Mutation" stecken muß, dieser erblichen Umstellung eines gegebenen Fließbandsystems (S. 70). Überall passieren Fehler, und selbst die Natur ist vor Fehlleistungen nicht sicher. Wenn sich aber einmal ein Fehler bei der Kopierung eines Gens einschleicht, d. h. wenn zufällig die hergebrachte Reihenfolge der Nucleotide in einem frisch verdoppelten DNS-Faden des Zellarchivs nicht exakt eingehalten wurde, dann hat das u. U. einschneidende Konsequenzen. Die Tochterzelle, der diese inkorrekte Kopie mitgegeben wird, übernimmt damit ein spezielles Herstellungsrezept mit mehr oder weniger erheblich verändertem Sinn oder eines, das überhaupt sinnlos geworden ist. Das Originalrezept, nach dem ihre Vorfahren alle ein gewisses Protein, z. B. ein Enzym, gemacht haben, ist dahin, und das neue Rezept verführt sie zwangsläufig dazu, entweder ein anderes, höchstwahrscheinlich unnützes zu machen — oder überhaupt keins anstelle des ursprünglichen, falls das irrtümlich veränderte Codewort für sie gänzlich unleserlich geworden ist. In beiden Fällen hat das zur Folge, daß ein ganz bestimmter Facharbeiter an einem ganz bestimmten Fließband ausfällt: das von den Vorfahren bisher an diesem besonderen Platz beschäftigte und hier unersetzliche Enzym mit seiner besonderen Struktur. Damit ist die Arbeit dieses einen Fließbandes gestört, meist sogar ganz unterbrochen, und sein normales chemisches Endprodukt wird infolgedessen aus dem Fabrikationsprogramm der Zelle gestrichen.

Durch diesen Mutationsmechanismus können, je nachdem, welches Fließband betroffen wird, die verschiedensten Ausfallerscheinungen in lebenden Organismen hervorgerufen werden. Bei der Besprechung der Rezeptorsubstanzen (S. 65) wurde *ein* konkretes Beispiel unter außerordentlich vielen näher beleuchtet, und der Ausfall erwies sich sogar als *nützlich* für die Zelle! Nicht selten ist jedoch der Fall, daß das durch Mutation außer Betrieb gesetzte Fließband bzw. seine ungestörte Tätigkeit für die Zelle lebenswichtig ist. Die Zelle kann dann natürlich nicht mehr weiterleben, sondern ist dem Tode verfallen (man spricht deshalb von Letalmutation), wenn der Biochemiker ihr nicht hilft. Unter gewissen Umständen kann er das, z. B. wenn sich herausfinden läßt, welcher lebenswichtige Stoff es ist, den die Zelle wegen der mutativen Blockierung eines ihrer Fließbänder nicht mehr machen kann. Ist es z. B. eine der für die Proteinsynthese unentbehrlichen 20 Aminosäuren, so kann man sie der Zelle im Nährmedium anbieten. Nimmt sie sie auf, dann ist sie gerettet, lebt weiter und erzeugt Nachkommen.

Selbstverständlich können auch alle ihre Nachkommen nur durch Zufuhr dieses Stoffes am Leben erhalten werden, denn die fehlerhafte Genkopie der Mutterzelle wird ja nun in dieser Form immer wieder kopiert. Es besteht kein Grund dafür, daß die ursprüngliche, für den bestimmten Zweck einzig brauchbare Nucleotidreihenfolge im betroffenen Gen wieder hergestellt wird. Selbst wenn bei einer Reproduktion der fehlerhaften Kopie in irgendeiner späteren Generation noch einmal ein Fehler passieren sollte, die Reihenfolge also durch eine weitere Mutation erneut geändert würde, ist leicht einzusehen, wie unwahrscheinlich es angesichts der zahllosen kombinatorischen Möglichkeiten in den langen DNS-Fäden wäre, daß dabei ausgerechnet die Originalsequenz wieder zustande käme. Unmöglich ist es freilich nicht. Aber alle diese Vorgänge verlaufen ja blind und keineswegs in höherem Sinne zielgerichtet, was man sich immer wieder vor Augen halten muß. Es gibt keinen Faktor, keine weise vorausschauende Kraft, die sich hier einschalten und das Unwahrscheinliche auch nur ein wenig wahrscheinlicher machen würde. Der Vorgang der *korrekten* Reproduktion eines Gens ist blinden, chemischen Gesetzmäßigkeiten unterworfen, der Vorgang einer *inkorrekten* Reproduktion, also einer Mutation, dem blinden Zufall. Das sind die beiden einzigen hier maßgeblichen Faktoren, soweit man weiß.

Wie gering immerhin die Chancen eines solchen Zufalls sind, sich gegenüber den chemischen Kräften durchzusetzen, die den *Normalfall* regeln, erkennt man daraus, daß für die meisten Gene nur *ein* Kopierungsvorgang unter *100 Millionen* schiefgeht. Dieser Punkt wurde in etwas anderem Zusammenhang schon einmal berührt (S. 70). Man nennt dieses Zahlenverhältnis, das sich für jedes identifizierbare Gen gewöhnlich recht genau experimentell bestimmen läßt, die „Mutationsrate". Sie ist also in der Regel sehr klein. Man kann sie jedoch willkürlich erhöhen, und zwar durch Bestrahlung mit allerhand „schädlichen" Strahlen, wie sie in besonders gefährlicher Intensität bei der Explosion von Atombomben auftreten. Auch gewisse Chemikalien erhöhen die spontane Mutationsrate. Die Erhöhung bedeutet aber immer nur, daß störenden Zufällen eine größere Chance eingeräumt wird, sich zu ereignen. *Was* sich dann wirklich ereignet, bleibt Zufall. Es gibt keine Möglichkeit, quasi den Eintritt eines bestimmten Zufalls zum Gesetz zu erheben, d. h. eine bestimmte Genmutation in einem wie auch immer behandelten Organismus mit Sicherheit hervorzurufen.

Auch diese Tatsache bestätigt die Richtigkeit der Überlegungen zum DNS-Codesystem. Eine bestimmte Nucleotidreihenfolge verleiht einem DNS-Faden, wie schon früher angedeutet (S. 80), keine Eigenschaften, die ihn auf so primitive und summarische Einflüsse wie Strahlen oder simple Chemikalien anders reagieren lassen würden als einen anderen Faden mit anderer Reihenfolge. Die Reihenfolge drückt sich demnach grob-chemisch und grob-physikalisch nicht aus und kann deshalb mit Agenzien des genannten Charakters, für die alle solche Fäden nur einfach „Nucleinsäure" sind, zwar getroffen und verändert, aber nicht *gezielt* getroffen und verändert werden. Die Natur hat sich also durch Anwendung dieses Codesystems ganz gut geschützt vor „schöpferischen" Einfällen des Menschen. Wenn jedes Codewort durch eine eigene Substanz mit ganz besonderen chemischen Eigenschaften ausgedrückt wäre, würde man keine Schwierigkeiten haben, mit passenden chemischen Mitteln jedes einzelne Codewort herauszugreifen und willkürlich zu verändern, um auf diese Weise ebensowohl die tollsten Mißgeburten, wie neue Tier- und Pflanzengattungen oder vielleicht gar Übermenschen mit jeweils vorhersagbaren Eigenschaften aufzubauen. Vielleicht sollte man sich freuen, daß man das vermutlich nie können wird. Die Biochemiker brauchten nicht unbedingt den Ehrgeiz zu haben, es den Atomphysikern in der Erschließung neuer Quellen menschlicher Macht gleichzutun.

Übertragen wir die Betrachtungen zum Mutationsvorgang auf Viren, so ist klar, daß auch ihnen die Möglichkeit gegeben sein muß zu mutieren. Warum sollten bei der Reduplikation von Virus-Nucleinsäurefäden nicht ebenfalls Fehler passieren und veränderte Nucleotidreihenfolgen zustandekommen können, die bei künftigen Reduplikationen erhalten bleiben? Tatsächlich geschehen solche Fehler, ganz wie bei der Genreproduktion, und wir können zumindest *einen* Effekt, den das bei den Virusteilchen zur Folge haben sollte, ohne Schwierigkeit erraten. Wenn die Feinstruktur der Nucleinsäure geändert ist, müßte sich nach unseren Überlegungen automatisch auch die Feinstruktur des zugehörigen Proteins ändern. Das „zugehörige Protein" ist aber bei den Virusteilchen, wie es scheint, gar nicht zu übersehen: Haben wir es nicht in Gestalt ihrer Eiweißhülle vor uns? So kann man denn wirklich vielfach zeigen, daß die spontan (und natürlich selten!) auftretenden Virusmutanten nicht mehr das gleiche Protein besitzen wie die Elternteilchen, aus denen sie hervorgingen.

Eine Veränderung der Proteinstruktur hat oft, auch wenn sie sehr subtil ist, höchst auffällige Konsequenzen, z. B. für ein Phagenteilchen. Wir haben gehört, daß sie Struktur seiner äußeren Hülle, speziell der Spitze des „Fortsatzes", das Haften des Phagenteilchens an der dazu passenden, bakteriellen Rezeptorsubstanz vermittelt. Eine Änderung der Hüllenstruktur infolge Mutation kann deshalb dazu führen, daß ein davon betroffenes Phagenteilchen entweder den Zugang zu einem bestimmten Wirtszelltyp *verliert* oder Zugang zu einem ganz neuen Zelltyp *gewinnt*, der für seine Vorfahren tabu war.

Es ist besonders leicht, Phagenmutanten der letzteren Art aufzufinden, zu isolieren und weiterzuzüchten. Man braucht nur möglichst viele Teilchen eines Phagenstammes, den man auf das Vorhandensein solcher Mutanten prüfen will, auf einen Bakterienrasen zu bringen, dessen Zellen von den normalen, also nicht mutierten Teilchen des Phagenstammes nicht infiziert werden können. Sie werden deshalb auch keine Löcher machen, wohl aber „Geschwister" von ihnen, die durch Mutation die Fähigkeit erlangt haben, den rasenbildenden Bakterientyp zu infizieren. Jedes unter diesen Bedingungen gefundene Loch stellt also eine Kolonie von Phagenteilchen mit *verändertem,* nämlich *erweitertem* Wirtsbereich dar, die ausging von einem entsprechend mutierten Teilchen, das sich in der Phagensuspension befand, sich auf dem Zellrasen niederließ und hier an Ort und Stelle zahllose Nachkommen seines eigenen Typs erzeugte. Man braucht die Phagenkolonie nur abzuimpfen, d. h. die Teilchen, die sie bilden, gesondert weiterzuzüchten, dann hat man sie für künftige Untersuchungen und Vergleiche mit dem Phagentyp, aus dem ihr Urahn durch Mutation hervorging, in beliebiger Menge zur Verfügung.

Auch bei den Viren gibt es übrigens den Extremfall der „Letalmutation" (S. 88). Ein Virusteilchen z. B., in dessen Nucleinsäure die Nucleotidreihenfolge so gestört ist, daß keine aufnehmende Zelle mehr daraus schlau werden kann, ist offensichtlich außerstande, einer Zelle die Erzeugung von Nachkommenschaft zu „befehlen" und hat damit die einzige offenkundige biologische Aktivität eingebüßt, die Virusteilchen überhaupt auszeichnet. Es ist und bleibt also jeweils der einzige Vertreter seines dekadenten Geschlechts, so sollte man meinen. Um ihm zu Nachkommen zu verhelfen, müßte der Biochemiker imstande sein, direkt in den Mechanismus einzugreifen, der Nucleotidsequenzen in Aminosäuresequenzen übersetzt. Dann wäre es immerhin denkbar, den in der Virus-DNS steckenden und hier irreparablen Fehler wenigstens bei der Übersetzung zu korrigieren und so in der Wirtszelle des dekadenten Phagenteilchens doch noch ein für dessen Nachkommenschaft brauchbares Protein herstellen zu lassen. Daß so etwas tatsächlich möglich ist, werden wir noch sehen.

Ausgerüstet mit soviel gegenständlichen und gehaltvollen Vorstellungen von dem, was sich wahrscheinlich in der Bakterienzelle weiter abspielen wird, nachdem sie gerade eben die DNS-Doppelspirale eines Phagenteilchens „geschluckt" hat, können wir uns dieser Schaubühne nunmehr wieder zuwenden und sehen, ob Stück und Rollen mit unserem Programmzettel übereinstimmen. Neue Experimente müssen uns dabei als unentbehrliches Opernglas dienen. Unser Bestreben hat sich jetzt darauf zu richten, in Erfahrung zu bringen, woraus, in welcher Reihenfolge und in welchen Mengen die infizierte Zelle jene beiden auf so spezielle Weise miteinander korrelierten Hauptkomponenten Eiweiß und Nucleinsäure macht, aus denen die Teilchen der neuen Virusgeneration zusammengesetzt werden müssen, und wann mit dem Zusammensetzen angefangen wird.

c) Die Wirtszelle macht neue Virusteilchen

Rohstoffe. Wenn Bakterienzellen von Phagen wirklich „gefressen" würden, müßte praktisch die gesamte Materie, d. h. alle Atome, aus denen sich eine neue Phagengeneration zusammensetzt, ursprünglich zum Bestand ihrer Wirtszelle gehört haben. Dieser Zusammenhang bedarf eigentlich keiner weiteren Erläuterung. Die Maden, die einen Tierkadaver auffressen, können nur Atome enthalten, die früher einmal das betreffende Tier aufbauen halfen.

Wir wissen aber schon, daß bei Phagen von „fressen" im eigentlichen Sinn keine Rede sein kann. Könnte der Zusammenhang trotzdem Gültigkeit behalten?

Zweifellos! Mengenmäßig stellen die in einer infizierten Zelle neu entstandenen Virusteilchen immer nur einen Bruchteil der gesamten Zellmasse dar. Es könnte also sehr wohl sein, daß ein Teil des chemischen Mobiliars der virusinfizierten Zelle einfach „zersägt" wird worauf das entstandene Kleinholz (Aminosäuren, Nucleotide) dazu verwendet wird, eine gewisse Menge neuer Virusteilchen daraus zu machen.

Wir erinnern uns aber auch, daß eine infizierte Zelle kein neues Virus macht, wenn ihr nicht Nährstoffe angeboten werden. Natürlich ist Energie erforderlich, um einfache Bausteinmoleküle zu komplizierten Strukturen zusammenzufügen (S. 15), und deshalb könnte man annehmen, daß virusinfizierte Zellen die angebotenen Nährstoffe nur zur Energiegewinnung für die ihnen aufgezwungene Arbeit verwenden. Dann würde zwar aus den Nährstoffen stammende *Energie* in den neugemachten Virusteilchen darinstecken, aber keineswegs auch aus den Nährstoffen stammende *Materie*. Es könnte jedoch andererseits durchaus so sein, daß Nährstoffe von virus*infizierten* Zellen ebenso in zweifacher Weise benützt werden wie von *nicht* infizierten — d. h. sowohl zur Erzeugung von Energie als auch zum Aufbau von bestimmten Materialien (S. 18), die zur Herstellung neuer Virusteilchen verwendbar sind. In diesem Fall würden die Virusteilchen natürlich aus Atomen bestehen oder Atome enthalten, die ursprünglich Bestandteil jener Nährstoffe waren, die der infizierten Zelle angeboten werden mußten, damit sie sich zur Virusproduktion bequemte.

Rein theoretisch schon stehen wir also, indem wir uns alle diese Möglichkeiten klarmachen, vor einer ziemlich komplizierten Situation, was mögliche Rohstoffquellen für die Synthese neuer Virusteilchen anbelangt. Ist überhaupt ein Weg denkbar, um herauszufinden, welcher der diskutierten Fälle wirklich realisiert ist bzw. ob womöglich eine Mischung aus allen der wahren Sachlage entspricht?

Natürlich ist ein Weg denkbar, denn offensichtlich wäre nichts weiter nötig als über ein Mittel zu verfügen, Atome — als seien sie Einzelpersonen — jederzeit wiederzuerkennen, ganz gleich, in welchem Molekülverband sie sich befinden. Es ließe sich dann mit Leichtigkeit feststellen, ob Atome, die z. B. zunächst in Nährstoffmolekülen ihren Platz hatten, die infizierten Zellen zur Verfügung standen und von ihnen aufgenommen wurden, später in neugemachten Virusteilchen wieder auftauchen und in welchen Mengen, oder ob das niemals geschieht usw. Mit einer solchen Methode könnte man jede in Erwägung zu ziehende Rohstoffquelle abtasten, und zwar, wie sich alsbald herausstellen wird, mit soviel Präzision, daß ihre Anwendung noch wesentlich mehr Fragen zu beantworten erlaubt als die eben gestellten.

Tatsächlich gibt es nämlich eine Methode, Atome gewissermaßen mit einem Steckbrief zu versehen, der es ihnen verwehrt, unerkannt unterzutauchen. In Atommeilern kann man die verschiedensten Arten gekennzeichneter Atome leicht machen. Sie werden Isotope genannt und zeichnen sich vor normalen, nicht wiedererkennbaren Atomen meist dadurch aus, daß sie radioaktiv sind. Sonst stimmen sie in allen Eigenschaften mit ihnen überein. Ein radioaktives Phosphoratom z. B. benimmt sich vollkommen wie jedes andere Phosphoratom — außer daß es eine gewisse Neigung hat, eines Tages unter Aussendung von Strahlung eine bestimmte Umwandlung durchzumachen. Mit dieser Strahlung verrät es sich.

Wenn man also wissen will, wo der Phosphor herkommt, der in der DNS (S. 45) von frisch aus ihrer geplatzten Wirtszelle hervorkommenden Phagenteilchen enthalten ist, braucht man nur versuchsweise die phosphorhaltigen Nährstoffe, die man einer infizierten Bakterienzelle anbietet, mit radioaktivem Phosphor zu „markieren". Entläßt die Zelle dann Phagenteilchen, in deren DNS radioaktiver Phosphor anstelle von bzw. neben gewöhnlichem Phosphor eingebaut ist, so ist damit bewiesen, daß zumindest ein Teil dieser Phosphoratome von den Nährstoffen bezogen wurde, welche die Zelle erst *nach* ihrer Infektion assimilierte. Der Rest muß aus phosphorhaltigem Material herstammen, das der Zelle schon angehörte, *ehe* sie von einem Phagenteilchen infiziert wurde. Wie groß dieser Rest ist, läßt sich aus den Versuchsbedingungen berechnen — oder auch direkt messen, indem man diesmal umgekehrt verfährt. Man füttert Bakterienzellen solange mit Nährstoffen, die radioaktiven Phosphor enthalten, bis sie damit ganz gesättigt sind. Dann infiziert man sie mit Phagen und ersetzt gleichzeitig die bis dahin gegebenen, radioaktiven Nährstoffe durch solche, die gewöhnlichen Phosphor enthalten. Aller radioaktive Phosphor in den von diesen Zellen neugemachten Phagenteilchen kann jetzt nur aus zelleigenem Material herstammen, also letztlich aus Nährstoffen, die von den Zellen *vor* ihrer Infizierung assimiliert und zu ihrem höchstpersönlichen Aus- und Aufbau verwendet worden waren.

Das Ergebnis solcher Experimente ist: mehr als $3/4$ des gesamten, in einer neuproduzierten Phagengeneration enthaltenen Phosphors entstammten Nährstoffen, die die Zelle erst *nach* der Infektion aufnahm. Den Rest steuert die Zelle aus eigenen Beständen bei. Etwa das gleiche Zahlenverhältnis gilt für die Kohlenstoff- und Stickstoffatome der frischgebackenen Phagenteilchen, wie entsprechende Versuche mit wiedererkennbarem Kohlenstoff und Stickstoff zeigten.

Damit ist von neuem bestätigt, daß die virusbefallene Wirtszelle nicht nur passiv vom Virus aufgezehrt wird, auch nicht in dem Sinne, daß sich einfach eine rasche Umwandlung bereits vorhandener Zellbestandteile in Virus abspielt und nichts sonst. Ein materieller Beitrag der Zelle ist zwar gegeben, aber er ist nicht groß. Ihr wirklich entscheidender und unentbehrlicher Beitrag liegt darin, daß sie tun muß, was sie immer tat: Nährstoffe aufnehmen und mit ihren Fließbändern Energie daraus gewinnen und Baustoffe daraus herstellen, die aber jetzt nicht mehr ihren eigenen Bedürfnissen dienen, sondern ganz und gar den neuzumachenden Virusteilchen zugutekommen.

Für diese Umschaltung der stoffwechselphysiologischen Aktivität einer phageninfizierten Bakterienzelle auf ein anderes Ziel sorgt offenbar die DNS, die aus dem infizierenden Virusteilchen in sie eindrang. Aus Gründen, die wir nach und nach noch deutlicher erkennen werden, hat dieser Typ von DNS größere Macht über die Zelle als ihr ganzes eigenes DNS-Archiv, nach dessen Produktionsrezepten sie sich einfach nicht mehr richtet. Die vorhandenen Fließbänder bleiben zwar zunächst erhalten, die bedienenden Enzymmoleküle sind aber nicht mehr zu ersetzen, wenn sie sich abnützen und dadurch unbrauchbar werden. Sie halten die chemischen Umsätze auf vollen Touren und machen Virusbestandteile, solange es eben geht, doch dann ist es plötzlich aus. Die Zelle hat nämlich, wie wir schon hörten (S. 74), von der Phagen-DNS auch noch den Befehl bekommen, erhebliche Mengen eines Enzyms herzustellen, das ihren Panzer von innen her angreift und zerstört. Infolgedessen platzt sie schließlich, und was an Virusteilchen bis dahin fertig geworden ist, wird dabei herausgeschleudert, zusammen mit dem Trümmerwerk, das von der ehemals hochorganisierten Inneneinrichtung noch übrig blieb.

Ein vollständiger Zusammenbruch — und warum? Weil die Zelle nicht mehr alle die Enzyme und sonstigen für sie nützlichen, weil ihre biosynthetische Autonomie aufrechterhaltenden Dinge herstellte, sondern Virusteilchen, die in diese spezifische Dynamik, die auf dem gegebenen Niveau schlechthin „Leben" bedeutet, nur sehr mangelhaft hineinpassen und deshalb nichts zu ihrer Aufrechterhaltung beizutragen vermögen. Indem die DNS des infizierenden Phagenteilchens das DNS-Archiv der Zelle verdrängt und sich an seine Stelle setzt, öffnet sie den magischen Kreis, der es ermöglicht, eine begrenzte Anzahl verschiedener Molekültypen zur Herstellung der *gleichen* Molekültypen zu verwenden, und macht eine Sackgasse daraus, an deren Ende sich die für die Zelle unbrauchbaren, neuen Virusteilchen ansammeln. Im Moment des Öffnens ist de facto auch schon der Tod der Zelle besiegelt, obwohl — und das ist das Interessante! — ihr gesamtes Fließbandsystem zunächst weiterarbeitet als sei nichts geschehen.

Sie stellt daher eigentlich nichts anderes mehr dar als ein Reagenzglas, in dem gerade die richtigen Enzyme und Hilfsstoffe zum Zwecke einer ganz einseitigen, wiewohl imponierenden Aufbauleistung — der Synthese einiger Virusteilchen aus allereinfachsten Stoffen wie Zucker, Salmiak und Phosphorsäure — zusammengestellt und passend miteinander kombiniert sind. Nur diese eine Leistung kann vom Inhalt des „Reagenzglases" vollbracht werden, aber der Inhalt regeneriert sich nicht, geschweige denn, daß neue Reagenzgläser mit neuem Inhalt entstünden. Der ganze Prozeß hat einen Anfang und ein Ende und ist damit durchaus dem an die Seite zu stellen, was der Chemiker in seinem Laboratorium auch schon vollbringen kann, indem er willkürlich kleine chemische Orchester zusammenstellt, die wunschgemäß ein bestimmtes Stück spielen, d. h. eine bestimmte Substanz synthetisieren (S. 16). Der Unterschied ist nur ein gradueller, aber kein prinzipieller. Wenn wir erst alle Mitspieler kennen, die bei der Virussynthese zusammenzuwirken haben, wird man Virusteilchen ebenso im Reagenzglas machen können wie heutzutage z. B. Stärkekörnchen. Das hätte noch vor 30 Jahren auch niemand für möglich gehalten.

Doch schreiten wir weiter auf den Wegen, die zur Erfassung der Mitspieler und ihrer Rollen führen sollen. Die Methode, die sich wiedererkennbarer Atome bedient, erlaubt auch Aussagen darüber, was für Materialien es sind, die, wenn auch in geringen Mengen, von der phageninfizierten Bakterienzelle aus ihrem eigenen Bestande geopfert werden, um als Rohstoff zur Virussynthese Verwendung zu finden. Es ist ganz vorwiegend *ihre eigene DNS!* Sie ist für die infizierte Zelle ohnehin zu nichts mehr nütze. Warum sollte dann nicht anderweitig Gebrauch von ihr gemacht werden? Vom wissenschaftlichen Standpunkt aus ist das natürlich ein sehr saloppes Argument ohne wesentliche Überzeugungskraft. Was man wirklich wissen sollte, ist, auf Grund welcher virus-induzierter Stoffwechselverschiebungen bakterielle DNS in Virus-DNS umgewandelt wird und ob die Umwandlung sich z. B. so vollzieht, daß zunächst ein Abbau bakterieller DNS bis zu den einzelnen Nucleotiden erfolgt, die dann ein völlig unspezifischer Rohstoff für die sich verdoppelnden Spiralen von Virus-DNS wären (S. 84). Denkbar ist auch, daß größere Fadenstücke von bakterieller DNS (mit z. T. erhalten gebliebenen Codesätzen bzw. -wörtern (S. 86)!) in die Virus-DNS übernommen würden. Wenn diese Codewörter, d. h. die entsprechenden Nucleotidreihenfolgen, sich *sowieso schon* in der Virus-DNS fänden — zufällig oder auf Grund tieferer Ursachen —, dann würde ihre Übernahme, d. h. die Übernahme längerer Fadenstücke von Bakterien-DNS, natürlich keinen sichtbaren Effekt haben, sondern höchstens den Vermehrungsprozeß der Virus-DNS ganz geringfügig abkürzen. Erfolgte dagegen eine Übernahme *virusfremder,* typisch *bakterieller* Codesätze in die Virus-DNS, dann müßten Virusteilchen entstehen, die mit ihrem Elternteilchen, das die Zelle infizierte, nicht mehr vollkommen übereinstimmen. Derartiges wird tatsächlich unter gewissen Umständen beobachtet, doch scheint eine Löschung der bakteriellen Codewörter bei der DNS-Umwandlung die Regel, d. h. ein Übergang von Material in unspezifischer (Nucleotid-) Form. In alledem ist das interessante Problem einer möglichen teilweisen

Erbverwandtschaft zwischen Virus und Wirtszelle verborgen, das seinerseits in Beziehung steht zum Problem der Entstehung bzw. Herkunft der ersten Virusteilchen überhaupt. Davon wird in anderem Zusammenhang noch einmal zu sprechen sein (S. 154).

Im Gegensatz zur bakteriellen DNS ist bakterielles Protein als Rohstoff anscheinend nahezu unbrauchbar für die Synthese neuer Virusteilchen. Deren Proteinhüllen müssen durch die Zelle ganz von Grund auf neu angefertigt werden, wozu selbstverständlich die Nährstoffe dienen, die sie noch *nach* ihrer Infektion aufnimmt und verarbeitet. Auch dieser Umstand ist auf eine oberflächliche Weise einleuchtend zu machen, denn wenn unter den bakteriellen Proteinen so aufgeräumt würde wie unter der bakteriellen DNS, die fast vollständig verbraucht wird, dann würden die zur Virussynthese unentbehrlichen Fließbänder sehr rasch stillstehen, weil sie von den daran beschäftigten Facharbeitern, den Enzymen — die ja Proteine sind —, alsbald entblößt sein müßten. In Wirklichkeit sind es natürlich wieder chemische Faktoren, die dafür verantwortlich sind, daß die Zellproteine in Ruhe gelassen werden, im Gegensatz zur zellulären DNS. Das Virusteilchen wird sich jedenfalls hüten, in seiner DNS Befehle mitzubringen, die hier störend wirken könnten — oder die Selektion macht ihm den Garaus.

Halbzeug — Nucleinsäure. Wir wenden uns jetzt den *Zwischenprodukten* der Virussynthese zu. Es ist ein glücklicher Umstand, daß manche Phagentypen eine DNS besitzen, die sich durch eine kleine chemische Besonderheit von der DNS der Wirtszellen unterscheidet, in denen diese Phagen vermehrt werden. Sie besteht darin, daß die Base C (Cytosin, S. 46) in dieser Phagen-DNS durchweg noch eine merkwürdig bizarre Verzierung trägt. Man ist so in der Lage, zu jedem Zeitpunkt nach der Infektion der Zellen genau festzustellen, wieviel eigene DNS sie *noch* enthalten und wieviel Phagen-DNS in ihnen *schon* entstanden ist. Man braucht infizierte Zellen nur in gewünschten Zeitabständen künstlich zu zerstören, so daß ihr Inhalt ausläuft, die gesamte, freigewordene DNS abzutrennen und mit chemischen Methoden in Bakterien- und Virus-DNS aufzuteilen. Auf diese Weise kann man für den Zeitraum zwischen dem Moment der Infektion und dem Platzen der virusproduzierenden Zelle einen genauen und vollständigen Bilanzplan ihres DNS-Umsatzes aufstellen (HERSHEY).

Aus der fortlaufenden Bilanz geht hervor, daß die Zelle nach einem kleinen Zögern von 1—2 Minuten direkt im Anschluß an die Infektion sich alsbald mehr und mehr mit Virus-DNS anfüllt, wobei gleichzeitig ihr Vorrat an eigener DNS immer mehr dahinschwindet. Das ist uns nach den vorangegangenen Erörterungen (S. 95) nichts Neues mehr. Wir wissen bereits von der Umwandlung zelleigener DNS in Virus-DNS. Interessant ist aber, wieviel Virus-DNS in der Zeiteinheit, z. B. pro Minute, neu entsteht. Wir würden ohne nähere Überlegung selbstverständlich erwarten, daß der Zuwachs nicht konstant ist, sondern von Minute zu Minute anschwillt — vorausgesetzt, daß die DNS-Fäden sich tatsächlich nach Maßgabe des Watson-Crick-Modells (S. 85), also *geometrisch* vermehren! Würde der Vermehrung hingegen ein Zweiteilungsmechanismus *nicht* zugrunde liegen, dann müßte der Zuwachs konstant sein, d. h. in jeder Minute die *gleiche* Menge neugemachter Virus-DNS zur bereits vorhandenen hinzukommen (arithmetischer Mechanismus).

Unser Optimismus, hier ein experimentum crucis zu haben, das für oder gegen den autokatalytischen Matrizenmechanismus zu entscheiden vermag (S. 85), verringert sich aber sofort, wenn wir daran denken, daß jede Kette so stark ist wie ihr schwächstes Glied. Keine Fabrik kann schneller arbeiten als es der Nachschub an Rohstoffen erlaubt. Wenn an dieser Stelle ein „Engpaß" auftritt — ein Begriff, der uns sattsam aus Kriegszeiten bekannt ist — dann nützt der umfangreichste Maschinenpark für den Verarbeitungsprozeß gar nichts. Die Fertigwaren verlassen die Fabrik unter allen Umständen genau in dem Tempo, in dem die Zufuhr des am schwierigsten zu beschaffenden Rohstoffs erfolgt. So muß auch das Höchsttempo der DNS-Synthese allein bestimmt sein von der Geschwindigkeit, mit der neue Nucleotide für neue Fäden von den Fließbändern der Zelle nachgeliefert werden können. Fließbänder aber produzieren „arithmetisch", d. h. in gleichen Zeitabständen gleich viel, und nicht geometrisch, d. h. nicht in jeder folgenden Minute doppelt so viel wie in der vorhergehenden. Selbst wenn also wirklich ein Mechanismus ständiger Selbstverdopplung aller jeweils vorhandenen DNS-Fäden bzw. -Spiralen gleichsam für ein dauerndes Anschwellen des Maschinenparks zur Verarbeitung von Nucleotiden zu DNS sorgte — man würde es an der Bilanzkurve nicht ohne weiteres merken. Denn jedesmal, wenn die Gesamtzahl der Verarbeitungsmaschinen (d. h. der DNS-Fäden) verdoppelt ist, erhält jede einzelne in der Zeiteinheit nur noch halb so viel Rohstoff wie vorher, nach erneuter Verdopplung nur noch den vierten Teil usw., so daß es zweimal so lange, viermal so lange usw. dauert, bis eine abermalige Verdopplung der Gesamtzahl erfolgt ist. Alles läuft also darauf hinaus, daß die Gesamtzahl eben in jeder Minute um immer den gleichen Betrag zunimmt.

Genau dies besagt denn auch die DNS-Bilanzkurve. Die Gesamtmenge der in der Zelle neu entstehenden Virus-DNS nimmt ziemlich streng proportional mit der Zeit zu und durchaus nicht schneller, so daß es nicht möglich ist, daraus auf den Vermehrungsmechanismus zurückzuschließen.

Der DNS-Bilanzplan hat aber damit noch keineswegs jedes Interesse für uns verloren. Wir fragen jetzt, wie lange die geradlinige Zunahme der in der Zelle gespeicherten Virus-DNS wohl so weiter geht und wann denn endlich einmal neue, fertige Virusteilchen in der Zelle auftauchen, so daß die Periode der „Finsternis" (Eclipse, S. 74) ihr

Ende findet! Auf beide Fragen gibt es eine klare Antwort. Der Gehalt der infizierten Zelle an Virus-DNS wächst und wächst, bis sie schließlich platzt. Die ersten fertigen Virusteilchen aber erscheinen in der Zelle bereits viel früher, nämlich schon zehn Minuten nach der Infektion, wenn die Zelle noch gar nicht daran denkt, von selbst zu platzen. Man muß sie künstlich aufknacken, um eventuell darin befindliche Phagenteilchen hervorholen und mit dem Lochtest nachweisen zu können. Man macht das am besten parallel zur Aufstellung des DNS-Bilanzplanes und kann so die bis zu einem gewissen Zeitpunkt produzierte Gesamtmenge an Virus-DNS aufteilen in die Menge, die auf fertige Teilchen entfällt und eine weitere Menge, die noch nicht in fertigen Teilchen untergebracht ist.

Dabei stellt sich heraus, daß bis zur zehnten Minute nach der Infektion bereits so viel Virus-DNS angesammelt ist, daß etwa 40 bis 80 Phagenteilchen damit ausgerüstet werden könnten. Nach der zehnten Minute erscheinen aber nicht plötzlich 40—80 fertige Phagenteilchen auf einmal in der Zelle, sondern immer schön eins nach dem andern. Ihre Zahl nimmt von der zehnten Minute ab ebenfalls geradlinig mit der Zeit zu, und zwar praktisch mit demselben Tempo, mit dem die weitere Zunahme der Virus-DNS erfolgt. Der bis zur zehnten Minute angesammelte Vorrat an nicht in Phagenteilchen untergebrachter DNS kann also nicht aufgezehrt werden, sondern bleibt als Überschuß dauernd erhalten, eben weil die Zelle unaufhörlich fortfährt, weitere Virus-DNS zu produzieren. Bis sie platzt, enthält sie daher zu jedem Zeitpunkt mehr Virus-DNS als zum gleichen Zeitpunkt in fertige Phagenteilchen eingebaut ist, und dieses Mehr entspricht stets einer zur Ausrüstung von 40—80 Phagenteilchen benötigten Menge.

Dieser niemals aufgezehrte Überschuß wäre wenig interessant, wenn es sich dabei um nichts als ein Nebenprodukt handelte, vielleicht um eine mißlungene Art von DNS, die nur während der ersten zehn Minuten nach der Infektion hergestellt wird und die zwar rein chemisch Virus-DNS ist, sich aber für die Ausrüstung von Phagenteilchen aus irgendeinem Grunde nicht eignet und deshalb einfach unbenutzt liegenbleibt. Die zuvor gewählte Möglichkeit, den Überschuß zu interpretieren, ist viel aufregender — und läßt sich beweisen! Danach ist der Überschuß als eine Art intrazellulärer DNS-Pfütze aufzufassen, in die es auf der einen Seite hineinregnet, während ihr auf der anderen Seite dauernd etwas entnommen wird, so daß sie weder überläuft noch eintrocknet, sondern stets gleich groß bleibt. Genauer gesagt: die „Pfütze" besteht aus einer Ansammlung von DNS-Doppelspiralen, die einen hineintröpfelnden Regen von Nucleotiden dazu benützen, sich immer weiter zu verdoppeln, während gleichzeitig fertige Spiralen im gleichen Tempo, in dem die Verdopplung erfolgt, laufend entnommen und zu kompletten Phagenteilchen weiterverarbeitet, d. h. in Proteinhüllen verpackt werden. Die „Pfütze" verdankt danach ihre Entstehung dem Umstand, daß der Verpackungsmechanismus während der ersten zehn Minuten nach der Infektion noch nicht funktioniert, so daß die neuen DNS-Spiralen, die während der ersten Verdopplungsschritte der infizierenden DNS-Spirale entstehen, nicht gleich abgeschöpft werden, sondern sich zunächst anhäufen.

Mit dieser Vorstellung scheint das Schritt für Schritt entworfene Bild vom Mechanismus der Virusvermehrung (demonstriert an Bakteriophagen) eine beachtliche Abrundung zu erfahren. Wir gewinnen konkrete Anhaltspunkte dafür, wann und wo der postulierte, autokatalytische Mechanismus der DNS-Verdoppelung zum Zuge kommen könnte — nämlich in der „Pfütze" vom Zeitpunkt ihrer Entstehung bis zum Platzen der Zelle —, und wir verstehen dann auch ohne weiteres, daß Virusteilchen, die einmal fertiggeworden sind, innerhalb ihrer Wirtszelle nichts mehr tun können, als auf deren Platzen zu warten. Daß dem wirklich so ist, darüber lassen vielerlei Experimente keinen Zweifel. Die fertiggewordenen Virusteilchen teilen sich unter keinen Umständen, auch nicht in der Zelle, in der sie geboren wurden, und werden *hier* ebensowenig auf irgend eine andere Weise zu Eltern weiterer Virusteilchen, sondern verharren in völliger Ruhe, bis sie nach ihrer Entlassung irgendwann einmal Gelegenheit haben, frische Zellen zu infizieren und den ganzen Vorgang von Anfang an, d. h. von der Injektion ihres DNS-Doppelfadens über die Pfützenbildung bis zur Verpackung selbständig zu wiederholen bzw. in Gang zu bringen (DOERMANN).

Der Verpackungsmechanismus interessiert uns im Zusammenhang mit den Auseinandersetzungen über geometrisch oder arithmetisch arbeitende Mechanismen ganz besonders. Hier haben wir einen Teilmechanismus der Virussynthese, der ganz bestimmt wie ein Fließband, d. h. arithmetisch arbeitet. Die neuen, fertigen Phagenteilchen verlassen dieses Fließband eins nach dem anderen, wie der geradlinige Anstieg ihrer Zahl mit der Zeit anzeigt. Die Methoden zum Nachweis einzelner Phagenteilchen sind genau genug, um diese Tatsache außer allen Zweifel zu stellen. Für einen *geometrischen Teilmechanismus* der Virussynthese bleibt somit wirklich nur der angedeutete Platz: er operiert in der Pfütze, wo sich die DNS-Doppelspiralen nach geometrischem Schema, d. h. autokatalytisch vermehren.

Halbzeug — Protein. Als zweites Zwischenprodukt auf dem Wege zur Herstellung kompletter Phagenteilchen tritt neben die DNS das Hüllenprotein. Hier ist dem Auge, nach Bewaffnung mit einem Elektronenmikroskop, wenigstens ein ganz bescheidener Blick hinter die Kulissen vergönnt. Das Wichtigste spielt sich freilich auch hier im Dunkeln ab.

Wenn man den Inhalt phageninfizierter Bakterienzellen mit Hilfe des Elektronenmikroskops durchmustert, indem man sie in regelmäßigen Zeitintervallen nach erfolgter Infektion künstlich aufbricht, dann fällt zunächst nichts auf, was ihn vom Inhalt nicht infizierter Zellen unterschiede. Man sieht allerhand winzige Körnchen und verklumpte Massen klebrigen Protoplasmas, ein gewohnter Anblick. Infizierte Zellen aber, die erst etwa *neun Minuten nach* der Infektion geöffnet wurden, enthalten plötzlich rundliche, leere Gebilde, die den „Köpfen" von Phagenteilchen sehr ähnlich sehen. Daneben finden sich auch längliche Stäbchen, die man für Vorstufen jener merkwürdigen „Fortsätze" halten darf, die Phagenteilchen das Haften an ihrer Wirtszelle ermöglichen (Abb. 25). Daß diese beiden Gebilde tatsächlich aus dem gleichen chemischen Material bestehen wie die entsprechenden Bestandteile der Phagenhülle, läßt sich mit serologischen und anderen Methoden beweisen. Die neu gemachten Kopfteile und Fortsätze scheinen aber zu der Zeit,

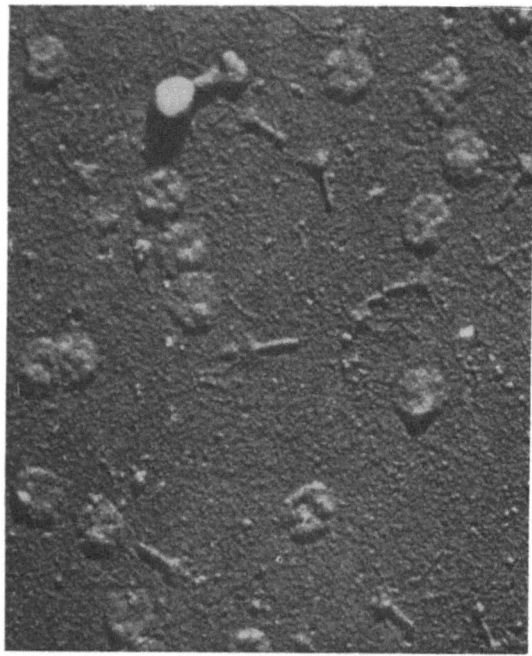

Abb. 25. Bestandteile halbfertiger Phagenteilchen. Die flachen, rundlichen Gebilde bestehen aus dem gleichen Protein wie die „Kopfhülle" fertiger Phagenteilchen. In diesem Stadium sind oder bleiben sie offensichtlich noch nicht prall mit Nucleinsäure gefüllt (vgl. das einzelne, komplette Phagenteilchen links oben). Außerdem erkennt man noch einige kurze Stifte, die sich in gleicher Form im „Fortsatz" kompletter Teilchen eingebaut finden

da sie in der infizierten Zelle zum erstenmal auftauchen, noch nicht miteinander verschweißt zu sein, oder wenn, dann so locker, daß sie beim Öffnen der Zelle leicht auseinandergerissen werden. Im Kopfteil der unfertigen Hülle befindet sich auch keine DNS mehr, wenn man sie aus der Zelle herausgeholt hat, obwohl sich zeigen läßt, daß sie schon daringesteckt haben muß. Sie schlüpft leicht wieder heraus, weil dieser

Behälter vorläufig noch nicht so fest „verkorkt" ist wie bei einem kompletten Phagenteilchen. Man hat also Grund genug, in den Dingerchen „unreife Phagenteilchen" zu sehen, Phagenteilchen, die ganz kurz vor ihrer Vollendung unsanft aus dem Mutterschoß der Wirtszelle gerissen wurden. In der Tat, man braucht mit dem brutalen Eingriff nur noch eine Minute länger zu warten, nämlich bis zur zehnten Minute, dann findet man außer ihnen auch die ersten vollkommen fertigen Phagenteilchen, bei denen Kopf und Schwanz zusammenhalten und der Kopf mit DNS prall gefüllt ist. Sie sind denn auch wirklich infektiös, wie zu erwarten — daß die ersten infektiösen Teilchen um die zehnte Minute entstehen, wurde bereits erwähnt —, während die „unreifen Formen" nicht imstande sind, eine Zelle zu infizieren oder irgendeine Art von Nachkommenschaft hervorzubringen.

Anstatt Probleme zu lösen, geben diese erst halbfertigen Hüllen eigentlich nur neue auf. Wie z. B. kommt die DNS aus der „Pfütze" (S. 98) in sie hinein? Man muß bedenken, daß die DNS-Spiralen, wenn sie sich wirklich durch Selbstverdoppelung vermehren sollen, einigermaßen locker daliegen müßten — jedenfalls lange nicht so eng gepackt wie im Kopf eines Phagenteilchens. Jede Spirale ist zudem außerordentlich lang — sehr viel länger als die ganze Bakterienzelle (!) —, da ja die gesamte DNS eines Phagenteilchens als eine einzige Doppelspirale vorliegt. Abgesehen davon, daß unter diesen Umständen schon die „Pfütze" mit ihren wenigstens 40—80 Doppelspiralen (S. 98) als ein erschrecklich unordentlicher Spaghettihaufen erscheinen muß, bei dem es schwerfällt sich vorzustellen, daß das Verdoppelungsgeschäft nicht zu einem unentwirrbaren Knäuel miteinander verfilzter Fäden führt — wie soll man sich einen Mechanismus denken, der hier mit sicherem Griff hineingreift, eine wirklich im Moment mit keinerlei Verdoppelungs-Allotria beschäftigte Spirale am Schwanz packt und sie in großer Hast (damit sie sich nicht anders besinnt!) zu einem winzigen Päckchen aufspult, um das herum dann die Kopfhülle aus Proteinmolekülen zu weben wäre? Und doch muß dies alles irgendwie so ablaufen. Der Spaghettihaufen ist als solcher in aufgeschnittenen, phageninfizierten Zellen wirklich mit dem Elektronenmikroskop zu sehen, und man erkennt auch, daß sich in ihm zur rechten Zeit plötzlich auf den Umfang von Phagenköpfen verdichtete DNS-Pakete bilden, die anschließend eine Proteinhülle erhalten, bis dann schließlich fertige Phagenteilchen daliegen (KELLENBERGER).

Fertigprodukt. Damit haben wir den Vermehrungszyklus typischer Virusteilchen glücklich absolviert und sind bei seinem Endprodukt angelangt, dem wir uns nicht nochmals besonders zuzuwenden brauchen. Wenn alles normal verläuft, gleichen die neugemachten Virusteilchen ganz und gar dem Elternteilchen, das sich als Individuum aufopferte, um den Stein ins Rollen zu bringen und auf eine unheimlich komplizierte Weise Kinder in die Welt zu setzen. Dabei ist seine

Methode, recht betrachtet, sogar noch die einfachste, die Mutter Natur anbieten kann. Was muß erst alles an chemischen Mechanismen in Bewegung gesetzt werden, damit nicht nur ein paar simple Virusteilchen, sondern ganze Zellen, ja riesige Zellstaaten in Gestalt von Pflanzen und Tieren „reproduziert" werden können! Es wird noch für eine Weile kein Mangel an Problemen für die Erforschung der biochemischen Mechanismen lebender Systeme herrschen. Aber das uns hier immer wieder beschäftigende Hauptproblem: nach welchem *Prinzip* ist etwas Lebendiges konstruiert? wird der Leser, hat er noch ein paar Dutzend Seiten Geduld, als gelöst anerkennen müssen.

Nicht immer geht alles den geschilderten, normalen Gang bei der Virusreproduktion. Von zufälligen (und sehr seltenen) Mutationsereignissen mit dem Effekt, daß ein Virusteilchen Nachkommen hat, die ihm *nicht* gleichen, war schon die Rede (S. 90), und ebenfalls davon, daß ein gelegentlicher Austausch von „Codewörtern", d. h. Erbfaktoren, zwischen Wirtszelle und Virus u. U. einen ganz ähnlichen Effekt haben kann (S. 95). In dieser Beziehung leisten sich die Viren oft noch viel Merkwürdigeres. Sie führen z. B. untereinander ein ausgedehntes Liebesleben, wenn man ihnen Gelegenheit dazu gibt, wobei ebenfalls neue Typen entstehen, und können in anderen Fällen sogar mit ihrer Wirtszelle ein äußerst intimes Verhältnis anknüpfen, dem soviel Dauer beschieden ist, daß man wirklich von einer Ehe sprechen kann.

Damit wollen wir den normalen Vermehrungszyklus von Bakteriophagen, die uns jetzt schon mehr Geheimnisse verraten haben als irgendwelche anderen Virusarten das hätten tun können, verlassen und uns neuen Phänomenen zuwenden. Nicht als ob das, was im folgenden Kapitel zu besprechen ist, irgendwie anormal wäre, aber es handelt sich gewissermaßen um Ausschmückungen und Verzierungen des gewöhnlichen Ablaufs, deren Einflechtung in das bisher Besprochene wahrscheinlich verwirrend gewirkt hätte. Ohnedies wird jedem Leser, der sich nicht auf eine einschlägige Vorbildung, sondern allein auf sein Interesse an der Sache stützen konnte, viel Beifall zu zollen sein, wenn er sich bis hierher durch alle dargelegten Gedankengänge hindurchgekämpft hat, ohne den roten Faden und damit den Mut zu verlieren. Es ist stets viel einfacher, rein assoziierend aneinandergereihte Gedanken aufzunehmen, um sie dann freilich — als die Plaudereien, die sie sind — ebenso leicht wieder zu vergessen. Unser Thema ist wissenschaftlich leider schon zu weit entwickelt, als daß es sich mit gutem Gewissen auch nur vorwiegend in diesem Stil behandeln ließe. Zuviele Tatsachen und ihre logischen Zusammenhänge engen die Möglichkeiten, mit breitem Pinselstrich „grandiose Perspektiven" zu entwerfen, wie sie die Illustrierten lieben, empfindlich ein. Sie würden sofort schief und krumm werden, d. h. falsche Eindrücke erwecken, wenn wir uns nicht unaufhörlich dem Zwang unterwürfen, gedanklich bei der Stange zu bleiben.

V. Das Liebesleben der Viren

Das vorhergehende Kapitel handelte davon, wie ein Virusteilchen die Zelle, die es infiziert, dazu bringt, sich für die Herstellung neuer, ihm genau gleichender Teilchen zur Verfügung zu stellen. Kommt es tatsächlich dazu, dann kann man von einem „normalen" Ablauf des Vermehrungszyklus sprechen, weil nichts hinzutritt, was diese an sich schon genügend komplizierte und unübersichtliche Angelegenheit noch mehr kompliziert. Aus eingehenden Betrachtungen experimenteller Befunde wurde der Schluß gezogen, daß die Erbgleichheit zwischen einem Elternteilchen und seinen Nachkommen garantiert wird durch den spezifischen Feinbau einer einzigen chemischen Substanz, die die Zelle vom infizierenden Virusteilchen *unbedingt* intakt übernehmen muß. In der Feinstruktur dieser Substanz drückt sich alles aus, was die korrekte Herstellung neuer Teilchen garantiert. Dadurch daß auch alle neugemachten Teilchen wieder mit dieser Substanz ausgerüstet werden, können sie künftig dasselbe tun wie ihr elterlicher Vorfahre, d. h. mit Hilfe von Zellen Nachkommen haben, die ihnen gleichen. Es muß also in jeder Vermehrungsrunde ebensoviel mehr von dieser Substanz gemacht werden, wie neue Teilchen entstehen sollen, und jede neugemachte „Einheit" davon muß stets wieder die gleiche Feinstruktur haben wie jene, die als Modell diente und die Vermehrungsrunde startete. Die erbliche Kontinuität beruht somit im Grunde auf einer materiellen Kontinuität mit der Einschränkung, daß es eigentlich eine bestimmte, materiegebundene *Struktur* ist, die von Generation zu Generation unverändert weitergegeben wird. Wir wissen, zu welcher chemischen Körperklasse die Materie gehört, deren konstruktive Gesetzlichkeiten biegsam genug sind, um eine beliebige „Erbmasse" konkret darstellen zu können: sie heißt mit ihrem Sammelnamen „Nucleinsäure", und die zu bewahrende Struktur ist einfach in der speziellen Sequenz ihrer Nucleotidbausteine gegeben.

Wenn ein Virusteilchen andere Eigenschaften zeigt als alle seine Vorfahren, und wenn es diese veränderten Eigenschaften auf seine Nachkommen zu vererben vermag, schließen wir folgerichtig auf eine dem zugrundeliegende Strukturänderung seiner Nucleinsäure. Mutationen, d. h. spontan oder mit künstlicher Nachhilfe auftretende Strukturänderungen in der Nucleinsäure, ihre Ursachen und Folgen, sind schon sehr eingehend diskutiert worden (S. 88), so daß wir jetzt nicht noch einmal auf sie zurückzukommen brauchen. Es genügt erneut zu betonen, daß ihnen kein Gesetz zugrunde liegt, sondern daß der Zufall hier die beherrschende Rolle spielt.

Es gibt aber auch Strukturänderungen, die bestimmten Gesetzmäßigkeiten unterliegen, und die deshalb mit Mutationen nichts zu tun haben. Daß Kinder ihren Eltern nicht aufs Haar gleichen, liegt ja keineswegs immer nur daran, daß sie „Mutanten" sind, sondern in den weitaus meisten Fällen daran, daß sich in ihnen die Erbsubstanzen beider Elternteile mischen. Die Mischung erfolgt nach gewissen Regeln, die jedem unter dem Namen „Mendelsche Gesetze" bekannt sind. Bei den Viren gibt es nun freilich nichts zu mischen, wenn der „Normalfall" gegeben ist, d. h. wenn die Wirtszelle von *einem* Virusteilchen infiziert wird und sich darauf beschränkt, sich strikt an die ihr damit gegebenen Vorschriften zur Produktion neuer Teilchen zu halten. Auch wenn die gleiche Zelle zufällig oder mit Absicht von *mehr* als einem Virusteilchen infiziert wird, ändert sich am Ergebnis nichts, vorausgesetzt, daß alle diese Teilchen vom genau gleichen Typ sind. Keines von ihnen weiß der Zelle irgendetwas zu sagen, was die übrigen ihr nicht auch sagten.

Rekombination. Wie steht es aber, wenn die gleiche Zelle z. B. von zwei Teilchen infiziert wird, die *nicht* in jeder Beziehung miteinander übereinstimmen? Läßt sie sich verwirren und verzichtet mangels eindeutiger Befehle darauf, überhaupt neue Teilchen zu machen? Oder produziert sie irgendwelche Mißgeburten? Keineswegs! Nehmen wir den einfachsten Fall: die Infektion der Zelle mit einem Virusteilchen vom „Normaltyp" und einem zweiten Virusteilchen eines neuen Typs, der aus diesem Normaltyp irgendwann einmal durch Mutation hervorgegangen ist, also nicht mehr die gleiche Nucleinsäurestruktur und damit auch nicht mehr die gleichen Eigenschaften wie letzterer besitzt. Konkretes Beispiel: Wir infizieren geeignete Bakterienzellen gleichzeitig mit Phagenteilchen, die nicht den gleichen Wirtsbereich haben und sich dadurch voneinander unterscheiden lassen. Für den einen, den „normalen" Teilchentyp, sind gewisse Zelltypen tabu, die der andere Teilchentyp sehr wohl angreifen kann, wozu ihm eine mutative Abänderung seiner DNS-Struktur verhalf (S. 95). Das Ergebnis des einfachen Experiments belehrt uns, daß jede gleichzeitig mit beiden Teilchentypen infizierte Bakterienzelle auch beide Teilchentypen nebeneinander reproduziert (HERSHEY).

Wir ersehen daraus, daß die Zelle durchaus nicht in Verwirrung gerät, denn sie befolgt jeden der beiden etwas unterschiedlichen Befehle zur Herstellung von Teilchenprotein, und daß in ihr sehr wohl beide Arten von DNS nebeneinander exakt kopiert und in vielfältiger Auflage hergestellt werden können, was natürlich am einfachsten mit dem Modell für die autokatalytische Reproduktion von DNS (S. 84) zu erklären ist, das der Zelle nur die unspezifische Rolle zuweist, die nötigen Nucleotide zur Verfügung zu stellen, womit sich beide Arten von DNS alsdann ausgiebig versorgen, um sich so zu verdoppeln und immer wieder zu verdoppeln — jede für sich nach dem Gesetz, nach dem sie angetreten. Jedes neue Virusteilchen erhält dann bei seiner Fertigstellung entweder die eine oder die andere Sorte von DNS und besitzt und vererbt damit entweder den engeren oder den weiteren Wirtsbereich. Von Mischung ist vorläufig noch nichts zu bemerken, die DNS eines Phagenteilchens scheint hiernach bei ihrer Reproduktion als unteilbare Einheit behandelt zu werden: Normal-DNS bleibt Normal-DNS, und Mutanten-DNS bleibt Mutanten-DNS.

Doch gehen wir einen Schritt weiter! Aus dem Phagen-Normalstamm konnte nicht nur die Teilchenmutante mit dem erweiterten Wirtsbereich herausgezüchtet werden — wie, das wurde schon beschrieben (S. 90) —, sondern bei anderer Gelegenheit noch eine neue Mutante. Sie hat zwar denselben Wirtsbereich wie der Normalstamm, macht aber im Bakterienrasen größere Löcher als dieser. Der neue Teilchentyp vererbt diese Eigenschaft, an der er sofort erkannt wird. So wurde er auch aufgefunden. Man entdeckte in einem Bakterienrasen, der von vielen Löchern zerfressen war, die alle klein waren und vom Normaltyp herrührten, zufällig ein einzelnes, besonders großes Loch. Als man davon abimpfte, stellte sich heraus, daß die Teilchen, die dieses auffällige Loch gebildet hatten, samt und sonders wieder große Löcher machten, wenn man einen Bakterienrasen mit ihnen besäte. So hatte man also einen neuen Mutantenstamm gewonnen, der sich beliebig weiterzüchten ließ.

Nun das Mischungsexperiment! Die Frage ist: was für Teilchen entstehen in der Zelle, wenn sie mit je einem Teilchen der beiden *verschiedenen Mutanten* infiziert wird? Der eine Elterntyp macht, um es zu wiederholen, kleine Löcher wie der Normaltyp, hat aber einen erweiterten Wirtsbereich, der andere hat denselben engen Wirtsbereich wie der Normaltyp, macht aber größere Löcher. Das neue Experiment belehrt uns, daß die doppelt infizierte Wirtszelle, wie beim vorher diskutierten Experiment, *beide* Teilchentypen nebeneinander macht. Doch damit diesmal nicht genug, es kommen noch zwei weitere Typen zum Vorschein, mit denen die Wirtszelle niemals in Berührung geriet: Teilchen, die in jeder Beziehung „*Normaltyp*" sind (kleine Löcher, enger Wirtsbereich) und Teilchen, die die mutativ erworbenen Spezialeigenschaften der Elternteilchen *in sich vereinen* (große Löcher, erweiterter Wirtsbereich)! Diese vom Elterntyp abweichenden Teilchen treten mit solcher Häufigkeit und Sicherheit auf, daß von Mutation als Entstehungsursache gar keine Rede sein kann. Es ist zudem nur allzu offensichtlich, daß hier ein Mischungseffekt vorliegen muß. Man erkennt das sofort, wenn man die verschiedenen Einzeleigenschaften durch passende Symbole charakterisiert:

kleine Löcher: kl enger Wirtsbereich: e
große Löcher: gr weiter Wirtsbereich: w

Dann stellen sich die einzelnen Teilchentypen und das Ergebnis des Experimentes folgendermaßen dar:

Elternteilchen: kl/w   und   gr/e
Nachkommen: kl/w   und   gr/e
und dazu: kl/e   sowie gr/w
               („Normaltyp")   („Doppelmutante")

Unter den Nachkommen sind also alle vier überhaupt möglichen Eigenschaftskombinationen vertreten, und zwei davon verdanken ihre Entstehung ganz einfach einer Umordnung, einer Rekombination der Charaktere, die die Elternteilchen auszeichneten. Man nennt deshalb die zu Trägern der neuen Eigenschaftskombinationen werdenden Teilchen „Rekombinanten". Ihre Nachkommen bewahren die neuen Eigenschaftskombinationen unverändert, wenn man sie fortzüchtet (HERSHEY).

Die Rekombination der Charaktere kann auch in umgekehrter Richtung erfolgen. Wir machen ein neues Experiment und benützen diesmal die *Rekombinanten* als Elternteilchen zur Doppelinfektion einer Bakterienzelle:

Elternteilchen: kl/e   und   gr/w
Nachkommen: kl/e   und   gr/w
und dazu: kl/w   sowie   gr/e

Durch erneute Rekombination haben wir in den beiden zuletztgenannten Teilchentypen diejenigen wieder zurückgewonnen, die im vorhergehenden Experiment als Elternteilchen zur Infektion benutzt worden waren.

Jetzt wird auch klar, weshalb das erste Experiment dieser Serie, in dem als Elternteilchen Normaltyp und eine seiner Mutanten verwendet wurden, nur wieder diese beiden Typen als Nachkommen lieferte und keine neuen. Andere Kombinationen der Charaktere als die bereits gegebenen sind hier nicht denkbar:

Elternteilchen: kl/e und kl/w
Nachkommen: kl/e und kl/w — und sonst nichts!

Dieses Experiment konnte deshalb auch gar keinen Aufschluß darüber geben, ob die DNS eines Phagenteilchens, wie es zunächst der Fall zu sein schien, wirklich als Einheit behandelt wird. Tatsächlich geschieht das nicht, wie die nachfolgenden Experimente zeigten. Sie erweist sich auf eine überraschende Weise als unterteilbar.

Virusgene. Wir begegnen damit auch bei Viren dem Gen (S. 20) in genau der abstrakten Gestalt, in der es sich der Wissenschaft gegenüber schon vor fast hundert Jahren zum ersten Mal bemerkbar machte. Nur geschah das an anderen Objekten, nämlich höheren Pflanzen. Das Gen erscheint als einer von vielen frei austauschbaren „Faktoren" in der Erbsubstanz eines Individuums. Die Summe seiner Erbfaktoren verleiht jedem Individuum eine Summe bestimmter Eigenschaften, die zwar nicht unbedingt alle bei ihm zum Ausdruck kommen müssen — das hängt z. T. auch von der Umwelt ab —, aber doch bei ihm oder seinen Nachkommen zum Ausdruck kommen *können,* wenn die sonstigen Bedingungen es zulassen. In unserem Beispiel war das glücklicherweise der Fall, so daß wir die Symbole unserer Formelschrift, die ursprünglich ja nur äußere Eigenschaften der Virusteilchen bezeichnen sollten, jetzt unbedenklich als Symbole für die Gene gelten lassen können, von denen diese Eigenschaften abhängen. Die Erbfaktoren oder Gene sind zunächst durch nichts anderes als durch ihre gegenseitige Austauschbarkeit als unteilbare und dadurch wiedererkennbare Einheiten definiert. Der Austausch vollzieht sich bei jeder Art von „geschlechtlicher" Zeugung, die keineswegs stets an die Vereinigung von „männlich" und „weiblich" gebunden ist. Das ist nur als Spezialfall aufzufassen. Vielmehr pflegt man in der Biologie grundsätzlich jeden Vorgang, der eine Umkombination von Genen in neu entstehenden Individuen zur Folge hat, als geschlechtlich zu bezeichnen. Die Natur hat sich damit einen Weg geschaffen, neue Typen zu kreieren, ohne auf das seltene und anscheinend auf keine Weise gezielt zu provozierende Ereignis einer Mutation warten zu müssen. Diesem nüchternen Zweck dient ihr die „Liebe" in ihren vielfältigen biologischen Ausdrucksformen, und wir sehen mit Erstaunen, daß in diesem Sinne auch Virusteilchen — bloße Stoffe! — der Liebe pflegen. Wir haben sie gerade dabei beobachtet und hatten Gelegenheit, Umkombinationen von vier verschiedenen Genen zu konstatieren.

Wir müssen diesen vier Genen noch eine kurze Betrachtung widmen, damit es keine Mißverständnisse gibt. In unserer symbolischen Schreibweise hat der „Normaltyp" die Formel kl/e (s. o.). Das Symbol „kl" bezeichnet ein bestimmtes Gen in seiner Erbsubstanz, das Symbol „e" ein zweites. Aus dem Normaltyp war durch Mutation einmal der Typ mit der Formel kl/w hervorgegangen, d. h. die Mutation hatte ausschließlich das Gen „e" betroffen und nicht auch das Gen „kl". In seiner neuen „Gestalt" bezeichneten wir das mutierte Gen mit „w". Zum anderen war aus dem Normaltyp durch eine zweite, ganz unabhängig eingetretene Mutation der Typ gr/e entstanden, d. h. hier hatte die Mutation ausschließlich das Gen „kl" betroffen. Damit lernen wir noch eine zweite Eigenschaft der Gene kennen, die sie als selbständige Einheiten der Erbsubstanz charakterisiert: sie sind nicht nur unabhängig voneinander austauschbar, sondern sie mutieren auch unabhängig voneinander. Ein Gen, das durch Mutation aus einem andern hervorgeht, bezeichnet man als dessen „Allel". In unserem Beispiel sind also „kl" und „gr" allele Gene (oder kurz: Allele), und ebenso „e" und „w". Es ist üblich, die Allele des willkürlich ausgewählten „Normaltyps" einfach durch ein + zu bezeichnen, was wir hier aber absichtlich nicht tun wollen.

Daraus, daß man bei den besprochenen Rekombinationsexperimenten immer nur die vier Typen kl/e, kl/w, gr/e und gr/w findet, also keine Teilchen, deren Rekombinationsverhalten die gleichzeitige Anwesenheit zweier Allele *desselben* Gens in ihnen nahelegen würde (z. B. „gr" neben „kl" oder „w" neben „e"), muß man schließen, daß Phagenteilchen in ihrer Erbsubstanz grundsätzlich von *jedem* Gen nur über je ein Exemplar (in der einen oder anderen allelen Form) verfügen. Ausnahmen von dieser Regel sind selten zu beobachten und brauchen uns hier nicht zu beschäftigen, denn sie werfen überaus komplizierte, noch nicht ganz gelöste Fragen nach der Feinstruktur der DNS in solchen Teilchen mit zwei verschiedenen Allelen desselben Gens auf. Allfällige Verdoppelungen betreffen ohnehin niemals den ganzen Satz von Genen, sondern immer nur einzelne.

Experimentelle Kniffe. Ehe wir uns vom „abstrakten" Gen zur „konkreten" Nucleinsäurestruktur zurücktasten, ist es vielleicht von Interesse, noch etwas über die technische Seite der Rekombinationsexperimente zu sagen. Das wird dazu dienen, die Phagen als hervorragendes Objekt der Virusforschung erneut ins rechte Licht zu setzen und gleichzeitig dem Vorstellungsvermögen des Lesers entgegenkommen. Wie kann man denn überhaupt feststellen, was für Teilchentypen aus einer einzelnen, „gemischt" infizierten Bakterienzelle hervorgehen?

Nichts einfacher als das! Wir nehmen eine Bakteriensuspension und fügen soviel Phagen vom Typ kl/w sowohl wie vom Typ gr/e hinzu, daß möglichst jede Zelle mindestens ein Teilchen von jedem der beiden Typen abbekommt. Die Suspension „gemischt" infizierter Zellen wird dann so stark (mit Nährbrühe) verdünnt, daß auf einen Tropfen davon im Durchschnitt allerhöchstens noch eine der infizierten Zellen entfällt. Man verteilt darauf von dieser Verdünnung eine möglichst große Zahl einzelner Tropfen in ebensoviele Röhrchen und wartet, bis die Latenzzeit (S. 60) abgelaufen ist, d. h. bis die Zellen in den einzelnen Röhrchen geplatzt sind und ihre Phagenausbeute in die Umgebung, also in den Tropfen, in dem jede schwimmt, verstreut haben. Wenn man dann den Inhalt jedes Röhrchens auf dem Bakterienrasen je einer Testplatte verteilt, kann man an der Zahl der Löcher sehen, wieviel Phagenteilchen die einzelnen Zellen gemacht haben (DELBRÜCK).

Wie aber kann man sie in die einzelnen Typen aufteilen? Wenn es sich nur um die Lochgröße handelte, wäre das kein Problem. Man zählt einfach ab, wieviel große und wieviel kleine Löcher auf jeder Platte zu finden sind. Leider können kleine Löcher aber ebensowohl vom Typ kl/e wie vom Typ kl/w herrühren, und große Löcher ebensowohl vom Typ gr/e wie vom Typ gr/w! Muß man nun von jedem einzelnen Loch Phagenteilchen abimpfen und sie auf neuen Platten austesten, um ihren Wirtsbereich zu erfahren und damit die endgültige Zuordnung treffen zu können?

Keineswegs! Wir können alle vier Typen auf ein und derselben Platte voneinander unterscheiden, wenn wir den Bakterienrasen nicht aus *einer* Sorte von Bakterien herstellen, sondern aus *zwei:* nämlich aus einer Mischung von Zellen, von denen die einen von *allen* vorhandenen Phagentypen infiziert werden können, während die anderen nur für Phagenteilchen zugänglich sind, die das Gen „w" für „weiten Wirtsbereich" enthalten. Solche Teilchen werden an der Stelle, wo sie sich im gemischten Rasen niederlassen, auf jeden Fall *alle* Bakterien zerstören, also ein *klares* Loch erzeugen, während sämtliche Phagenteilchen mit dem Allel „e" für „engen Wirtsbereich" an ihrem Niederlassungsort nur die Hälfte der Zellen beseitigen können und die andere Hälfte, die für sie tabu ist, übriglassen. Das erzeugte Loch wird also nicht klar, sondern bleibt deutlich sichtbar trübe. In beiden Fällen hängt die Lochgröße natürlich davon ab, ob die locherzeugenden Teilchen das Gen für „großes Loch" oder dessen Allel für „kleines Loch" enthalten. Im ganzen können somit vier verschiedene Arten von Löchern entstehen, und jede Art ist vollkommen eindeutig einem der vier Phagentypen, die das Experiment liefert, zuzuordnen:

kl/w: kleines, klares Loch (Typ Elternteilchen)
gr/e: großes, trübes Loch (Typ Elternteilchen)
kl/e: kleines, trübes Loch (Rekombinante, „Normaltyp")
gr/w: großes, klares Loch (Rekombinante, Typ „Doppelmutante")

Abb. 26 zeigt den Ausschnitt einer Testplatte, auf dem sich zufällig alle vier Phagentypen mit je einem Vertreter dicht nebeneinander niederließen und die entsprechenden Lochtypen erzeugten.

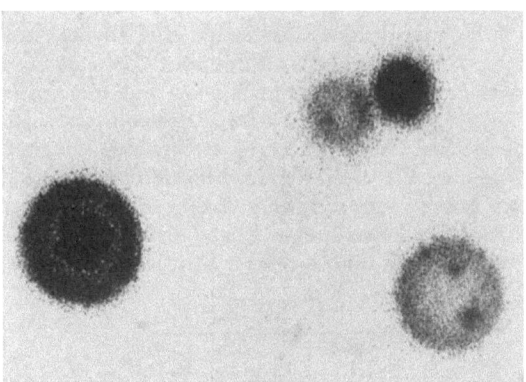

Abb. 26. Vier verschiedene Lochtypen aus einem Kreuzungsexperiment mit Phagen. Links unten: Groß, klar (Typ gr/w). Rechts unten: Groß, trüb (Typ gr/e). Links oben: Klein, trüb (Typ kl/e). Rechts oben: Klein, klar (Typ kl/w)

Genkarten. Nach der Entdeckung der Rekombinationsphänomene wuchs die Phagengenetik als ein exaktes Kombinationsspiel mit Genen rasch zur Spezialwissenschaft heran, was dadurch erleichtert wurde, daß man sich auf viele Erfahrungen und Interpretationen stützen konnte, die man beim Studium der Vererbungsgesetze echter Organismen schon früher gewonnen hatte. Die Phagengenetik ist vor allem deshalb von größtem Interesse, weil sie offensichtlich eine funktionelle Unterteilung der merkwürdigen Erbsubstanz DNS erlaubt und die dabei entdeckten Gesetzmäßigkeiten einen ganz neuartigen Zugang zu den Problemen eröffnen, die im vorhergehenden Kapitel immer wieder auftauchten. Man vermochte nach und nach eine ganze Menge unabhängig entstandener, jeweils durch besondere Eigenschaften ausgezeichneter Mutanten gegebener Phagen-„Normaltypen" aufzufinden und zu isolieren und gewann, indem man alle diese zusätzlich entdeckten Gene in Rekombinationsexperimente einbezog, einen immer umfassenderen Überblick über die hier waltenden Zusammenhänge.

Besondere Bedeutung erlangte dabei die Auswertung der absoluten Rekombinantenzahlen, die man bei der spontanen, intrazellulären Umordnung einzelner Phagengene in Abhängigkeit von der gewählten, immer wieder systematisch veränderten Zusammenstellung im „Kreuzungsexperiment" erhielt. Man fand z. B. bei einer Mischinfektion mit den Teilchentypen a/c' und a'/c rund 10% Rekombinanten (a/c und a'/c') unter der gesamten Ausbeute neugemachter Teilchen, bei einer Mischinfektion mit a/b' und a'/b rund 3% Rekombinanten (a/b und a'/b') und bei einer Mischinfektion mit b/c' und b'/c rund 7% Rekombinanten (b/c und b'/c'). Es fällt auf, daß $3+7=10$. Hat das etwas zu bedeuten, oder ist das Aufgehen dieser aus den Rekombinationsprozenten gebildeten Gleichung reiner Zufall? Eine große Zahl weiterer solcher Experimente bestätigte immer wieder eine einfache Summierbarkeit der in % ausgedrückten Rekombinationshäufigkeiten dergestalt, daß bei einem systematischen Durchprobieren von Zusammenstellungen einer bestimmten Gruppe von drei Genen und ihren Allelen in der eben angedeuteten Weise die größte Rekombinationshäufigkeit sich stets als Summe der beiden kleineren ergibt. Versucht man, eine graphische Darstellung für diese Gesetzmäßigkeiten zu finden, bietet sich als einfachste Lösung natürlich eine Aneinanderreihung von Strecken an, deren Länge der beobachteten Rekombinationshäufigkeit zwischen je zwei Genen entspricht, also für unser Beispiel:

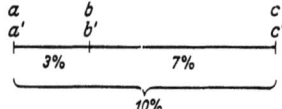

An den Streckenanfangs- bzw. -endpunkten stehen die Allelenpaare, zwischen denen der Austausch in der angegebenen Häufigkeit stattfindet. Man kann auf diese Weise, indem man immer mehr Gene in die Untersuchung einbezieht und an ein solches Diagramm mit Hilfe von Überlappungen anschließt, schließlich alle bekannten Gene eines Phagenteilchens in ihren gegenseitigen Rekombinationsbeziehungen kartographisch registrieren, was dann etwa so aussieht (Phage vom Typ T 4, DOERMANN):

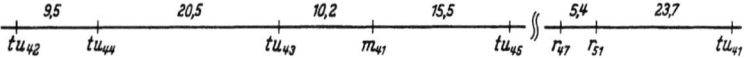

Austauschmechanismus. Das ist sehr hübsch und übersichtlich, und man fragt sich unwillkürlich, ob nicht mehr hinter einer solchen Genkarte steckt als nur eine diagrammatische Schreibweise für Austauschhäufigkeiten. Sollten damit nicht womöglich die tatsächlichen, gegenseitigen Lagebezeichnungen der Gene in der sie beherbergenden materiellen Struktur wiedergegeben sein, die dann eine *fadenförmige* Struktur sein müßte?

Mit dieser Annahme trifft man zweifellos das Richtige. Aus der Genetik höherer Organismen kennt man ganz entsprechende Summationsgesetze, für deren Darstellung man die linearen Diagramme überhaupt erstmalig verwendete. Nach und nach wurde es dann unbezweifelbar, daß die Gene hier wirklich in Fadenstrukturen darinsitzen, und zwar in den Kernfäden oder Chromosomen von Zellen. Auch das materielle Äquivalent einer eingetretenen Genrekombination konnte man direkt mit dem Auge (unter Zuhilfenahme des Mikroskops) beobachten. Der Rekombination liegt ein Stückaustausch zwischen zwei Chromosomenfäden zugrunde, die die auszutauschenden Gene enthalten. Hier die beiden Chromosomen:

Sie legen sich bei einer Begegnung unter geeigneten Bedingungen kreuzweise übereinander, an der Kreuzungsstelle zerreißen die Fäden und heilen mit den „falschen" Enden wieder zusammen. Wenn sich die Fäden dann trennen, ist ein Genaustausch vollzogen:

Die Lage der Kreuzungsstelle ist an kein Gesetz gebunden, sondern bleibt dem Zufall überlassen. Daher ist es offensichtlich umso wahrscheinlicher, daß die Kreuzungsstelle gerade *zwischen* zwei bestimmte, ins Auge gefaßte Genorte zu liegen kommt und nicht davor oder dahinter, je weiter diese beiden Genorte auf den Fäden voneinander entfernt sind, und umso unwahrscheinlicher, je näher sie beisammenliegen. Zwei weit auseinanderliegende Gene werden also relativ häufiger rekombinieren als zwei eng beisammenstehende. Die Rekombinationshäufigkeit ist demnach wirklich ein direktes Maß für den gegenseitigen Abstand zweier Gene im Faden, und die Diagramme sind wirklich „Abbildungen" dieser Fäden mit maßstabgerechter Eintragung und Anordnung der Genorte.

Mit Rücksicht auf diese Befunde bei höheren Organismen konnte man es wagen, den Genkarten bei Phagen eine ganz entsprechende tiefere Bedeutung beizumessen. Phagen besitzen allerdings keine Chromosomen, die im Verhältnis zu einem Phagenteilchen wahre Giganten an Größe sind. Aber ihre Erbsubstanz, die DNS, hat doch auch eine fädige Struktur, die die Annahme einer linearen Genanordnung geradezu aufdrängt! Wie sonst sollten die Gene darin aufgereiht sein? Man gelangt also zu der Vorstellung, daß bei Mischinfektionen mit verschiedenen Phagentypen ein Stückaustausch zwischen den unterschiedliche Allele tragenden DNS-Spiralen stattfindet, die von den infizierenden Phagenteilchen in die Zelle hineinbefördert werden. Dies ist eine hochinteressante Schlußfolgerung, weil sie die Bedeutung der DNS als „Erbsubstanz" erneut hervorhebt und eigentlich erst ins rechte Licht rückt. Denn während die Chromosomen außerordentlich komplexe Superstrukturen sind, die sich aus vielen chemischen Komponenten, u. a. auch DNS, zusammensetzen, ist die Erbsubstanz der Phagenteilchen anscheinend *reine* DNS, also auch im chemischen Sinne eine wirkliche, definierte Substanz, und sie zeigt trotzdem noch das von den Chromosomen her bekannte genetische Grundphänomen einer funktionellen Unterteilbarkeit in unabhängig austauschbare und unabhängig mutierende, linear angeordnete Gene.

Die Gene eines Phagenteilchens lassen sich zudem lückenlos auf einer einzigen Genkarte aneinander anschließen. Dies bedeutet, daß sie alle in einem einzigen DNS-Molekül zusammengefaßt sein sollten. Wie wir schon wissen, verbirgt sich im Kopf eines Phagenteilchens wirklich nur ein einziger, sehr langer DNS-Faden (S. 76).

Durch besonders geschickte Anwendung der Isotopentechnik („wiedererkennbare Atome", S. 92) konnte von MESELSON gezeigt werden, daß tatsächlich zwischen zwei DNS-Doppelspiralen, herrührend von zwei genetisch verschiedenen Phagenteilchen, die die gleiche Wirtszelle infizierten, materielle Stücke ausgetauscht werden können. In den erhaltenen Rekombinanten erwies sich die Länge der ausgetauschten Stücke als abhängig von Lage und Abstand der beiden zur genetischen Markierung der Phagen-DNS benutzten Gene auf der Genkarte, so wie es den Erwartungen entspricht, die das formale Austauschmodell nahelegt. Der Austausch kann sich vollziehen, schon ehe der Kopierungsprozeß für die beiden beteiligten DNS-Doppelspiralen begonnen hat. Vermutlich wird dafür ein besonderes „Rekombinationsenzym" o. ä. benötigt, doch weiß man über irgendwelche Einzelheiten des molekularen Mechanismus noch nichts.

Ebensowenig ist klar, ob Stückaustausch der einzige vorkommende Rekombinationsprozeß ist. Manche Ergebnisse der Phagengenetik sprechen dafür, daß vielleicht gerade der Kopierungsvorgang für DNS-Doppelspiralen noch besondere Möglichkeiten zu Genrekombinationen bietet, und zwar ohne daß ein Stückaustausch dabei eine Rolle spielt. Würde nämlich die Herstellung eines neuen DNS-Einzelfadens nicht an der gleichen DNS-Doppelspirale zu Ende geführt, an der damit begonnen wurde (S. 84), sondern käme es plötzlich zu einem Hinüberwechseln auf eine zufällig in der Nähe liegende zweite Doppelspirale, dann könnte der neuentstandene Faden ohne weiteres eine Kopie des

Gens X aus der ersten und eine Kopie des Gens Y aus der zweiten Spirale enthalten. Der neue Faden wäre also eine Rekombinante mit der genetischen Struktur X...Y, falls die zuerst in das Kopierverfahren einbezogene Spirale die Struktur X...Y', die zweite hingegen die Struktur X'...Y hatte. Ein Stückaustausch ist hierbei, wie man sieht, nicht nötig, sondern nur ein willkürlicher Vorlagenwechsel vom einen materiellen Informationsträger zu einem anderen im Laufe der Kopierung eines vollständigen Satzes von Phagengenen. Daß ein solcher Wechsel gerade zwischen zwei Genen X und Y eintritt, ist wiederum um so wahrscheinlicher, je größer deren Abstand auf der Genkarte ist.

Der auf Vorlagenwechsel beruhende Rekombinationsmechanismus könnte u. a. erklären, warum in der *einzelnen*, gemischt infizierten Bakterienzelle keineswegs beide Rekombinantentypen in gleicher Anzahl gefunden werden, was doch im Falle eines Stückaustausches eigentlich zu erwarten wäre. Ein Vorlagenwechsel erfordert offensichtlich keine Reziprozität wie ein regelrechter Stückaustausch. Wenn nämlich irgendwo während eines einzelnen Kopierungsvorganges von Vorlage 1 auf Vorlage 2 umgeschaltet wird, so erzwingt dies ja durchaus nicht, daß im selben Moment eine andere Kopierung, die mit Vorlage 2 begann, auf Vorlage 1 umspringt und so zugleich die reziproke Rekombinante gemacht wird. Weil in der einzelnen Bakterienzelle nur eine relativ kleine Zahl individueller Kopierungsprozesse ablaufen kann, müßten hier statistische Schwankungen Einfluß auf die Häufigkeiten der beiden möglichen Rekombinantentypen nehmen. Erst wenn die von sehr vielen Bakterienzellen produzierten Phagenteilchen zusammengeworfen und dann nach Typen aufgegliedert werden, sollten sich solche statistischen Schwankungen ausgleichen, so daß dann übereinstimmende Anzahlen der beiden reziproken Rekombinanten gefunden werden. Dies ist auch wirklich so, sonst könnte man Genkarten ja gar nicht aufstellen.

Statistische Schwankungen würden übrigens auch die bei einem Stückaustausch primär gegebene schöne Symmetrie nachträglich wieder etwas verwischen. Der vorbestimmte Ort für jede Art sexueller Promiskuität zwischen DNS-Molekülen ist natürlich jener „Spaghettihaufen", den sie in der infizierten Zelle zunächst bilden und von dem schon die Rede war (S. 101). Hier greift nun aber der Reifungsmechanismus blindlings hinein und kann z. B. sehr leicht die eine von zwei reziproken Rekombinanten, die soeben durch Stückaustausch entstanden sein mögen, sofort herausfischen und durch Umhüllung mit Protein zur Abstinenz zwingen, während die andere zufällig ungeschoren bleibt und sich noch längere Zeit vervielfacht. Daß Rekombinanten schon während der Eclipse entstehen, also zu einer Zeit, da die infizierte Zelle noch gar keine fertigen Virusteilchen enthält, ist ebenso sicher bewiesen wie die Tatsache, daß einmal fertiggewordene Teilchen in jeder Beziehung inert sind, also nicht nur von weiterer Vermehrung, sondern auch von weiteren Akten der Genrekombination innerhalb ihrer Mutterzelle ausgeschlossen bleiben. Dies alles spielt sich nur an freien DNS-Molekülen ab, d. h. nur im bald nach der Infektion auf 40—80 Doppelspiralen anwachsenden Spaghettihaufen. Man muß diesen somit als eine Population, also ein Völkchen selbständiger Individuen betrachten, die sich nicht nur unentwegt selbsttätig verdoppeln, sondern sich auch unentwegt miteinander paaren und dabei Gene austauschen. Zudem erfolgen ständige, willkürliche Eingriffe von außen (Reifungsmechanismus), die dafür sorgen, daß ihre Zahl etwa konstant bleibt. Es ist klar, daß unter diesen Umständen aus dem direkt beobachtbaren Endzustand eines rein genetischen Experiments mit Phagen (Prozentzahlen von Rekombinanten usw.) kein gestochen scharfes Bild von der Art und Zahl der Elementarakte, die ihn herbeiführten, gewonnen werden kann. Tier- und Pflanzenzüchter müßten sofort ihren Beruf aufgeben, wenn sie gezwungen wären, Populationsgenetik nach diesem Muster zu betreiben, statt Einzelindividuen isoliert halten und miteinander kreuzen zu können. Die für sie nützlichen Mendelschen Gesetze kommen in ihrer anschaulichen Einfachheit natürlich nur auf diesem letzteren Wege zutage. So ist es denn kein Wunder, daß eine entsprechend klare und widerspruchsfreie Theorie im Bereich der Phagengenetik noch nicht entwickelt werden konnte. Die Chromosomengenetik ist im Grunde freilich nur scheinbar einfacher. Versucht man auch hier, bis zum molekularen Niveau herunter vorzudringen, dann ergeben sich ebenfalls Schwierigkeiten und Widersprüche, die noch der Aufhebung in einer umfassenden Theorie harren.

Feinstruktur des Gens. Dafür hat das genetische Spielen mit DNS-Molekülen aus Phagen aber eine außerordentlich wichtige Präzisierung des Begriffes „Gen" erbracht. In der klassischen Genetik, deren Vorstellungen auch die Anfangsstadien der Phagengenetik beherrschten, erschien das Gen als einheitliches Ganzes, das weder funktionell, noch durch Mutation, noch durch rekombinatorische Akte für irgendwie weiter unterteilbar gehalten wurde. Im Bestreben, die reichlich abstrakten Gene der reinen Genetik etwas anschaulicher zu machen, erklärte man sie sich als einzelne, sehr große Moleküle individueller Struktur, in festgelegter Folge aufgereiht in den Chromosomen (S. 111) einer Zelle, von wo aus jedes von ihnen die Synthese eines speziellen Enzyms dirigieren sollte. Eine strukturelle Änderung infolge Mutation konnte dann nur das *ganze* Genmolekül für diese Aufgabe untauglich machen, und jedes Genmolekül sollte dann nur *als Ganzes*, sei es strukturell intakt oder beschädigt, bei genetischen Rekombinationen ausgetauscht werden.

Kratzen wir nun aber all unser Wissen über die wirkliche materielle Struktur der Erbsubstanz DNS aus früheren Kapiteln dieses Buches noch einmal zusammen, dann sehen wir, daß die alten Anschauungen gar nicht stimmen können. Die Erbsubstanz eines Phagenteilchens ist ein einziges, außerordentlich langes DNS-Molekül von chemisch ganz homogener Struktur, d. h. Nucleotid reiht sich an Nucleotid, jedes ist mit seinen beiden Nachbarn zur Linken und zur Rechten auf dieselbe Weise fest verbunden, und vier Arten von Nucleotiden gibt es überhaupt nur. Trotzdem enthält, wie wir gesehen haben, das so überaus homogene Fadenmolekül — es spielt im Augenblick keine Rolle, daß es eigentlich eine Doppelfadenspirale ist — eine sehr große Zahl verschiedener Gene, die offensichtlich verschiedene Funktionen steuern. Es bleibt also gar nichts anderes übrig als anzunehmen, daß vom einen Ende des Fadens zum anderen ohne merkliche strukturelle Zaesuren Gen auf Gen folgt und jedes nur einen bestimmten, schätzungsweise etwa 2000 Nucleotide enthaltenden *Abschnitt* des nirgends unterbrochenen Fadenmoleküls umfaßt. Dann ist aber die innerhalb jedes Abschnitts, d. h. innerhalb jedes Gens anzutreffende, besondere Nucleotidsequenz zweifellos die verschlüsselte Form eines Befehls zur Synthese z. B. eines besonderen Proteinmoleküls, das Gen in diesem Sinne also wirklich eine *funktionelle Einheit*, die man als solche durch die Bezeichnung *Cistron* hervorhebt.

Trifft all dies zu, dann folgt daraus andererseits, daß jedes beliebige Gen bzw. Cistron *durch Mutationen doch noch unterteilbar* sein muß, weil es offensichtlich Platz genug für sehr viel verschiedene „Punktmutationen" bietet. Jedes der 2000 Nucleotide im Bereich, den ein Gen auf dem DNS-Faden einnimmt, könnte ja irgendwann einmal irrtümlich durch eines ersetzt werden, das dort nicht hingehört. Dabei wird sich jedesmal eine andere Sinnentstellung des ursprünglichen, in Nucleotidschrift verschlüsselten Befehls ergeben, die sich entsprechend (meist ungünstig) auf die Brauchbarkeit des Proteins auswirken muß, das danach hergestellt wird. Ganz gleich allerdings, wo die zu einer schwerwiegenden Sinnentstellung führende Punktmutation im betrachteten Cistron sitzt: die *sofort* sichtbare Folge wird scheinbar immer gleich sein, weil man — so ohne weiteres — immer nur erkennen kann, daß „das Gen" nicht mehr normal funktioniert.

Ferner besteht wegen der strukturellen Homogenität des gesamten DNS-Fadens keinerlei Grund mehr, warum ein Genbereich (Cistron) *rekombinatorisch* als unteilbare Einheit hervortreten sollte. Welcher Umstand könnte noch dafür sorgen, daß der DNS-Faden nur dort zerrissen wird oder einem Vorlagenwechsel unterliegt, wo die Bereiche zweier Gene, d. h. zwei Cistrons, unmittelbar aneinandergrenzen? Das muß vielmehr überall passieren können, und Rekombinationen sollten nicht nur zwischen *ganzen* Cistrons, sondern auch zwischen *Teilen* eines Cistrons zu beobachten sein. Aus zwei unbrauchbaren Varianten (Allelen) eines Cistrons, deren jede eine Punktmutation irgendwo in seinem Bereich trägt, müßte man also durch einen Rekombinationsakt wieder das unveränderte Originalcistron zurückerhalten können. Die beiden Punktmutationen dürften nur nicht dasselbe Nucleotid betreffen.

Die praktische Durchführung des Versuchs würde so aussehen, daß man sich erst eine Sammlung von Phagenmutanten anlegt, in denen die Mutation immer dasselbe „Gen" betroffen hat, so daß die Stämme sich in ihren direkt erkennbaren Eigenschaften nicht voneinander unterscheiden. Die Mutanten müssen natürlich unabhängig voneinander aufgetreten sein, denn wie könnte man sonst hoffen, daß sie vielleicht unterschiedlich lokalisierte Punktmutationen im betreffenden Cistron tragen! Dann macht man mit den Mutantenstämmen paarweise Mischinfektionen und sieht nach, ob unter den Nachkommen Teilchen auftreten, die nicht mehr Mutanten, sondern Normaltyp sind. Ist dies der Fall, dann muß in ihrer DNS das Cistron wieder in den Originalzustand zurückverwandelt vorliegen, und die Reparatur ist nur als das Ergebnis einer Rekombination zu interpretieren, die aus zwei unbrauchbaren Cistrons ein brauchbares zusammengeflickt hat. Die dazu reziproke Rekombinante mit zwei Punktmutationen nebeneinander im gleichen Cistron darf natürlich auch nicht fehlen, wenn alles seine Richtigkeit haben soll.

Umfangreiche Tests dieser Art sind mit geeigneten Phagenmutanten durchgeführt worden und verhalfen sehr rasch zu einer Klärung des Bildes vom Gen im Sinne der eben skizzierten Überlegungen (BENZER). Jedes Gen kann tatsächlich in Form sehr zahlreicher Allele auftreten, weil es in der Kette der ihm zugehörigen Nucleotide Gelegenheit für das Eintreten Hunderter oder Tausender unabhängiger Einzelunfälle in Gestalt von Punktmutationen bietet. Deren gegenseitigen Abstand kann man durch Kreuzungsversuche und Auszählen der Rekombinantenprozentsätze genau so ermitteln wie früher schon den gegenseitigen Abstand verschiedener Gene bzw. der Bereiche, die sie auf einem DNS-Faden einnehmen. Allerdings wird der Abstand zwischen zwei Punktmutationen *innerhalb* eines Gens bzw. Cistrons i. a. kleiner sein als der Abstand zwischen zwei beliebigen Genen (Cistrons) irgendwo auf dem Faden (Ausnahme: Punktmutationen rechts und links der Grenze zweier direkt benachbarter Cistrons). Das bedeutet, wenn gar im Extremfall zwei Punktmutationen rekombinatorisch zu trennen wären, die zwei unmittelbar aufeinanderfolgende Nucleotide betreffen, selbstverständlich winzige Rekombinantenprozentsätze. Um sie überhaupt entdecken zu können, bleibt nichts anderes übrig, als ungeheure Individuenzahlen einzusetzen, was ja glücklicherweise bei Phagenteilchen keinerlei Schwierigkeiten macht. Außerdem aber muß man etwas erfinden, um die wenigen Rekombinanten unter den Myriaden von uninteressanten Teilchen entdecken zu können, deren genetische Konstitution nur unverändert die der zur Kreuzung verwendeten Elternteilchen widerspiegelt. Auch das gelingt leicht, wenn sich z. B. eine Bakterienart auftreiben läßt, in deren Zellen sich nur solche Rekombinanten vermehren, die wieder zum Normaltyp geworden sind, also keine Punktmutation mehr enthalten. Auf eine Agarplatte, die mit einem

Rasen solcher Bakterien besät ist, kann man ruhig eine Mischung von Phagenteilchen bringen, in der nur ein paar Rekombinanten unter -zigtausenden von Teilchen vorkommen, die immer noch eine der beiden oder gar beide Punktmutationen im betreffenden Cistron besitzen. Löcher machen hier nur die wenigen Rekombinanten, die über das Cistron im Originalzustand verfügen.

So schöne Möglichkeiten zum systematischen Einsatz nahezu unbegrenzter Individuenzahlen einheitlicher genetischer Konstitution in Paarungsversuchen und zur Selektion weniger interessanter Rekombinanten aus unabsehbaren Scharen von Nachkommen besitzt man bei höheren Organismen leider nicht. Deshalb ist es kaum verwunderlich, daß deren Gene ihre weitere Unterteilbarkeit und damit die charakteristische Feinstruktur von Cistrons nicht ohne weiteres offenbaren konnten. Daß sie denselben Strukturgesetzen unterliegen, kann jedoch nicht bezweifelt werden, und manche Zufallsbeobachtung, die dies versteckt andeutete, wird jetzt auf der Grundlage der Untersuchungen über Phagengene erst verständlich.

Die Phagengenetik hat übrigens auch noch einen hübschen Hinweis darauf geliefert, daß die Doppelspirale eines DNS-Moleküls wirklich aus zwei „komplementären" Einzelfäden besteht, wie das Watson-Crick-Modell es verlangt. Es war schon die Rede davon, daß man mit gewissen Chemikalien Mutationen hervorrufen kann (S. 89). Bei manchen dieser Agenzien kennt man den Wirkungsmechanismus ganz genau. Sie verändern in drastischer Weise die chemische Struktur der basischen Komponente von bestimmten Nucleotiden, auch wenn diese sich im Verbande eines DNS-Moleküls befinden, rufen also Punktmutationen hervor. Behandelt man Phagenteilchen mit dem genügend stark verdünnten Chemikal über genügend kurze Zeit im Reagenzglas, so hat man eine gute Chance, in einigen der Teilchen nur *eine* Punktmutation in nur *einem* der beiden Fäden ihrer DNS zu erzeugen. An welcher Stelle des langen Fadens sie sitzt, d. h. welches Cistron betroffen wird, kann man nicht vorausbestimmen, denn dies ist bekanntlich ganz dem Zufall überlassen. Man kann aber damit rechnen, daß bei Behandlung einer sehr großen Zahl von Phagenteilchen einige davon bestimmt einen „Treffer" im Bereich eines Cistrons abbekommen werden, dessen Funktion man schon kennt. Wäre also z. B. das für Ausbildung „kleiner" Löcher auf dem Bakterienrasen verantwortliche Cistron von der Punktmutation betroffen, dann müßten wir dies unmittelbar sehen können, wenn wir die so affizierten Phagenteilchen ein Loch machen ließen. Sollte nicht jedes von ihnen jetzt ein „großes" Loch erzeugen? Was man wirklich feststellt, ist indessen, daß solch ein Teilchen weder ein großes noch ein kleines, sondern ein merkwürdig unsymmetrisches Loch macht. Das liegt daran, daß die Nachkommen des chemisch behandelten Phagenteilchens, wie man sich leicht durch Abimpfen von dem unsymmetrischen Loch überzeugt, teils solche sind, die *nur* große, teils solche, die *nur* kleine Löcher hervorrufen. Warum das Phagenteilchen mit dem Treffer zwei Arten von Nachkommen erzeugt hat, nämlich mutierte und nicht mutierte, ist nach dem Watson-Crick-Modell leicht zu verstehen. Der Treffer, d. h. die künstlich erzeugte Punktmutation, saß eben nur in *einem* der beiden komplementären Fäden seiner DNS-Doppelspirale, der andere blieb im Bereich des betroffenen Cistrons wie auch sonst ganz intakt. Werden getroffener und nicht getroffener Faden dann in der Wirtszelle auseinandergenommen, wenn die Replikation einsetzt, so macht sich der nicht getroffene Faden einen komplementären Partnerfaden, der wieder ganz normal ist, dieser wieder einen normalen, und so fort bei allen folgenden Kopierungen. So entstehen DNS-Doppelspiralen für Teilchen, die ebenfalls ganz normal sind, also kleine Löcher machen. Der getroffene Faden hingegen kann an der Stelle, wo das in seinem Basenanteil veränderte Nucleotid sitzt, nicht mehr mit blinder Selbstverständlichkeit das einzig passende, komplementäre Nucleotid anlagern. Im wachsenden Partnerfaden gerät bestimmt ein falsches gerade an diese Stelle, und damit auch bei allen weiteren Replikationen in dieser genealogischen Linie. So entstehen DNS-Moleküle, die alle die Punktmutation im betrachteten Cistron haben, und zwar jetzt in *beiden* Komplementärfäden. Phagenteilchen, die solche Doppelspiralen erhalten, machen dann natürlich nur noch große Löcher.

Wir sehen daraus, daß die Information, die jedes Cistron enthält, in der DNS-Doppelspirale wirklich gleich zweimal aufgeschrieben ist. Die eine Schrift ist aber komplementär zur anderen, wie es die Regeln der Basenpaarung (S. 82) erfordern. Trotzdem sind, zumindest bei der Replikation, beide Schriften, d. h. die beiden komplementären Fäden, vollkommen gleichberechtigt. Kopierungen können von *beiden* Fäden ihren Ausgang nehmen. Ob die Gleichberechtigung auch aufrechterhalten bleibt, wenn es sich um die Ablesung der Information und ihre Übersetzung (z. B. in Proteinmoleküle) handelt, werden wir noch diskutieren.

Nichterbliche Veränderungen (Modifikationen). Es darf nicht vergessen werden darauf hinzuweisen, daß Bakteriophagen bisher die einzigen Virustypen sind, mit denen man einigermaßen mühelos saubere genetische Experimente machen kann. Pflanzenpathogene Viren sind in dieser Beziehung ziemlich hoffnungslos, so daß man bisher nur indirekt erschließen konnte, daß z. B. der Nucleinsäurefaden des Tabakmosaikvirusteilchens ebenfalls mehrere Gene einbegreift und nicht nur das Rezept für das Protein darstellt, das ihn verpackt. Bei tierpathogenen Viren wurden zwar ähnliche Rekombinationseffekte nach Mischinfektionen beobachtet wie bei Phagen, doch ist ihre Deutung nicht immer über jeden Zweifel erhaben.

Weshalb, das läßt sich wiederum mit Phagen am besten illustrieren. Es geschieht gar nicht selten, daß bei Mischinfektionen recht merkwürdige „Irrtümer" passieren, indem in der Zelle neu hergestellte DNS-Spiralen von einer bestimmten genetischen Konstitution versehentlich in die falschen Proteinhüllen „verpackt" werden. Bei einer Mischinfektion mit Teilchen von verschiedenem Wirtsbereich (S. 105) entstehen so z. B. vereinzelt neue Teilchen, die einen Wirtsbereich haben, den sie auf Grund ihrer Erbmasse gar nicht haben dürften. Das läßt sich ganz leicht daran erkennen, daß solche Virusteilchen, wenn sie einen bestimmten Zelltyp infizieren, *ausschließlich* Nachkommen haben, für die dieser Zelltyp tabu ist. Dem Elternteilchen hatte also nur seine nicht zur darinsteckenden DNS passende Proteinhülle einmalig einen Zugang zu diesem Zelltyp verschafft. Die eingedrungene DNS aber vermittelte der Zelle dann konstitutionsgemäß die Information, nichts als Teilchen mit der wirklich zu ihr gehörigen Proteinhülle zu machen, also einer Proteinhülle, die sich *nicht* als Schlüssel zur Aufschließung der Wand des fabrizierenden Zelltyps eignet.

Solche Erfahrungen unterstreichen erneut, daß die gesamte Information über die Eigenschaften, die eine neue Virusgeneration haben soll, in der Nucleinsäure des Elternteilchens steckt und nicht in dessen Proteinhülle. Die mag beschaffen sein wie sie will, vererbt wird nichts von ihren strukturellen Eigentümlichkeiten. Während sich bei Phagenteilchen solche Fälle von genetisch nicht fixierten Mischungen äußerer Eigenschaften klar erkennen lassen, ist das bei tierpathogenen Viren aus technischen Gründen viel schwieriger. Mag man deshalb auch mit ihnen bei Mischinfektionen unter der Nachkommenschaft „Rekombinanten" erhalten — es läßt sich immer einwenden, daß das vielleicht nur Teilchen sind, die eine an ihnen feststellbare Mischung von Eigenschaften ihrer Eltern nicht einer Mischung von deren Genen verdanken, sondern anderen Effekten. Erst wenn bewiesen werden kann, daß jedes Teilchen mit gemischten Eigenschaften stets nur Nachkommen erzeugt, die die gleiche Eigenschaftsmischung aufweisen, darf man überzeugt sein, daß wirklich ein Genaustausch stattgefunden hat.

Es kommt bei Phagen vor, daß die Zelle sich am Aufbau der neuen Virusgeneration auch auf spezifischere Weise beteiligt als durch bloße Arbeitsleistung. Unter Umständen kann sie sogar direkt etwas von ihrer spezifisch strukturierten Nucleinsäure beisteuern, also Gene. Wenn eine echte Rekombination zwischen genetischem Material des Virus und genetischem Material der Zelle stattfindet, hat das zur Folge, daß auch ohne Mischinfektion Virusteilchen mit neuen, vererblichen Eigenschaften in merklicher Menge produziert werden. Das wurde schon früher kurz angedeutet (S. 95). Bei dem Rekombinationsakt verliert das Phagen-DNS-Molekül aber oft genug Gene, die zur Erzeugung von Nachwuchs unbedingt benötigt werden und für die es von der Zelle kein brauchbares Äquivalent als Gegengabe erhält. Infiziert ein Phagenteilchen, das ein derart betrüblich verändertes DNS-Molekül als Erbmasse mitbekam, eine neue Wirtszelle, so kommt es zwar nicht zur

Produktion einer neuen Virusgeneration, aber das vom Phagenteilchen aus seiner alten Wirtszelle mitgeschleppte, ein paar von deren Genen umfassende DNS-Bruchstück kann *in die DNS der neuen Wirtszelle* hineinrekombiniert werden und der Zelle womöglich biosynthetische Fähigkeiten verleihen, die sie vorher gar nicht gehabt hat. Durch Phagen als Vehikel können also Gene von Bakterienzelle zu Bakterienzelle „transduziert" werden.

Schließlich gibt es noch einen sehr eigenartigen, modifikatorischen Effekt, den manche Typen von Wirtszellen auf Phagen-DNS ausüben. Sie scheinen ein Enzym zu besitzen, das „fremde" DNS, also z. B. die eines infizierenden Phagenteilchens, erkennt und zerstört. Ihre eigene DNS ist vor dem Enzym geschützt, vermutlich weil gleich bei deren Synthese gewisse chemische Verzierungen daran angebracht werden, die dem Enzym den Zugriff verwehren. Gelingt es nun zufällig einem infizierenden Phagenteilchen, die Herstellung von Kopien seiner DNS in Gang zu setzen, ehe diese vom zerstörenden Enzym erwischt wird, dann bringt der Zellchemismus die schützenden Verzierungen jetzt auch an den neugemachten Molekülen von Phagen-DNS an, und diese sind damit sicher. Heraus kommen schließlich Phagenteilchen, die diesen Wirtszelltyp unbesorgt attackieren und darin stets Nachkommen derselben, geschützten Art produzieren lassen können. Man braucht solche modifizierten Phagenteilchen aber nur einen Zelltyp infizieren zu lassen, der den Schutzmechanismus nicht oder nicht in dieser spezifischen Ausprägung besitzt, dann erzeugen sie hier Nachkommen, die der besonderen Verzierung an der DNS natürlich samt und sonders ermangeln und die deshalb dem geschützten Zelltyp gegenüber wieder praktisch hilflos sind.

Erkennungs- und Abwehrmechanismen für „fremde" DNS, die nach dem dargelegten Schema arbeiten, sind wahrscheinlich im Organismenreich weitverbreitet und offensichtlich sehr geeignet, viel unnützes genetisches Durcheinander oder gar schweres Unheil zu verhüten. Ein ähnlicher Mechanismus scheint nicht selten auch der Grund dafür, warum Mischinfektionen mit Virus keineswegs immer so verlaufen, daß Rekombinanten entstehen oder wenigstens *beide* infizierenden Teilchentypen vermehrt werden. Sehr oft findet man, daß ein bestimmter Teilchentyp die Vermehrung eines bestimmten anderen in der gleichen Zelle vollkommen unterdrückt. Man spricht dann von „Interferenz" bzw. „gegenseitiger Ausschließung". So obsiegen z. B. Phagen, in deren DNS die Base C jene besonders bizarre chemische Verzierung trägt, auf die schon in anderem Zusammenhang hingewiesen wurde (S. 96), stets über solche, bei denen das nicht der Fall ist. Deren DNS wird nämlich in der gemischt infizierten Zelle genau so abgebaut wie die Bakterien-DNS, und Bruchstücke davon erscheinen auch ebenso in neugemachter DNS für den Phagentyp mit der C-Verzierung. Wahrscheinlich enthält diese also ein Gen, das die aufnehmende Wirtszelle zur Synthese eines Enzyms veranlaßt, dessen Aufgabe es ist, alle DNS zu zerstören, der die bizarre C-Verzierung fehlt. So wird nicht nur der Interferenzeffekt verständlich, sondern auch die scheinbare Mühelosigkeit, mit der ein Molekül Phagen-DNS die Befehlsgewalt des gesamten DNS-Archivs der Zelle überspielen und sich an seine Stelle setzen kann. Siegen oder wenigstens auch ein Wörtchen mitzureden haben wird immer die DNS, die am besten gegen alle Eventualitäten von seiten DNS-zerstörender Enzyme geschützt ist.

Maskiertes Virus. Das Kapitel „Liebesleben der Virusteilchen" wäre nicht vollständig ohne einen Abschnitt, der eine besonders eigenartige Erscheinungsform desselben zum Gegenstand hat. Bis jetzt mußte es immer so erscheinen, als wäre der Tod einer Zelle jedesmal besiegelt, wenn sie mit Virus infiziert wird. Das braucht aber nicht unbedingt so zu sein. Virus und Zelle können sich bei dieser Gelegenheit auch die Hand zum Lebensbunde reichen, zu einem oft ziemlich prekären Bunde freilich.

Manche Phagentypen scheinen ihren Wirtszellen nichts zu tun, wenn man sie mit ihnen zusammenbringt. Sie werden zwar adsorbiert (S. 63) und befördern auch ihre DNS in die Zelle hinein, aber die Zelle benimmt sich, als wäre ihr das vollkommen gleichgültig. Sie teilt sich munter weiter und bringt ungezählte, scheinbar vollkommen gesunde und normale Tochterzellen hervor. Doch sie alle tragen in Wirklichkeit eine Höllenmaschine im Leib, die jederzeit losgehen kann. Man braucht solche Zellen, die Nachkommen einer, wie man glauben möchte, erfolglos mit Virus infizierten Mutterzelle sind, nur in gewisse Lebensbedingungen zu bringen, die ihrem Wohlbefinden abträglich sind, dann ist plötzlich in ihrem Inneren der Teufel los. Als wären sie soeben erst von einem Schwarm bösartiger Phagen überfallen worden — wovon aber gar keine Rede sein kann! —, schalten sich ihre Fließbänder um und machen Phagenteilchen in Menge, bis die Zellen platzen. Die Phagenteilchen, die herauskommen, stimmen im Typ vollkommen mit jenem Teilchen überein, das viele Generationen zuvor sein Pulver scheinbar vergeblich verschoß, als es die Urahne der geplatzten Zellen attackierte. Wie ist das alles zu erklären?

Offenbar hat die in die Urahne hineinbeförderte Virus-DNS nicht sofort die Herrschaft über deren Fließbänder an sich gerissen. Sie fuhren friedlich fort, für den häuslichen Bedarf zu sorgen, und so blieb es auch in den Tochterzellen. Das Zellarchiv mit seinen darin aufbewahrten Kochrezepten behielt die Oberhand und alles richtete sich danach. Die eingedrungene Virus-DNS aber wurde deshalb doch keineswegs vernichtet, nicht einmal vollkommen links liegen gelassen. Sie brachte es irgendwie fertig, sich im Archiv einzunisten und sogar dafür zu sorgen, daß jedesmal, wenn bei einer Zellteilung das althergebrachte Archivmaterial kopiert wurde, auch von ihr eine Kopie gemacht und an die Tochterzelle weitergegeben wurde. Auf diese Weise bekamen alle Nachkommen der Urahne ein Archiv, in dem stets das Rezept zur Herstellung von Phagenteilchen eines ganz bestimmten Typs originalgetreu aufbewahrt blieb, wiewohl keine der Zellen Gebrauch davon machte, solange es ihr wohl erging. Die Chance dieses Rezeptes kam erst, als Störungen ein offenbar doch recht labiles Gleichgewicht umwarfen. Jetzt arbeitete alles nach seinem Kommando, der verderbliche Weg in die Sackgasse wurde beschritten, und damit nahte für alle Zellen das Ende heran. Jede produzierte noch rasch einige hundert Phagenteilchen, um dann zu platzen und den Geist endgültig aufzugeben — den Lebensgeist des chemischen Spiels mit verteilten Rollen!

Dieses komplexe Phänomen, das man unter dem Begriff „Lysogenie" zusammenfaßt (LWOFF), bezeichnet also nur wiederum die zentrale Rolle der Nucleinsäure als Speichersubstanz für genetische Informationen. Es ist vollkommen sicher, daß keine der „lysogenen", also latent mit Virus infizierten Zellen, auch nur ein einziges, komplettes Virusteilchen in ihrem Inneren beherbergt, solange es ihnen allen gut geht. Nicht einmal eine Spur von virusspezifischem Protein läßt sich in ihnen nachweisen. Hier wird also tatsächlich von Zellgeneration zu Zellgeneration eine sehr konkrete Information über die Herstellung gar nicht vorhandener Gebilde unverändert weitergegeben, die aber nichtsdestoweniger beliebig lange vollkommen stumm bleibt, von der keinerlei definitiver Gebrauch gemacht wird! Die Information muß in etwas darinstecken, das auf keinen Fall ein komplettes Virusteilchen sein kann, also offenbar in einem Nucleinsäuremolekül von ganz bestimmter Struktur, das, der Zelle einmal einverleibt, Anschluß an deren eigenen Erbapparat findet und hier nur noch die eine seiner beiden Hauptfunktionen erfüllt, d. h. für die Herstellung identischer Kopien seiner selbst zu sorgen. Die andere Hauptfunktion des Nucleinsäuremoleküls, nämlich der in seiner Feinstruktur symbolisch niedergelegten Information auch Geltung zu verschaffen, ist offenbar nicht zwangsläufig mit der ersten gekoppelt. Sie kann über beliebig viele Verdoppelungsschritte hinweg ruhen.

Wie sich schließlich herausstellte, bringen Phagenteilchen die eine Bakterienzelle lysogen zu machen vermögen, in ihrer DNS selbst den Befehl zur „Repression" der übrigen Befehle mit, deren Befolgung zur sofortigen Neusynthese von Phagenteilchen führen würde. Mit anderen Worten, ihr DNS-Molekül enthält Gene, die in der Wirtszelle alsbald die Herstellung von Repressorsubstanzen veranlassen, deren Aufgabe es wiederum ist, die übrigen Phagengene (z. B. durch direkte Anlagerung, die ein Ablesen verhindert) inaktiv zu halten. Werden die Repressorgene eines Phagen durch Mutation so verändert, daß brauchbare Repressorsubstanzen, die wahrscheinlich Proteine sind, nicht mehr gemacht werden können, dann vermag das Teilchen die von ihm infizierte Zelle nicht mehr zu lysogenisieren, sondern setzt in ihr sofort die Herstellung von Nachkommen in Gang. Andererseits beginnt in einer lysogenen Bakterienzelle die Synthese kompletter Phagenteilchen erst dann, wenn infolge von Störungen des internen Stoffwechsels die Herstellung der Repressoren zeitweilig unterbunden wird. Überschüssige Repressormoleküle schwimmen anscheinend frei im Zellsaft einer lysogenen Zelle herum und können so auch die DNS von Phagenteilchen inaktiv halten, die selbst infolge Mutation keinen Repressor mehr machen lassen kann. Injizieren solche Phagen ihre DNS in eine Zelle, die von einem Teilchen des entsprechenden Normaltyps lysogen gemacht worden war, dann bleibt sie völlig inaktiv darin liegen. Die lysogene Zelle ist immun gegen die Infektion, ganz im Gegensatz zu einer nicht-lysogenen Zelle gleichen Typs, in der ja kein Rezept zur Herstellung der Repressoren vorhanden ist. Ein anderes Experiment weist auf denselben Zusammenhang hin: Es gibt Bakterienarten, deren Zellen sich anderen Zellen ihrer Art gegenüber gerade so benehmen können, als seien sie Bakteriophagen. Sie kleben sich einfach an sie an und schieben dann ihr eigenes DNS-Archiv in die Partnerzelle hinüber. Auch bei Bakterienzellen ist nämlich dieses umfangreiche Archiv nichts anderes als ein einziges, 1—2 mm langes DNS-Molekül (es ist also mindestens 500mal länger als die ganze Zelle!). Stammt das DNS-Molekül aus einer lysogenen Zelle, so daß ihm also noch der (ganz erheblich kürzere) DNS-Faden eines Phagen irgendwie attachiert ist, und wird es in eine nicht-lysogene Zelle hinübergeschoben, dann kommt es dort prompt zur Synthese von Phagenteilchen. Im Zellsaft der aufnehmenden, nicht-lysogenen Zelle sind eben keine Repressoren vorhanden, die das Unheil noch rechtzeitig verhindern könnten (JACOB, WOLLMAN).

Man hat inzwischen viele experimentelle Hinweise für die weite Verbreitung von Repressions-/Derepressionsmechanismen der geschilderten Art im Organismenreich gesammelt. Auch lebende Zellen steuern, mit eigenen Repressoren, die Aktivität ihrer Gene und sind so in der Lage, ihre einzelnen Bestandteile nicht wild drauflos synthetisieren zu müssen, sondern in schön aufeinander abgestimmten Mengenverhältnissen. Ebenso können sie sich auf diese Weise wechselnden Umweltbedingungen prompter anpassen oder gar Differenzierungsleistungen vollbringen, etwa wenn aus einer befruchteten Eizelle ein vielzelliger Organismus mit Zellgeweben von ganz unterschiedlicher chemischer Tätigkeit wird. Da i. a. jede Zelle des Organismus *alle* Gene mitbekommt, über die schon die Eizelle verfügte, kann eine Differenzierung nur dadurch zustandekommen, daß in den Zellen jeder Gewebsart alle die Gene reprimiert werden, deren Aktivität jeweils „unerwünscht" ist, und nur eine besondere, von Gewebe zu Gewebe wechselnde Auswahl unter ihnen zu Ablesung und Übersetzung der darin enthaltenen Informationen zugelassen bleibt.

Wir gebrauchten gerade das Wörtchen „unerwünscht". Kommt damit nicht etwa doch die vernunftbegabte Entelechie als letztlich über

Erwünschtes und Unerwünschtes entscheidende Instanz wieder zur Hintertür hereinspaziert, um die Leitung der ganzen Sache zu übernehmen? Das müßte uns wohl so erscheinen, wenn wir nicht wüßten, daß es „Regelkreise" genannte Mechanismen gibt, die zu Entgleisungen neigende Vorgänge aller Art so kunstgerecht zu steuern vermögen, als sei ihnen „tiefere Einsicht" in das Geschehen eingehaucht, und die doch nichts anderes sind als Automatismen. Zelleigene Repressoren sind wichtige Glieder solcher Regelkreise, wie folgendes einfache Beispiel zeigt. Colizellen besitzen häufig ein Gen, das das Rezept für die Herstellung eines besonderen Enzyms darstellt. Die Aufgabe dieses Enzyms ist es, Milchzucker, der der Zelle angeboten wird, chemisch so umzuwandeln, daß seiner weiteren Verarbeitung auf ihren Standard-Fließbändern nichts mehr im Wege steht. Da aber einer Colizelle auf freier Wildbahn keineswegs ständig Milchzucker angeboten wird, wäre es unökonomisch für sie, das betreffende Enzym stets herzustellen, und so hat sie tatsächlich noch ein Gen, das für laufende und anscheinend weniger aufwendige Herstellung von ein paar hochspezifischen Repressormolekülen sorgt. Diese blockieren das für die Herstellung des Enzyms verantwortliche Gen. Die Repressormoleküle sind aber offenbar strukturell so eingerichtet, daß sie dieser Aufgabe nicht mehr nachkommen können, wenn sie mit Milchzuckermolekülen zusammengeraten. Trifft die Zelle also irgendwo Milchzucker an, dann reagieren ein paar Moleküle davon zunächst mit den Repressormolekülen und setzen sie außer Gefecht. Das Genrezept für das Enzym ist nun frei von Repressor, das Enzym kann gemacht und der Milchzucker kann als Nährstoff verwertet werden. Versiegt die Milchzuckerquelle schließlich, so hört auch die Inaktivierung der Repressormoleküle auf, das Gen wird von ihnen wieder blockiert, und damit unnötig gewordener Aufwand erspart. Ein wunderschöner Regelkreis also, der automatisch zwar, doch nichtsdestoweniger höchst vernünftig darüber entscheiden kann, was erwünscht ist und was nicht (MONOD).

Ganz halsstarrige Vitalisten werden nun allerdings immer noch behaupten, daß, wenn schon der Regelkreis ein Automatismus ist, doch seine Erfindung und Installierung in der Zelle das Eingreifen eines vernunftbegabten Wesens erfordert haben müsse. Aber auch dieser Einwand verliert jede Kraft, wenn man an das freie Zusammenspiel von Mutation und Selektion denkt. Eine Zelle, die schon das Genrezept zur Herstellung des Milchzuckerenzyms besitzt, gewinnt zweifellos einen Vorteil, wenn bei spielerischem Abwandeln von Nucleotidsequenzen in ihrem Archiv einmal zufällig auch das Rezept für die Herstellung von Repressormolekülen der passenden Art zustandekommt. In Notzeiten ist sie dann nicht mehr gezwungen, sozusagen Geld zum Fenster hinauszuwerfen für etwas, was sie gar nicht braucht. Der blinde Selektionsdruck wird ihr also helfen, sich mit ihrer Erfindung, die nichts als ein reines Zufallsergebnis zu sein braucht, vor anderen Zellen, in denen dergleichen nicht zustandekam, durchzusetzen. Es würde gar nicht mit rechten Dingen zugehen, wenn man in autonomen Zellen wie in höheren Organismen nicht überall dort auf Regelmechanismen stieße, wo ihre Etablierung überhaupt technisch möglich war, einen Vorteil brachte (geregelte Prozesse sind fast immer vorteilhafter fürs Überleben als ungeregelte) oder gar ganz neue Wege zur Entwicklung komplexerer Organisationsformen eröffnete. So werden wir unaufhaltsam in eine Position geschoben, die uns veranlassen muß, „tiefere Einsicht" und „höhere Vernunft" sogar dort, wo sie uns, z. B. bei uns selbst, wirklich noch unmittelbar zu begegnen scheinen, für dringend der Erklärung bedürftige Funktionen bisher unverstandener biochemisch-biophysikalischer Strukturen und Prozesse zu halten, statt in ihnen geeignete Erklärungsprinzipien zu erblicken. Der damit gestellten Aufgabe beginnt sich bereits ein neuer, Kybernetik genannter Wissenschaftszweig zu nähern.

Wiederum hat uns also ein scheinbar ganz spezielles Phänomen, die Lysognie oder Lysogenese, an Probleme von allgemeinster Bedeutung herangeführt. Deutlicher kann gar nicht zum Ausdruck kommen, in wie engen Beziehungen alles zueinander steht, was sich in Zellen überhaupt ereignen kann. Der Problemkomplex „Fortpflanzung" ist auf dem molekularen Niveau von allen möglichen Seiten her eingekreist und erscheint nur noch als Thema mit Variationen, das uns die Natur — zum Glück für ungeduldigen Erkenntnisdrang — anstelle immer wieder neuer Symphonien vorspielt. Doch nun zurück zum Virus!

„Maskiertes" Virus muß unter diesem nichtssagenden Namen weitersegeln, wo eine so eingehende Analyse der näheren Umstände wie bei lysogenen Bakterien noch nicht möglich war. Es findet sich nicht nur in Bakterienzellen, sondern auch in höheren Organismen und ist u. U. an sehr merkwürdigen Umwegen maßgeblich beteiligt, auf denen es zu einer Übertragung tierpathogener Viren kommen kann. Das Virus der Schweineinfluenza z. B. wird von einem Lungenwurm, der im akut erkrankten Tier parasitiert, aufgenommen und gelangt so auch in dessen Eier. Die Eier gehen durch den Verdauungskanal des Schweines ins Freie ab und werden hier von einem Regenwurm gefressen. In diesem schlüpfen die Larven des Lungenwurms aus, machen bestimmte Entwicklungsstadien durch und warten dann darauf, daß der Regenwurm von einem Schwein gefressen wird. Nach Absolvierung zweier weiterer Entwicklungsstadien gelangen sie so wieder in die Schweinelunge, wo sie vollends erwachsen werden. Noch erkrankt jedoch das von virushaltigen Lungenwürmern befallene Schwein nicht an Influenza. Es muß erst eine für sich allein völlig harmlose Stimulierung hinzukommen, nämlich eine zusätzliche Infektion des Schweins mit einem bestimmten Bazillus, und außerdem darf das alles nicht gerade im Mai, Juni, Juli oder August geschehen. Sind sämtliche Vorbedingungen erfüllt, dann bricht die Influenza plötzlich aus, und es erscheint ein voll infektiöses

Virus, das nun auch direkt von Schwein zu Schwein übertragbar ist. Auf seinem langen Wege über die beiden Zwischenwirte aber bleibt es eigentümlicherweise jedem direkten Nachweis durch Infektionstest (S. 29) entzogen. Die Zwischenwirte Lungenwurm und Regenwurm scheinen kein aktives Virus zu enthalten, und doch sind sie imstande, die Infektionskrankheit zu übertragen und zu verbreiten. Auf welche Weise die Virusmaskierung in diesem Falle erfolgt, läßt sich nicht angeben. Der Leser wird einsehen, daß hier nicht gerade das geeignete Objekt für entsprechende Studien vorliegt, so interessant der ganze Vorgang als solcher auch ist. Lysogene Bakterienzellen sind da doch vorzuziehen.

Der Übertragungsweg des Virus der Schweineinfluenza lehrt, daß ein und dasselbe Virus von ganz außerordentlich verschiedenen Organismen beherbergt werden kann, was vermutlich nicht abgeht, ohne daß es von den Zellen dieser Organismen wirklich aufgenommen wird. Ob darin stets auch eine tatsächliche Vermehrung des Virus stattfindet oder ob dieser Vorgang auf Schweinezellen beschränkt bleibt, ist unbekannt. Indessen kennt man besonders krasse Fälle, in denen die Vermehrung ein und desselben Virus in zwei Wirtsorganismen objektiv nachgewiesen werden konnte, die so verschieden voneinander sind wie nur möglich: im Insekt und in der Pflanze! Pflanzenpathogene Viren werden von Insekten, die erkrankte Pflanzen anbohren und ihren Saft saugen, sehr oft zugleich mit dem Saft aufgenommen. Stechen diese dann gesunde Pflanzen an, so können sie sie mit Virus infizieren. Meist verliert sich die Infektiosität solcher Insekten sehr rasch, wenn man sie für eine Weile von infizierten Pflanzen fernhält. In gewissen Fällen bleiben sie jedoch über mehr als zwanzig Generationen hinweg infektiös, obwohl sie inzwischen niemals wieder mit einer infizierten Pflanze in Berührung kamen. Das Virus muß also über die Eier auf jede folgende Insektengeneration übertragen werden, und es muß sich zugleich in den Insekten weiter vermehrt haben, sonst wäre es schon lange vor Erreichung der zwanzigsten Generation durch Verdünnung aus den Tieren verschwunden. Die Vermehrung des Virus läßt sich auch direkt im einzelnen, künstlich mit dem Pflanzenvirus infizierten Insekt nachweisen. Die infizierten Insekten zeigen übrigens meist keinerlei Krankheitserscheinungen, im Gegensatz zu den Pflanzen.

Der Leser wird sich nach allem, was voraufging, nicht mehr sehr wundern, daß es Viren gibt, die so „unspezifisch" sind. Der Prozeß der Virusvermehrung ist eben nur eine Variante der molekularbiologischen Prozesse, die in allen Zellen ablaufen und auf denen alle Lebenserscheinungen aufbauen. Jedes beliebige Virus sollte sich also eigentlich in jeder beliebigen Zelle vermehren können. Doch Themavariationen sind nahezu stets gleichbedeutend mit Spezialisierungen, die zwar neue Möglichkeiten erschließen, aber oft genug zugleich auch darauf beschränken. Solche einschränkend wirkenden Spezialisierungen lernten wir bei Viren in verschiedenster Form bereits kennen, und es ist eigentlich selbstverständlich, daß sie häufiger vorkommen müssen als die Eignung eines Virustyps zum Hans Dampf in allen Gassen. Sie waren natürlich auch hinderlich für den Vorstoß zum Kern der Sache. Doch zur Grundlagenforschung gehört, daß man sich nicht einschüchtern läßt, wenn zunächst nicht alle Beobachtungen zu dem passen, was man an allgemeinen Prinzipien hinter aller Vielfalt zu spüren glaubt. Wer den roten Faden entdecken kann, dem verkehren sich die Hindernisse oft ins Gegenteil und führen zu weiteren unentbehrlichen Erkenntnissen, statt nur die Botanisiertrommel füllen zu helfen.

VI. Des Pudels Kern

Wir werden jetzt nicht mehr bezweifeln können, von den Viren und von denen, die sie mit Phantasie und Scharfblick richtig einzusetzen verstanden, auf geradestem Wege bis zu jenem Knotenpunkt in der biochemischen Dynamik lebendender Zellen geführt worden zu sein, der ihre *Autonomie* bedingt und ermöglicht: zu jenem Punkt also, an dem dafür gesorgt ist, daß sich „das Ganze in den Schwanz beißt" und eine *beschränkte* Anzahl vorgegebener chemischer Komponenten bzw. Apparaturen wirklich ausreicht, um damit immer wieder nur gerade diese neu herzustellen. So etwas wäre ziemlich einfach mit Proteinmolekülen allein zu schaffen, wenn sie die Eigenschaft besäßen, die Aminosäuren, aus denen sie bestehen, so auszuwählen und an sich anzulagern, daß dabei eine Kopie ihrer selbst entsteht. Dann brauchte man nämlich nur die paar hundert verschiedener Enzymmoleküle vorzugeben, die nötig sind, um aus Glycerin, Salmiak, etwas Phosphat und Sulfat alle 20 erforderlichen Aminosäuren samt der bei ihrer Herstellung verbrauchten Energie zu erzeugen — und schon hätte man so etwas wie ein lebendes System vor sich. Jedes Enzymmolekül würde sich aus dem Vorrat der 20 Aminosäuren, den sie alle *gemeinsam* machen helfen, zum Zweck ständiger *Selbst*kopierung versorgen, und damit würde ihr Bestand ständig anschwellen, d. h. das ganze System würde wachsen.

So einfach geht es jedoch nicht, und nur deshalb, weil Proteinmoleküle zwar katalytische, aber keine *auto*katalytischen Eigenschaften haben. Sie können sich nicht auf direktem Wege selbst aus etwas anderem, sehr viel einfacherem machen. Um den Kurzschluß doch noch fertigzubringen, muß also ein Molekültyp in das System eingeführt werden, der gerade hierzu imstande ist. Doch das allein nützt offensichtlich wiederum gar nichts, wenn dieser Molekültyp nicht *auch noch* geeignet ist, alle möglichen Proteinmoleküle irgendwie so abzubilden, daß nach diesem Bilde die wirklichen Proteine gemacht werden können. Erst dann wäre der Kreis geschlossen: die Enzymmoleküle machen Bausteine für sich selbst sowohl wie für ihre Bilder; die Bilder suchen sich ihre eigenen Bausteine selbsttätig aus dem Vorrat heraus und kopieren sich damit fortlaufend unter eigener Regie; jedes Bild aber dirigiert außerdem noch die Realisierung seines „Sinngehaltes" in Gestalt des entsprechenden Enzymmoleküls, dessen Aufbau sich hierbei Zug um Zug aus einzelnen, in der richtigen Reihenfolge ausgewählten und zusammengeketteten Aminosäuren vollzieht, ohne daß ein eigentliches Musterstück gebraucht wird. Relativ am einfachsten muß sich dieser Übersetzungsprozeß natürlich gestalten, wenn auch das *Bild* jeder zu realisierenden Reihenfolge von Aminosäuren schon selbst eine Reihenfolge darstellt.

Das Ganze erscheint wie ein zusammenphantasiertes, gar nicht ausführbares Kunststück, denn man würde nicht glauben, daß es den Molekültyp, der als Kurzschlußglied allein aus der Klemme helfen könnte, tatsächlich gibt — wenn man es nicht wüßte. Schon was bis jetzt in diesem Büchlein zur Sprache kam, hat gezeigt, daß DNS-Moleküle das Unglaubliche fertigbringen müssen. Was uns jetzt noch fehlt, sind etwas handgreiflichere Beweise dafür, daß ihre Selbstverdoppelung wirklich so abläuft, wie es das Watson-Crick-Modell nahelegt. Außerdem wünschen wir selbstverständlich, etwas darüber zu erfahren, wie denn eigentlich die Übersetzung einer Nucleotid- in eine Aminosäuresequenz vor sich gehen soll.

Die Kopierungsautomatik für DNS-Moleküle. Das Watson-Crick-Modell fordert, daß schon nach der ersten Replikation einer DNS-Doppelspirale die beiden Fäden, aus denen sie besteht, voneinander getrennt sind (S. 84). Jeder von ihnen bleibt bei einer der beiden Tochterspiralen, und sie finden auch bei weiterer Replikation nie wieder zusammen. Am direktesten müßte sich dieser „semikonservative" Replikationsmechanismus, und damit das Modell, das ihn verlangt, dadurch beweisen lassen, daß man zeigt: unter den vielen Phagenteilchen, die ein einzelnes Elternteilchen in einer Bakterienzelle als Nachkommen erzeugt, kommen immer genau zwei vor, deren DNS-Doppelspirale aus je einem *neugemachten* Einzelfaden und einem *alten* Einzelfaden (aus der DNS des Elternteilchens) besteht. Zu diesem Zwecke muß man etwas ersinnen, das einen befähigt, diese interessanten Teilchen unter den Nachkommen herauszufinden, was voraussetzt, daß man die elterliche DNS irgendwie erkennbar markiert. Am elegantesten wird nach MESELSON so vorgegangen, daß man zunächst möglichst viele „schwere" Kohlenstoff-, Wasserstoff- oder Stickstoffatome in die DNS der prospektiven Elternteilchen einbauen läßt. Die genannten Elemente kommen glücklicherweise auch in Form von schweren, aber nicht radioaktiven Isotopen (S. 93) vor, d. h. in Gestalt von Atomen, die chemisch von gleichem Verhalten, aber schwerer sind als die normalen Vertreter ihrer Art. Mit den „schweren" Phagenteilchen infiziert man Bakterienzellen, wartet bis zur Lyse und bringt die Suspension neugemachter Teilchen in ein Zentrifugenröhrchen, in dem sich eine Lösung von Caesiumchlorid befindet. Diese Lösung hat die Eigenschaft, beim Zentrifugieren mit hoher Tourenzahl ihre Dichte gleichmäßig vom oberen bis zum unteren Teil des Röhrchens anwachsen zu lassen, bis sich eine stabile Dichteverteilung einstellt. Das liegt daran, daß die Caesiumionen schwer genug sind, um auf das hohe Schwerefeld der Ultrazentrifuge durch Absinken zu reagieren. In der Lösung suspendierte Phagenteilchen begeben sich nun im Röhrchen während der Zentrifugierung genau an die Stelle, an der die Lösung das gleiche spezifische Gewicht hat wie sie selbst. So will es das Archimedische Prinzip, wie man schon in der Schule lernt. Eine Mischung von „schweren" und „leichten" Phagenteilchen muß sich infolgedessen in zwei scharfe Banden auftrennen. Die Nachkommenschaft von schweren Teilchen trennt sich so auch wirklich auf, und man findet wenige spezifisch schwerere neben vielen spezifisch leichten. Die schwereren liegen aber nicht da, wo sich die Elternteilchen hinbegeben hätten, sondern etwas höher im Röhrchen, sind also etwas leichter als diese. Der Unterschied ist gerade so groß wie er sein muß, wenn die Teilchen „halbschwer" sind, d. h. eine DNS-Doppelspirale enthalten, deren einer Faden leicht und deren anderer schwer ist. Damit ist ganz deutlich gezeigt, daß WATSON und CRICK recht hatten.

Eine kleine Einschränkung ist allerdings notwendig. Nicht alle schweren Teilchen unter den Nachkommen sind genau halbschwer. Es gibt auch welche, die offenbar *weniger* als die Hälfte von der elterlichen Doppelspirale mitbekommen haben. Wir können uns denken, woran das liegt: DNS-Doppelspiralen können ja beliebig große Stücke untereinander austauschen, wie im Abschnitt über Rekombination dargelegt wurde (S. 112). Wenn ein solcher Austausch zwischen einer halbschweren und einer schon nach dem zweiten Teilungsschritt anzutreffenden leichten eintritt, entstehen zwei Doppelspiralen, deren jede *nur ein Stück* vom schweren Einzelfaden enthält. So ist überhaupt erst gezeigt worden, daß Stückaustausch ein wirklich vorkommender Rekombinationsmechanismus ist.

Es ist also nicht möglich, daß die beiden Einzelfäden der elterlichen Doppelspirale immer intakt bleiben und deshalb *stets* in nur zwei Teilchen der Nachkommenschaft wieder auftauchen, solange kein Mittel bekannt ist, Rekombinationen völlig zu unterbinden. Zum Glück gibt es Phagentypen, bei denen sie selten genug sind, um mit dem geschilderten Versuch oder Varianten davon ein wirklich klares Bild zu erhalten. Andere Phagentypen zeigen einen exzessiven Stückaustausch ihrer DNS im Spaghettihaufen, so daß Eltern-DNS in kleinen Krümeln auf viele Nachkommen verteilt wird. Leider hat man sich anfänglich ganz auf den ungeeigneten, einen dispersiven Replikationsmechanismus vorspiegelnden Typ konzentriert, um von der DNS eine Antwort auf die Gretchenfrage: „Nun sag, wie hast du's mit der Replikation?" zu erhalten. Die Folge davon war, daß Zweifel an der Brauchbarkeit des genial einfachen Modells auftauchten, dessen Quintessenz Molekularbiologen sehr einprägsam so zu formulieren lieben: Der Watson und der Crick werden getrennt, wobei der Watson sich einen neuen Crick macht und der Crick einen neuen Watson.

Ohne Themavariationen geht es aber auch hier nicht ab. So hat man Phagentypen entdeckt, deren DNS keine Doppelspirale, sondern ein einfacher, wahrscheinlich sogar zu einem Ring geschlossener Einzelfaden ist. Wird das Gebilde bei der Infektion von der Wirtszelle aufgenommen, so scheint es sich erst einmal seinen Partnerfaden zu machen, worauf die Replikation möglicherweise „normal" weitergeht, vielleicht aber auch nicht, denn von markierten Elternfäden taucht praktisch nichts in der Nachkommenschaft wieder auf. Schließlich muß dann auf jeden Fall etwas Abnormes passieren, weil in die Teilchen der Nachkommenschaft wieder nur *ein* Faden verpackt wird. Er gleicht dem Elternfaden. Was mit den vielen Komplementärfäden geschieht (wenn es sie je gab), wie sie von den für die Verpackung bestimmten getrennt werden, und wie deren Bestimmung sich manifestiert, ist vorläufig unbekannt.

Vielleicht stellt dieser Reduplikationsmodus einen Übergang zum Kopierungsmechanismus für RNS (Ribonucleinsäure, S. 46) dar. Dieser Nucleinsäuretyp, den man in zahllosen Virusarten und auch in manchen Phagentypen findet, ist in der Natur noch niemals in Gestalt von Doppelspiralen nachgewiesen worden, und über den Kopierungsmechanismus für RNS-Einzelfäden ist bis dato Dunkel gebreitet. Für normale Zellen dürfte es i. a. unerwünscht sein, über die biochemischen Voraussetzungen für das Operieren eines solchen Mechanismus zu verfügen, weil es hier einen Vorteil bedeutet, wenn die Fähigkeit zur Autoreduplikation auf die steuernden Instanzen, d. h. die Gene in der DNS des Zellkerns beschränkt bleibt. Gerade RNS-Moleküle werden nämlich in der Zelle, wie wir noch sehen werden, als Vermittler der von den Genen ausgehenden Direktiven benützt, und es würde nur Verwirrung stiften, wenn die Vermittler-Individuen auf eigene Faust Nachkommen in ihre streng geordnete Welt setzen könnten. Die RNS von Viren enthält also vermutlich Genbereiche mit ganz ungewöhnlichen Befehlen, deren Befolgung durch die Wirtszelle erst *ad hoc* zur Etablierung der ungewöhnlichen Kopiervorrichtung führt.

Nach dieser Abschweifung, die vielleicht wieder etwas unsicher machen könnte, sollen orthodoxe Überzeugungen erneut gekräftigt werden durch den wohl handfestesten Beweis, der sich für Watson und Crick erbringen läßt. Dem dafür mit dem Nobelpreis ausgezeichneten Biochemiker KORNBERG ist es nämlich gelungen, aus Coli-Zellen (später auch aus beliebigen anderen Zellen) ein Enzym zu isolieren, das Nucleotide, nachdem sie zuvor mit chemischer Spannung aufgeladen wurden, zu DNS-Molekülen zusammengefügt, und zwar zu Doppelspiralen. Das Enzym beginnt mit der Arbeit jedoch erst dann, wenn man ihm ein Modell der Doppelspiralen zur Verfügung stellt, die es machen soll. Man muß also Enzym, eine gehörige Portion aktivierter Nucleotide von allen vier Arten und eine Spur DNS zusammengeben, und schon entsteht mehr und mehr DNS von genau der Nucleotid-Zusammensetzung und Sequenz, die die in den Ansatz hineingegebene, als Vorlage dienende DNS besitzt. Das Wunder ist natürlich sofort mit Hilfe des Watson-Crick-Schemas zu erklären. Dem Enzym fällt nur die Aufgabe zu, die Nucleotide, die sich die aufgezwirbelten Partnerfäden der als Modell zugesetzten DNS nach den Regeln der Basenpaarung aus dem angebotenen Vorrat selbst heraussuchen, zu den neuen Partnerfäden zusammenzuschweißen und so auch bei sämtlichen Tochterspiralen zu verfahren. Allenfalls hilft es noch beim etwas problematischen Aufzwirbeln mit, aber sonst ist es durchaus unspezifisch, d. h. es ist in keiner Weise auf die Herstellung einer ganz bestimmten Nucleotidsequenz geeicht. Die Information darüber steckt allein in der jeweils zu kopierenden Vorlage.

Daß die Sequenz in den Kopien wirklich haargenau stimmt, kann man zwar mit chemischen Methoden nicht absolut sichern, wie schon früher bemerkt. Es scheint aber kürzlich gelungen zu sein, den Beweis mit biologischen Mitteln zu liefern. Er beruht auf einer Beobachtung, die bereits ziemlich weit zurückliegt und ohne Zweifel auch nobelpreiswürdig war, denn sie hätte für die Molekularbiologie schon sehr viel eher den Startschuß geben können. So fiel er erst Anfang der fünfziger Jahre. Die Zeit war offenbar noch nicht reif, und so kam der Befund zu spät für den zu Ehren, der ihn erhob (AVERY). Die Entdeckung besagt nichts anderes als daß es möglich ist, Bakterienzellen Gene zu implantieren, die man zuvor aus Artgenossen von ihnen mit chemischen Mitteln extrahiert hat. Mit anderen Worten, man holt die DNS daraus hervor, reinigt sie von allen Beimengungen und fügt sie einfach zu einer Suspension lebender Zellen hinzu, die „transformiert" werden, d. h. denen in dieser DNS enthaltene Gene eingepflanzt werden sollen. Daß die Implantation wirklich gelungen ist, kann man ohne weiteres feststellen, wenn die aufnehmenden Zellen irgendeine definierte biochemische Leistung nicht vollbringen können, wohl aber die Artgenossen, die die DNS spenden mußten. Dann ist die geglückte Transformation daran zu erkennen, daß viele von den mit DNS behandelten Zellen plötzlich zu jener biochemischen Leistung imstande sind und die Fähigkeit dazu auch auf ihre Nachkommen vererben, aus denen nun DNS mit derselben transformierenden Spezifität extrahiert werden kann. Es wird nicht mehr nötig sein, die dem Transformationseffekt zugrundeliegenden molekularen Vorgänge nochmals im einzelnen zu erläutern, sondern es mag genügen, darauf hinzuweisen, daß man inzwischen gelernt hat, eine ganze Reihe von Zelltypen mit entsprechend sichtbarem Erfolg zur Aufnahme von „nackten" Nucleinsäuremolekülen zu veranlassen, die Träger spezifischer genetischer Informationen sind. Das trifft auch für Virusnucleinsäuren zu, d. h. damit behandelte Zellen können unter geeigneten Bedingungen, wie schon früher angedeutet, komplette Virusteilchen herstellen. Jedenfalls ist klar, wie dieser Effekt zu einem Beweis dafür herangezogen werden kann, daß die Nucleotidsequenz in DNS-Molekülen, die nach Muster *im Reagenzglas* hergestellt wurden, mit der im verwendeten Muster ganz exakt übereinstimmt. Man benutzt als Muster einfach eine DNS mit bekannter transformierender Spezifität, sorgt dafür, daß die neugemachte DNS „schwer" ist, so daß man sie nach dem Archimedischen Prinzip von der Muster-DNS abtrennen kann, und prüft dann, ob sie Zellen, die sie aufnehmen, in genau derselben Weise transformiert wie die Muster-DNS. Nun — sie tut's! Sie muß also die gleiche genetische Information enthalten haben wie das Muster, d. h. genau dieselbe Nucleotidsequenz.

So dürfen wir nun davon überzeugt sein, daß eines der am unzugänglichsten erscheinenden Rätsel der Biologie nicht nur theoretisch, sondern auch praktisch gelöst ist. Obwohl es noch andere sehr elegante, weil sehr direkte Beweise dafür gibt, die zu besprechen sich wohl lohnen würde, wollen wir uns ohne sie zufrieden geben und weitere geistige Anstrengungen jetzt lieber darauf richten, den Mechanismus verstehen zu lernen, der Nucleotid- in Aminosäuresequenzen übersetzt. Er ist der unentbehrliche Schlußstein in dem selbsttragenden Gewölbe, das uns als statisches Bild der autonomen chemischen Dynamik lebender Zellen dienen mag.

Die Übersetzungsautomatik. Wenn DNS sich aus 20 verschiedenen Nucleotiden zusammensetzte und nicht aus nur vier, würde man sofort vermuten, daß jedes der 20 Nucleotide stellvertretend *eine* bestimmte Aminosäure unter den 20 darstellt, die man in Proteinen gewöhnlich findet, und daß die Proteinsynthese sich direkt auf den DNS-Molekülen vollzieht. Wenn nämlich jedes der hypothetischen Nucleotide die ihm entsprechende Aminosäure so spezifisch anlagern und festhalten könnte, wie ein A ein T festhält oder ein C ein G (S. 83), dann müßte sich auch die erstrebte Aneinanderreihung von Aminosäuren nach dem Vorbild einer im DNS-Faden gegebenen Nucleotidsequenz in nahezu vollständiger Analogie zum DNS-Kopierungsmechanismus abwickeln lassen. Es stehen aber nur vier Nucleotide zur Verfügung. Also erfordert jede der 20 Aminosäuren zu ihrer Symbolisierung im DNS-Faden eine Auswahl von *mindestens drei* dieser Nucleotide in festgelegter Reihenfolge. Zwei genügen nicht, denn mit vier verschiedenen Nucleotiden lassen sich nur $4^2 = 16$ verschiedene Paare bilden. Diese einfachen Überlegungen machen es schon von vornherein beliebig unwahrscheinlich, daß die Proteinsynthese sich auch unter den wirklich gegebenen Umständen noch so vollkommen direkt verifizieren läßt wie unter den rein fiktiven immerhin denkbar. Kein Chemiker würde sich entschließen zu glauben, daß zwei so ähnliche Nucleotid-Tri-

Die Übersetzungsautomatik 133

pletts wie z. B. TTA und TTG irgendwelche merklichen Unterschiede in ihren chemischen Affinitäten zu bestimmten Aminosäuren aufweisen könnten, falls solche Affinitäten überhaupt bestehen. Spezifische Unterschiede wären aber die Voraussetzung dafür, daß sich jedes der beiden Tripletts (und ebenso alle übrigen) stets nur diejenige Aminosäure aus dem angebotenen Haufen von 20 verschiedenen Typen herausangelt und anlagert, deren stellvertretendes Symbol es ein für allemal zu sein hat.

Wenn aber die Aminosäuren auch nicht *direkt* auf ihre Triplett-Symbole im DNS-Faden passen wollen: eine selektiv-spezifische Anlagerung müßte sich trotzdem erreichen lassen, und zwar durch Zuhilfenahme von geeigneten Adaptern. So verfährt man ja auch im Maschinenbau, wenn z. B. zwei Werkstücke, die verschiedene Gewindeformen haben, zusammengeschraubt werden sollen. Greift man den Gedanken auf, dann ist eigentlich sofort klar, wie solche Adaptermoleküle in unserem Falle am einen Ende auszusehen hätten: nach den Basenpaarungsregeln (S. 83) ist zu erwarten, daß das DNS-Triplett TTA sich prompt und selektiv irgendwelche Moleküle anlagern würde, in deren Struktur die drei Nucleotide AAT in dieser Reihenfolge nebeneinander vorkommen. Das Triplett TTG hingegen täte das nur mit Molekülen, die das dazu komplementäre Nucleotid-Triplett AAC enthalten usw. Für 20 verschiedene Tripletts in der DNS wären demnach 20 in diesem Sinne verschiedene Typen von Adaptermolekülen nötig. Jedes von ihnen müßte aber *außerdem* auch noch so konstruiert sein, daß an sein anderes Ende nur die Aminosäure angehängt werden kann, die dem Triplett-Symbol vorn „entspricht". Die Entsprechung erfordert indessen offensichtlich keine strukturelle Korrespondenz mehr zwischen Triplett und Aminosäure, sondern kann gewissermaßen frei verabredet werden. Gerade das ist eben der Kniff, mit dem sich zusammenfügen läßt, was eigentlich nicht zusammenpaßt. Die „Verabredung" muß für die Aminosäure-Adapter nur strikt eingehalten werden, sonst droht heilloses Durcheinander bei der Proteinsynthese, indem die Aminosäuren an falsche Plätze geraten. Dem wird aber die Starrheit chemischer Strukturen und Reaktionsabläufe ausreichend entgegenwirken, solange nicht infolge von Mutationen an den beteiligten Strukturen selbst Änderungen eintreten.

Diese Überlegungen lassen sich in Form der nachstehend gezeigten Skizze zusammenfassen (s. S. 134). Oben sehen wir einen DNS-Faden (auf den anderen, dazu komplementären verzichten wir großzügig). Von seinem einen Ende her haben wir die ersten vier Tripletts abgezählt und ihnen vermittels komplementärer Basenpaarung die vier dazu passenden Adaptermoleküle angelagert. Jedes Adaptermolekül wiederum trägt am unteren, spezifisch geformten Ende die Aminosäure, die als einzige darauf paßt. Wir sehen, so lassen sich Aminosäuren wirklich in genau der Sequenz aufreihen, die von der Nucleotid- bzw. der übergeordneten Triplettsequenz im DNS-Faden gefordert wird. Es ist jetzt weiter nichts mehr nötig, als mit Hilfe eines Enzyms die Aminosäuren fortlaufend untereinander zu verketten und sie gleichzeitig von den

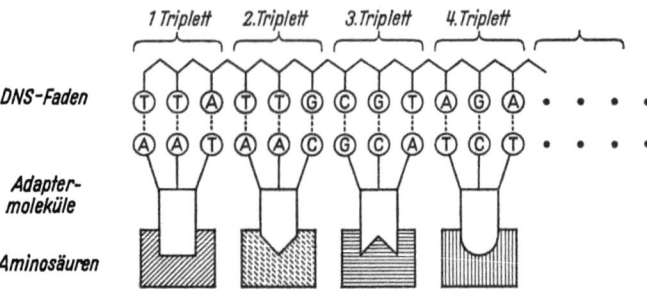

Adaptern abzulösen, dann haben wir, was wir brauchen: eine genau nach Rezept verfertigte Kette aus Aminosäuren. Daß auch die ihrer Aminosäuren beraubten Adaptermoleküle sich stets wieder vom DNS-Faden abzulösen haben, ist eigentlich selbstverständlich, und zwar nicht so sehr deshalb, weil sie erneut mit Aminosäuren beladen werden müssen (das könnte schließlich, wiewohl unter verschwenderisch großem Aufwand an Adaptern, auch an Ort und Stelle geschehen), sondern vor allem, weil die DNS sich immer wieder einmal selbst replizieren und dabei ihre Nucleotide unblockiert durch die Adapter zur Verfügung haben muß.

So weit, so gut. Die Frage ist nur, ob die Proteinsynthese auch wirklich ganz so einfach und übersichtlich abläuft, und die Antwort ist leider nicht uneingeschränkt positiv. Aber das Prinzip stimmt wenigstens. Wir haben es zunächst nur aller für seine Realisierung erforderlichen Komplikationen entkleidet. Sie bestehen im wesentlichen darin, daß die Adaptermoleküle nicht an die DNS-Fäden selbst angelagert werden, sondern an ganz besondere Kopien, die von ihren diversen *Genabschnitten* bzw. *Cistrons*, wie man deutlicher sagt, gemacht werden und deren Herstellung ausschließlich zum Zweck der Proteinsynthese erfolgt. Cistrons z. B., die zeitweilig durch Repressoren blockiert sind (S. 122), werden bei dieser Sonderkopierung ausgelassen, wodurch auf einfachste Weise erreicht wird, daß die Befehle, die sie enthalten, unausgeführt bleiben. Die für die Proteinsynthese bestimmten Genkopien bestehen ferner nicht aus DNS, sondern aus RNS, was aber nicht etwa ausschließt, daß sie nach den gleichen Regeln komplementärer Basenpaarung zusammengefügt werden, die auch die Replikation der DNS-Fäden beherrschen. Man muß sich nur merken, daß RNS anstelle von T (Thymin) immer die chemisch nahe verwandte Base U (Uracil) enthält. Die RNS-Kopie einer DNS-Nucleotidsequenz ATAGCCTAA... würde also als UAUCGGAUU... erscheinen.

Vermutlich werden die RNS-Kopien immer nur von *einem* der beiden Fäden einer DNS-Doppelspirale abgenommen — andernfalls müßten sich allerhand z. T. sehr naheliegende Komplikationen ergeben —, und das genügt ja auch, denn die gesamte benötigte Information steckt bekanntlich schon im DNS-Einzelfaden. Die Kopien der diversen Cistrons eines DNS-Fadens, die also aus RNS-Einzelfäden bestehen, wandern dann von der DNS ab und hin zu winzigen, aber im Elektronenmikroskop noch sichtbaren Partikeln, die überall im Zellsaft herumschwimmen. Man nennt sie Ribosomen, weil auch sie RNS (neben Protein) als Bauelement enthalten. Diese Ribosomen spielen bei dem, was dann geschieht, nur die ziemlich unspezifische Rolle von kleinen Nähmaschinen. Die RNS-Fäden, die die Botschaft von den Cistrons übernommen haben und die man deshalb unter den Sammelbegriff „messenger-(d. h. Boten-)RNS" einordnet, heften sich an die Ribosomen an, und diese erlauben nun auf ihrer kugeligen Oberfläche den Ablauf eben jenes Vorganges, den wir gerade in einer Skizze festhielten. Man muß sich darin nur den DNS-Faden durch einen solchen aus RNS ersetzt denken, entsprechend in den Adaptern T gegen U austauschen und sich vorstellen, daß das ganze Arrangement statt des Papiers ein Ribosom als feste Unterlage hat. Wahrscheinlich werden erst dadurch m-RNS-Faden (m=messenger) und Adaptermoleküle momentan so exakt gegeneinander fixiert, daß die Aminosäuren rasch und ohne Stockungen enzymatisch zusammengenäht werden können. Da die Fäden der m-RNS i. a. viel länger sind als der Durchmesser eines Ribosoms, müssen sie während des Nähens von einem Ende zum anderen über das Ribosom hinweglaufen, ganz wie die Stoffbahn über die Nähmaschine. Dabei lösen sich die ihrer Aminosäure entledigten Adapter ständig ab und stehen für Neubeladung und Rückkehr auf gerade tätige Ribosomen zur Verfügung. Ist das Ende des m-RNS-Fadens erreicht und damit auch die von ihm kodifizierte Kette von Aminosäuren komplett, so lösen diese beiden sich ebenfalls vom Ribosom. Die Polypeptidkette faltet sich zu einem kompakten Proteinmolekül zusammen, das seine ihm zukommende Rolle im Zellchemismus zu spielen beginnt, während Ribosom und m-RNS-Faden bereit sind, das Spiel von vorn zu beginnen und gemeinsam oder jedes mit einem anderen Partner weitere Proteinmoleküle herzustellen.

Natürlich ließ sich dieser mehrstufige Synthesemechanismus nicht auf Anhieb durchschauen. Die Klärung fing damit an, daß an der Proteinbiosynthese interessierte Biochemiker rein empirisch herausfanden, welche Zellbestandteile man braucht und wie man sie zusammenmischen muß, damit aus Aminosäuren, die man der Mischung willkürlich zusetzt, wenigstens eine Spur Protein gemacht wird. Mehr konnte man zunächst sowieso nicht erwarten. Nach und nach stellte sich heraus, daß man einerseits Ribosomen nehmen muß und andererseits eine Zellsaftfraktion, die gewisse Enzyme sowie merkwürdig niedermolekulare

RNS enthält. Von den Enzymen ließ sich alsbald zeigen, daß ihre Rolle darin besteht, jede der 20 Aminosäuren mittels ATP (S. 16) in einen aktivierten Zustand zu versetzen, um sie anschließend den kleinen RNS-Molekülen anzuhängen. Erst damit waren die Aminosäuren in dem Zustand, der sie für Ribosomen, d. h. für die Proteinsynthese, akzeptabel machte, und man brauchte nicht mehr lange, um dahinterzukommen, daß die kleinen RNS-Moleküle nichts anderes sein konnten als die schon mehrfach erwähnten Adaptermoleküle. Biochemiker nennen diesen dritten Typ von RNS, über den jede Zelle neben m-RNS und Ribosomen-RNS verfügt, entweder „Transfer-RNS" oder kurz „s-RNS" (s = soluble = löslich). Auch die Adapter sind also aus Nucleinsäure gemacht, was ja wohl die einfachste Lösung des Problems ist, mindestens 20 verschiedene Nucleotid-Tripletts in ebenso vielen gerade dadurch verschiedenen Molekültypen unterzubringen. Um nun auch noch zu erreichen, daß jedes Adaptermolekül sich nur diejenige Aminosäure anhängen läßt, die „verabredungsgemäß" seinem Triplett zugeordnet ist, wird vermutlich Gebrauch von der Möglichkeit gemacht, die strukturellen Unterschiede zwischen den Adaptern dadurch noch zu vergrößern, daß auch den übrigen, nicht zum Triplett gehörigen Nucleotiden in jedem der 20 Adapter eine andere Sequenz gegeben wird. Dann ist es nicht mehr so schwer, sich vorzustellen, daß jedes Adaptermolekül an seiner ganz und gar individuellen Nucleotidsequenz von einem strukturell darauf besonders geeichten Enzymmolekül erkannt und mit der jeweils „richtigen" Aminosäure beladen wird. Das charakteristische Triplett *allein* als Erkennungszeichen für diesen Vorgang zu benutzen, wird wohl aus den schon früher erörterten Gründen technisch nicht genügen. Die erforderlichen 20 Enzyme jedenfalls, von denen jedes auf *einen* Adaptertyp und *einen* Aminosäuretyp abgestimmt ist, finden sich neben der s-RNS im Zellsaft. Man kann sie, ebenso wie die s-RNS-Adapter, auch mit rein chemischen Methoden auseinandersortieren, braucht sich also nicht darauf zu beschränken, ihre Unterschiedlichkeit indirekt aus ihrer Funktionsweise zu erschließen. Ein besonders eleganter Beweis dafür, daß das *Adapter-Triplett* darüber entscheidet, *welchen Platz* die am Adapter hängende Aminosäure in der aufzubauenden Polypeptidkette einnimmt, während das entsprechende *„Erkennungsenzym"* entscheidet, *welche Aminosäure* ein bestimmter Adapter erhält, ließ sich auf folgende Weise erbringen. Man wandelte eine schon am zugehörigen Adapter hängende Aminosäure X durch einen gezielten chemischen Eingriff in eine andere um — nennen wir sie Y — ohne sie vom Adapter zu lösen. Das Kunststück ist in einem sehr glücklich liegenden Fall * mit einfachen Mitteln der organischen Chemie zu schaffen. Jetzt hing also die Aminosäure vom Typ Y an einem Adapter, der normalerweise ausschließlich den Typ X akzeptiert.

---

* Umwandlung von Cystein in Alanin.

Wo wird nun ein solcher Adapter die Aminosäure hinschaffen, wenn man ihn beim Aufbau eines in seiner Aminosäuresequenz bekannten Proteins mitbenutzt: an den Platz bzw. die Plätze, wo Y hingehört — oder dorthin, wo laut m-RNS-Vorschrift eigentlich die Aminosäure X eingefügt werden muß? Wenn die Platzsuche nichts mehr mit der chemischen Struktur der Aminosäure zu tun hat, die am Adapter hängt, sondern allein vom Adapter-Triplett abhängt, muß offenbar der letztere Fall eintreten, und genau das wurde auch festgestellt (BENZER, LIPMANN u. a.).

Von der m-RNS war im Zusammenhang mit der Schilderung der klärenden Experimente zur Biosynthese von Proteinen im Reagenzglas bisher noch gar nicht weiter die Rede. Man kam tatsächlich erst ziemlich spät darauf, daß Ribosomen und Zellsaft allein durchaus nicht genügen, um Aminosäuren zu Proteinmolekülen zusammenzusetzen. Daß die Sache überhaupt klappte, lag daran, daß die Ribosomen, so wie man sie aus den Zellen herausholte, stets etwas m-RNS gleich mitbrachten, wovon man aber noch nichts ahnte. Wiederum waren es die Bakterienviren, die diese verborgene, aber äußerst wichtige Tatsache erst ans Licht brachten. Man hatte gefunden, daß Colizellen, wenn man sie mit bestimmten Phagen infiziert, kaum mehr neue RNS synthetisieren. Die geringen Mengen aber, die sie davon noch herstellen, enthalten die vier Nucleotidbasen A, U, C und G in wesentlich anderen Proportionen als die RNS, die von *uninfizierten* Colizellen gemacht wird. Während deren Basenzusammensetzung recht genau der Basenzusammensetzung von *Coli-DNS* entspricht (hier T = U gesetzt; s. S. 134), ergab sich für die Basenproportionen der neugemachten RNS aus phageninfizierten Zellen gute Übereinstimmung mit den entsprechenden analytischen Daten für die *Phagen-DNS*. Sie weichen erheblich ab von denen der Coli-DNS. Dieser Befund sorgte für den zündenden Funken in den Häuptern von JACOB, MONOD, BRENNER und MESELSON: Offenbar wird zelleigene RNS gemäß dem Basenpaarungsprinzip *stets nach dem Bilde von DNS* gemacht, muß also auch deren Informationsgehalt automatisch mitübernehmen. Wo aber werden diese Informationen gebraucht? Natürlich an den Organellen, die man schon als die eigentlichen Orte der Proteinsynthese erkannt hatte, d. h. an den Ribosomen. Also sollte die von phageninfizierten Bakterien neusynthetisierte RNS ganz vorwiegend an den Ribosomen der Zellen kleben, was vom Experiment sofort bestätigt wurde. Damit war das Konzept der messenger-RNS geboren, das die Interpretation der s-RNS als einen Vorrat spezifischer Adaptermoleküle (CRICK) rasch nach sich zog.

Das Wesentliche an der Sache mußte natürlich beim Experimentieren mit phageninfizierten Zellen, deren eigene DNS als Folge der Infektion rasch zerstört wird (S. 95), ganz besonders klar zum Vorschein kommen. Sie können keinerlei *eigene* RNS mehr machen, denn *alle drei* Typen (m-RNS, s-RNS und Ribosomen-RNS) brauchen, wie man heute weiß, für ihre Herstellung entsprechende Cistrons auf der Bakterien-DNS als Vorlage. So kann in den infizierten Zellen nur noch solche RNS neusynthetisiert werden, die von *Phagencistrons* abkopiert wurde. Diese RNS aber ist ausschließlich m-RNS, denn die Ribosomen und die s-RNS-Adapter, die die Zelle für ihre eigenen Zwecke schon vor der Infektion gemacht hatte, sind als „Mädchen für alles" imstande, nach Vorlage jede beliebige Art von Protein zu machen, ganz gleich, ob sie m-RNS von Bakteriencistrons, Phagencistrons oder sonstwoher bekommen. Die Phagen-DNS braucht und hat also keine Cistrons, die die Herstellung von Adaptern oder Ribosomenkomponenten besorgen, sondern bedient sich dieser Einrichtungen so, wie sie ihr von der Wirtszelle zur Verfügung gestellt werden.

Tatsächlich profitiert das Virus ja auch sonst ausgiebig von den präformierten biosynthetischen Fließbändern der Zelle, so daß es genügt, wenn die Virusnucleinsäure nur Rezepte (Cistrons) zur Produktion ganz spezieller Virusproteine mitführt. Zu diesen gehören jedoch, wie jetzt unbedingt noch einmal hervorgehoben werden muß, keineswegs nur die Proteine, die die Hüllen für die kommende Generation von Virusteilchen zu bilden haben, sondern oft noch zahlreiche andere — zumeist Enzyme —, die in die Teilchen überhaupt nicht eingebaut werden. So muß z. B. möglichst frühzeitig nach Einschleusung der Virus-DNS in die Wirtszelle die Synthese eines Enzyms ausgelöst werden, das die zelleigene DNS zerstört, sofern die Virusnucleinsäure als alleiniger Befehlsgeber auf dem Plan bleiben soll. Erfolgreiche Lysogenisierung andererseits erfordert das genaue Gegenteil: sofortige Repression aller Virusgene mit Ausnahme derer, die die Synthese der entsprechenden Repressoren umgehend in Gang zu setzen haben (S. 122). Ferner gibt es bekanntlich Phagen, deren DNS gewisse bizarr verzierte Nucleotidbasen statt der normalen enthält (S. 96). Also muß hier, *ehe solche Virus-DNS überhaupt mit ihrer Replikation zu beginnen vermag,* erst einmal für die Synthese von Enzymen gesorgt werden, die ihrerseits die Synthese der abnormen Nucleotide und ihre Verkettung zu einem DNS-Faden bewerkstelligen können, und die die Wirtszelle natürlich nicht vorrätig hält. Diese „virusinduzierten" Enzyme lassen sich aus infizierten Zellen ohne weiteres isolieren. So wird jetzt eine Beobachtung verständlich, die beinahe auf Abwege geführt hätte: Unterdrückt man in Zellen, die mit so exzentrischen Phagen infiziert sind, sofort nach der Infektion jegliche Proteinsynthese, dann wird auch keine Virus-DNS gemacht. Unterbricht man die Proteinsynthese erst, nachdem die DNS-Synthese schon angelaufen ist, so wird diese jetzt nicht mehr gestoppt. Das sah, zusammen mit manchen anderen, unverstandenen Befunden, ganz so aus, als könnte DNS sich gar nicht unter eigener Regie kopieren und vermehren, sondern brauchte dazu eine Stempelmaschinerie aus Protein, auf die die gesamte Information, wie weitere solche DNS zu machen

Der genetische Code 139

sei, erst einmal übertragen werden mußte. Jetzt ist klar, daß sich hinter diesem sofort nach Infektion zu synthetisierenden, für die Synthese der Virus-DNS unentbehrlichen Protein nur bestimmte Enzyme verbergen, die mit dem eigentlichen Mechanismus der DNS-Replikation gar nichts zu tun haben, sondern nur mit dem Nachschub von Bauteilen.

Daß Phagen-DNS eine überraschend große Menge verschiedener Gene umfassen kann, wußte man schon bald nach Beginn der Phagengenetik, also recht lange. Sie konnten unmöglich alle nur Hüllproteine symbolisieren und blieben daher anfangs ziemlich rätselhaft. Heute übersieht man wesentlich besser, wozu so viele Cistrons gebraucht werden, kennt aber die *genaue* Funktion wahrscheinlich noch immer nur von einem Bruchteil. Vermutlich gibt es überhaupt kein Virus, dessen Nucleinsäure nur ein einziges Cistron repräsentiert (nämlich das Rezept für das Hüllprotein des betreffenden Teilchens). So wenig dürfte kaum ausreichen, sich damit in einer Zelle massiv durchzusetzen. Auf jeden Fall war es eine voreilige Vereinfachung, Virus schlicht als „vagabundierendes Gen" zu deuten.

Der genetische Code. Eigentlich wissen wir damit bereits genug über die molekularen Mechanismen, die die Existenz lebender Systeme und ihrer unbelebten Parasiten, der Viren, ermöglichen. Wir können ohne Zögern behaupten: das Lebensphänomen ist auf dieser entscheidend wichtigen Ebene vollkommen rational verständlich geworden — und das ist wahrhaftig ungeheuer viel. Trotzdem wird mancher Leser wünschen, den Schleier wenigstens an einem Zipfel auch noch von einem für das Prinzipielle durchaus nicht mehr sehr wichtigen Geheimnis gelüftet zu sehen, d. h. er wird fragen: wie sehen denn eigentlich die 20 verschiedenen Triplettsymbole, die die Natur für die 20 verschiedenen Aminosäuren verwendet, wirklich aus — und woher weiß man überhaupt, daß es Tripletts sind und nicht Quadrupletts oder Kombinationen von noch mehr Nucleotiden?

Um eine Antwort auf die letztere Frage zu bekommen, machen wir ein Gedankenexperiment. Wir betrachten einen definierten Bereich auf einem DNS-Einzelfaden, also ein Cistron, dessen Triplettsequenz auf dem üblichen Transskriptionsweg in ein Proteinmolekül mit entsprechender Aminosäuresequenz zu verwandeln ist und fragen uns, was passieren würde, wenn wir *ein* Nucleotid *irgendwo* aus dem betrachteten Cistron eliminierten und die Lücke dann einfach durch direktes Verketten der beiden Nachbarn dieses Nucleotids wieder schlössen. Die Folge wäre offenbar, daß *links* von der Stelle, an der das Nucleotid fehlt, noch immer dieselben Tripletts abgelesen werden können wie vorher. Spätestens von genau dieser Stelle an aber müssen sich, wenn wir mit der Abzählung von Tripletts bis zum rechten Ende des Cistrons fortfahren, durchweg vollkommen anders zusammengesetzte Tripletts ergeben als vor der Nucleotid-Eliminierung. Vermutlich wird kaum eines von ihnen noch irgendeinen „Sinn" ergeben. Aus

4 verschiedenen Nucleotiden kann man nämlich $4^3 = 64$ verschiedene Tripletts konstruieren. Wenn aber für die Zwecke der Transskription prinzipiell nur 20 gebraucht werden, ist die nächstliegende Annahme, daß nur 20 von den 64 zu den „Auserwählten" gehören und nur für diese die passenden Adapter seit eh und je gemacht werden. Die Folge unserer verstümmelnden Operation wird also höchstwahrscheinlich sein, daß die Transskription überhaupt nicht über die operierte Stelle hinaus fortgeführt werden kann, ein komplettes und damit brauchbares Proteinmolekül also nicht zustandekommt. Wir setzen unser Gedankenexperiment jetzt damit fort, daß wir irgendwo nicht zu weit entfernt von der Stelle der ersten Eliminierung *noch ein* Nucleotid aus dem Cistron herausnehmen und den DNS-Faden dann wieder zusammenflicken. Folge: die Tripletts rechts von der neuen Operationsstelle ändern sich sämtlich abermals, ohne aber ihre ursprüngliche Zusammensetzung wiederzugewinnen. Erst wenn wir nun *noch ein drittes*, beliebiges Nucleotid, wiederum in der Nähe der beiden ersten Fehlstellen, entfernen, erhalten wir die ursprünglichen Tripletts im gesamten Bereich rechts von der am weitesten rechts stehenden Fehlstelle zurück. Unser Cistron zeigt also fast wieder die ursprüngliche Konfiguration, außer daß ihm ein ganzes Triplett fehlt und daß ein paar völlig veränderte Tripletts noch immer in dem voraussetzungsgemäß engen Bereich vorkommen, auf den sich die Fehlstellen verteilen. Falls das zufällig Tripletts sind, für die es Adapter gibt, kann die ganze Triplett-Sequenz des betrachteten DNS-Fadenstücks nun wieder transskribiert werden. Was dabei herauskommt, ist ein Proteinmolekül, dem im Vergleich zum Originaltyp *eine* Aminosäure überhaupt fehlt, während ein paar andere, benachbarte, gegen solche ausgetauscht sind, die im Originaltyp an diesen Plätzen nicht vorkommen. Sonst gleicht ihm aber das neue Protein vollkommen. Da man weiß, daß kleinere Veränderungen der geschilderten Art manchmal ohne großen Einfluß auf die Funktionstüchtigkeit von Proteinen — auch von Enzymen — sind, bestünde also tatsächlich Hoffnung, daß das Transskriptionsprodukt unseres DNS-verstümmelnden Gedankenexperimentes noch einigermaßen funktioniert. Um diese Überlegungen, die gewisse typische Eigenschaften eines Triplett-Code der angenommenen Art hervorheben, passend abzurunden, sollte man sich ferner klarmachen, daß durchaus analoge Ergebnisse erzielt würden, wenn an die Stelle einer *Eliminierung* von 3 Nucleotiden eine willkürliche *Neueinfügung* von drei beliebigen Nucleotiden in das Cistron träte. Das Transskriptionsprodukt wäre dann ein Protein mit einer überzähligen Aminosäure neben ein paar umgetauschten. Schließlich müßte auch die Kombination von Nucleotideliminierungen mit einer gleichen Zahl von Substitutionen zu eventuell brauchbaren Transskriptionsprodukten führen.

Das wirklich Erstaunliche ist nun, daß ein ganzer Satz von Punktmutationen (S. 115), alle im gleichen Cistron eines Phagen gelegen, entdeckt werden konnte, die sich nach den Effekten, die sie haben, teils als Substitutions-, teils als Eliminationsmutationen benehmen. Nennen wir die einen (+), die anderen (—), dann ergibt das gleichzeitige Vorhandensein je einer (+) und einer (—) Punktmutation im betreffenden Phagencistron ein funktionstüchtiges, wiewohl mit Normaltyp nicht ganz übereinstimmendes Phagenteilchen. Das Gen funktioniert hingegen nicht, wenn es eine oder zwei zur (+) Gruppe oder eine bzw. zwei zur (—) Gruppe gehörige Punktmutationen enthält. Kommt aber zu zwei (+) noch eine dritte (+) oder zu zwei (—) noch eine dritte (—), dann ist die Funktion wieder da, wenn auch wiederum nicht so absolut vollkommen wie beim Normaltyp (CRICK). In diesen Beobachtungen haben wir den — freilich noch indirekten — Beweis dafür, daß der Nucleinsäure-Code ein Triplett-Code ist. Die Analyse hat sich leider bisher nicht so weit treiben lassen, daß die jeweiligen Transskriptionsprodukte der mit den diversen Punktmutationen besetzten, allelen Cistrons direkt erfaßt und auf ihre Aminosäuresequenz untersucht werden konnten.

Man kann übrigens noch zwei weitere, interessante Feststellungen aus diesen Experimenten ableiten.

Erstens sieht es danach ganz so aus, als sei der Anfang eines jeden Cistrons i. a. durch ein allgemeinverbindliches „Signal" markiert — z. B. durch ein nur diesem Zweck vorbehaltenes, kurzes Nucleotid-Multiplett —, das aufs Nucleotid genau anzeigt, wo mit der Umkopierung auf m-RNS angefangen werden soll. Sonst müßte es immer wieder passieren, daß schon hierbei völlig „unleserliche" m-RNS zustandekommt. Würde nämlich die Umkopierung versehentlich beim zweiten oder dritten statt beim ersten Nucleotid eines Cistrons beginnen, so liefe das auf eine Rasterverschiebung ganz analog der eben besprochenen hinaus. Ferner dürften Nucleotid-Eliminierungen und -Substitutionen ohne dieses „Signal" niemals nur das eine Cistron außer Gefecht setzen, in dem sie wirklich passiert sind (es sei denn, es ist endständig), sondern auch alle anderen Cistrons, die in der Ableserichtung an das betroffene Cistron anschließen. Sie würden offensichtlich, da sich ja im DNS-Faden Nucleotid an Nucleotid reiht, sämtlich von der Rasterverschiebung mitbetroffen. Anzeichen dafür haben sich jedoch beim Spielen mit den auf ein bestimmtes Cistron beschränkten (+) und (—) Punktmutationen nicht ergeben. Das postulierte „Signal" wäre wohl am besten für das Enzym bestimmt, dem die Aufgabe zufällt, auf DNS-Fäden aufgereihte Ribonucleotide zu m-RNS-Fäden zusammenzuschweißen. Auch dieses Enzym ist schon gefaßt, nur weiß man über seine Signalabhängigkeit noch nichts.

Zweitens klappt das Exerzieren mit den (+) und (—) Mutanten so gut, daß sich der Verdacht regt, es könnten doch mehr als nur 20 Tripletts zu den „Auserwählten" unter den 64 möglichen gehören. Dies aber würde bedeuten, daß im natürlichen Code ein und dieselbe

Aminosäure durch mehr als ein Triplett symbolisiert wird, daß es also nicht so viele vollkommen sinnlose Tripletts gibt wie man zunächst denken sollte, und dementsprechend für jede Aminosäure mehr als nur einen Typ von Adaptermolekül. Dieser Verdacht hat sich einfach dadurch bestätigt, daß man beim Auseinandersortieren von Adaptermolekülen direkt auf dies Faktum stieß. Der Nucleinsäure-Code ist also „degeneriert", wie es in der Fachsprache heißt. Daß dieser Umstand die Exaktheit und Eindeutigkeit der Transskription nicht stören kann, macht man sich leicht klar. Er sollte sogar dazu führen, daß Punktmutationen, die auf Nucleotid*verwechslungen* bei der DNS-Replikation beruhen, gelegentlich ganz ohne Effekt bleiben. Wenn nämlich durch den Replikationsfehler aus einem Triplett, das die Aminosäure X symbolisiert, ein anderes Triplett wird, das ebenfalls X symbolisiert, einfach weil die Zelle den passenden, auch nur mit der Aminosäure X kombinierbaren s-RNS-Adapter sowieso schon bereithält, dann bleibt das Transskriptionsprodukt trotz der strukturellen Änderung des Cistrons selbstverständlich unverändert.

Spinnt man den zugrundeliegenden Gedanken fort, so ergeben sich allerhand experimentell nachprüfbare Konsequenzen. Ein Phagenteilchen z. B. möge infolge einer Nucleotidverwechslung in einem seiner Cistrons zu einem Triplett gekommen sein, für das sich in der Wirtszelle kein Adapter findet, das also hier „sinnlos" ist. Das mutierte Teilchen wird seine Vermehrung im bisher brauchbaren Wirtszelltyp daher künftig nicht mehr durchführen lassen können (übrigens auch dann nicht, wenn das veränderte Triplett zwar nicht sinnlos ist, aber jetzt eine Aminosäure symbolisiert, deren Einfügung in das Transskriptionsprodukt dessen korrektes Funktionieren, etwa als Enzym, unmöglich macht). Findet das Phagenteilchen aber einen Zelltyp, der neben allen übrigen Voraussetzungen auch einen Adapter für sein verändertes Triplett zur Verfügung stellt, und dirigiert dieser Adapter eine halbwegs geeignete Aminosäure in das Transskriptionsprodukt, dann steht seiner Vermehrung hier nichts im Wege. Konkrete, sorgfältig analysierte Beispiele für den geschilderten Effekt haben sich in genügender Zahl finden lassen. Sie illustrieren eine wichtige Tatsache: Der Nucleinsäurecode ist zwar ziemlich, aber doch nicht ganz universell. Es kommen kleinere Unterschiede in den „Wörterbüchern" vor, über die die verschiedenen Zelltypen verfügen, und sie sind zweifellos auf Mutationen zurückzuführen, die hin und wieder in irgendeiner Zelle einen Adapter mit veränderten Eigenschaften entstehen ließen oder auch eines von den Enzymen, die den Adaptern die Aminosäuren anzuhängen haben, in seiner Spezifität modifizierten. Warum der Nucleinsäure-Code trotz der Möglichkeit, ihn mutativ (also ganz planlos und zufällig) zu ändern, im wesentlichen allgemeinverbindlich für alle Organismen geblieben ist, verstehen wir noch nicht recht. Man muß eben vorläufig die etwas unbefriedigende Annahme machen, irgendein

Selektionsdruck erzwinge die sehr weitgehende Aufrechterhaltung der Universalität.

Auf der Basis der vorausgegangenen Erläuterungen läßt sich endlich auch verstehen, wie man einem Phagenteilchen, das durch Mutation zu einem so oder so unbrauchbaren Triplett gekommen ist, sogar mit rein chemischen Mitteln wieder auf die Beine helfen kann, d. h. ohne es auf die Suche nach einem neuen Wirt schicken zu müssen. Die Ausführbarkeit des Experimentes war schon einige Kapitel früher angedeutet worden (S. 91) und beruht auf der sehr allgemeinen Tatsache, daß die Folgen eines Fehlers manchmal durch einen zweiten Fehler wieder aufgehoben werden. Genau gesagt, man muß nur dafür sorgen, daß das fehlerhafte DNS-Triplett nun auch noch fehlerhaft abgelesen wird, dann besteht Aussicht, doch noch ein brauchbares Transskriptionsprodukt zu erhalten. Zu diesem Zweck bietet man Zellen, die mit den Phageninvaliden infiziert sind, in gehöriger Menge ein bestimmtes chemisches Derivat der Base U (S. 134) an. Sie machen dann m-RNS-Kopien von den Phagencistrons, die statt des gewöhnlichen U etwas von diesem Derivat enthalten. Das Derivat hat aber keine ausschließliche Vorliebe mehr für die A-Base als Paarungspartner, sondern nimmt auch gern G. Daher müssen bei der Auswahl der Adapter durch die modifizierte m-RNS Fehler passieren. Wird der Fehler gerade da gemacht, wo das normalerweise ungeeignete Triplett sitzt, dann kann es geschehen, daß an entsprechender Stelle eine Aminosäure in das Transskriptionsprodukt gerät, die diesem wieder zur Funktionstüchtigkeit verhilft. So werden also Zellen, in denen dieser für den invaliden Phagen glückliche Zufall eingetreten ist, die Synthese weiterer solcher Phagen durchführen können. Natürlich tritt der günstige Zufall sehr, sehr selten ein, weshalb man eine außerordentlich große Zahl von Zellen, die mit dem defekten Phagen infiziert sind, für den Versuch einsetzen muß, um den Effekt zu bemerken. Experimente dieser Art dürfen deshalb nicht so mißverstanden werden, daß man glaubt, es sei nun möglich geworden, willkürlich *gezielte* Eingriffe an den Genen oder am Transskriptionsmechanismus vorzunehmen, und deshalb hofft, es könnten auf diesem Wege in naher Zukunft auch Menschen von Erbleiden befreit werden. Wer so argumentiert, hat die Eigenart der molekularen Mechanismen der Vererbung nicht verstanden.

Wir wenden uns jetzt der Beantwortung der anderen, zu Anfang dieses Abschnitts gestellten Frage zu: Welche Tripletts symbolisieren welche Aminosäuren? Auf den ersten Blick sieht es so aus, als könne dieses Problem nur durch mühselige, gegenwärtig noch gar nicht befriedigend durchführbare Sequenzbestimmungen der Nucleotide z. B. in allen erreichbaren s-RNS-Adaptern oder auch in DNS-Cistrons gelöst werden, wobei im letzteren Falle die Triplettsequenz des Cistrons mit der Aminosäuresequenz des zugehörigen Transskriptionsproduktes zu korrelieren wäre. Wir erinnern uns indessen, daß Ribosomen prinzipiell bereit sind, *beliebige* Transskriptionen durchzuführen, ganz gleich, woher die m-RNS kommt, die ihnen die nötige Vorschrift gibt (S. 138). Da sollte sich doch sogar künstlich hergestellte m-RNS an ihnen ausprobieren lassen! Es gibt glücklicherweise ein Enzym, das Ribonucleotide auch im Reagenzglas zu längeren RNS-Fäden zu verketten vermag. Die einfachsten Typen von RNS, die man damit machen kann, sind natürlich Fäden, die nur Nucleotide mit der Base U oder nur solche mit der Base C usw. enthalten. Ihre Triplettsequenz ist damit von vornherein bekannt: sie enthalten eben nur UUU-Tripletts oder nur CCC-Tripletts usw. Mit etwas Glück sind das nun Tripletts, die im genetischen Code wirklich Sinn haben, denen also je eine bestimmte Aminosäure zugeordnet ist. Welche das ist, müßte sehr einfach herauszufinden sein, wenn man einer zur Proteinsynthese befähigten Mischung von Ribosomen, Adaptern, Aminosäuren usw. als m-RNS jeweils eines der homogenen RNS-Präparate zusetzt. Das, wie wir ja schon wissen, auch im Reagenzglas funktionierende Transskriptionssystem sollte dann 19 von 20 angebotenen Arten von Aminosäuren unbeachtet lassen und nur Moleküle des einen Aminosäuretyps, der den immer gleichen Tripletts der eingesetzten, synthetischen m-RNS zugeordnet ist, zu einer langen Kette vereinigen. Der Erfolg solcher Versuche war frappant (MATTHAEI und NIRENBERG). Auf Anhieb war klar, daß UUU das Triplett für die Aminosäure mit dem chemischen Namen Phenylalanin sein muß. Die anderen synthetischen Präparate homogener RNS (Poly-C, Poly-A, Poly-G) funktionierten zwar in dem System nicht oder nicht so überzeugend, aber als man dazu überging, synthetische RNS zu machen, die neben U auch noch eine der anderen Basen in wechselnden Proportionen enthielt, wurden auch andere Aminosäuren in den Transskriptionsprozeß einbezogen. Durch rechnerische Korrelation der „Einbaurate" jeder Aminosäure (in die entstehende Aminosäurekette nämlich) mit der statistisch zu erwartenden Häufigkeit von Tripletts bestimmter Zusammensetzung in den angewandten, synthetischen m-RNS-Präparaten war man so rasch imstande, 19 Aminosäuren Tripletts zuzuordnen. Allerdings war auf diese Weise die genaue Anordnung der Nucleotide innerhalb der als codierend befundenen Tripletts nicht zu erfahren. UUC, UCU und CUU z. B. sind nicht auseinanderzuhalten, weil die Synthese der benutzten künstlichen m-RNS nicht so gelenkt werden kann, daß, außer in dem einen, trivialen Fall, bestimmte Nucleotidsequenzen eingehalten werden. Analytisch lassen sich die wirklich entstandenen Sequenzen natürlich auch nicht feststellen, sondern nur die für eine statistische Rechnung immerhin ausreichenden Proportionen der Nucleotide in den Fäden.

Es ist ebenso bedeutsam wie beruhigend, daß man zu grundsätzlich gleichen Ergebnissen über die Zusammensetzung der Tripletts auch auf einem ganz anderen Wege gekommen ist. Es gibt bestimmte chemische Agenzien, die manche Nucleotidbasen (auch *in situ*, d. h. im

Nucleinsäurefaden) in andere umwandeln. Davon war schon einmal die Rede (S. 117). Wir können uns hier auf die Umwandlung der Base C in die Base U als Beispiel beschränken. Sie ist aus chemischen Gründen irreversibel, d. h. aus C kann nur U werden, aus U aber niemals wieder C oder irgendeine andere Base. Es muß daher möglich sein, Tripletts einer m-RNS, die C enthalten, in solche umzuwandeln, die stattdessen U enthalten. Besonders übersichtlich sollten sich dabei die drei Tripletts CUU, UCU und UUC benehmen, weil jedes von ihnen nur noch das *eine* Triplett UUU liefern kann, wenn ihr C einen einzigen (Zufalls-) „Treffer" durch das umwandelnde Agens (Nitrit) abbekommt. Das bedeutet aber: jeder solche Treffer in m-RNS-Fäden muß in deren Transskriptionsprodukten monoton dadurch zum Ausdruck kommen, daß hier immer wieder die Aminosäure Phenylalanin (Codewort UUU!) an Plätzen gefunden wird, die normalerweise von Aminosäuren eingenommen werden, denen die Codewörter CUU, UCU und UUC zugeteilt sind. Ein Austausch von Phenylalanin gegen irgendeine andere Aminosäure darf hingegen unter den Bedingungen des Experiments niemals beobachtet werden, weil eben das Nitrit, dessen Einwirkung man die m-RNS ausgesetzt hat, alle UUU-Tripletts in Ruhe läßt.

Solche Versuche lassen sich sehr gut mit der von Protein vollkommen befreiten RNS des Tabakmosaikvirus durchführen, denn sie funktioniert allem Anschein nach direkt als m-RNS für Herstellung des Teilchenproteins (und sehr wahrscheinlich auch noch anderer, nicht in Virusteilchen eingebauter Transskriptionsprodukte). Man unterzieht die TMV-RNS einer Behandlung mit Nitrit, bestreicht dann die Blätter geeigneter Tabakpflanzen mit der RNS-Lösung und wartet auf die Ausbildung von Lokalläsionen (S. 30). Daß auch reine Virusnucleinsäure den Prozeß der Virusvermehrung auslösen kann, ist uns bereits bekannt (S. 132). Manche von den entstehenden Lokalläsionen werden dann ausschließlich Virusteilchen enthalten, in deren Protein ein Aminosäureaustausch stattgefunden hat, weil der infizierende RNS-Faden einen Nitrit-Treffer in dem Bereich bzw. Cistron enthielt, der das Teilchenprotein symbolisiert. Wenn man sich größere Mengen dieser mutierten Teilchen heranzieht, kann man durch chemische Analyse ihres Proteins exakt feststellen, an welcher Stelle in dessen Polypeptidkette eine bestimmte Aminosäure gegen eine bestimmte andere ausgetauscht ist. TMV-Teilchen enthalten außer ihrem RNS-Faden glücklicherweise nur *eine* Art von Protein, das aus einer kompliziert zusammengefalteten, aber sonst einfachen Polypeptidkette von genau 158 Gliedern mit genau bekannter Sequenz besteht. Durch geduldiges Sammeln und Analysieren solcher künstlich hergestellter TMV-Mutanten ergibt sich schließlich eine Tabelle aller je beobachteten Austausche, aus der man die dabei obwaltenden Regelmäßigkeiten ablesen kann. Sie reflektieren tatsächlich in der beschriebenen Weise, und damit in guter Übereinstimmung mit ganz anders angelegten Versuchen zur Code-Entzifferung, die Triplett-Zusammensetzung für bestimmte Aminosäuren (WITTMANN). Natürlich lassen sich mit dieser Methode nicht alle prinzipiell möglichen Austausche erfassen, z. B. weil manch ein Austausch eine Polypeptidkette liefern dürfte, die sich nicht mehr richtig zu einem kompakten Proteinmolekül zusammenfaltet. Dann aber können auch keine stabilen TMV-Stäbchen entstehen, die betreffende Mutante ist also, zumindest in dieser bequemen Form, gar nicht isolierbar.

So rundet sich für uns das Bild, das hier in knappen Strichen zu zeichnen war, mit bewunderswerter Konsequenz. Die Natur reitet, möchte man sagen, das Prinzip der komplementären Basenpaarung zu Tode, um damit Lebendiges zu schaffen. Gleich dreimal wird es an strategisch entscheidenden Punkten ausgenutzt: zur exakten Kopierung von DNS-Molekülen (wahrscheinlich auch von RNS-Molekülen im Falle von Virus-RNS), zur Umkopierung der in DNS-Molekülen enthaltenen „Informationen" auf m-RNS-Moleküle, und schließlich zur Transskription von deren Nucleotid- bzw. Triplettfolgen in Aminosäuresequenzen mit Hilfe von s-RNS-Adaptern. Vielleicht liegt das scheinbar hartnäckige Festhalten an ein und derselben Methode einfach daran, daß die im Rahmen chemischer Gesetzmäßigkeiten verfügbaren molekularen Strukturen und Mechanismen nirgends alternative Wege zur Herstellung jenes „Kurzschlusses" freigeben, der zum lebenden System führt, so daß prinzipiell jeder Versuch, die Sache anders zu machen, irgendwo in einer Sackgasse enden muß. Es wird noch sehr viel detaillierterer Einsichten, auch seitens der reinen Chemie und Physik, bedürfen, ehe man die Möglichkeit, lebende Systeme ebensowohl mit ganz oder weitgehend anderen Molekültypen aufzubauen als sie die Natur in unserer Reichweite verwendet, ausschließen oder bestätigen kann. Von einer souveränen Beherrschung des Materials, mit dem er spielt, wird zumindest der Chemiker dann wohl wirklich sprechen können — und fortan nichts mehr zu tun haben.

VII. Virusbekämpfung

Nach soviel reiner Wissenschaft mag es erholsam sein, sich nun noch einigen praktischen Fragen in bezug auf eine rationelle Virusbekämpfung zuzuwenden. Die Viren haben uns zwar, wie versprochen, alle wünschenswerten Auskünfte über das Geheimnis des Lebens gegeben, aber wir scheinen inzwischen fast vergessen zu haben, daß Viren Krankheitserreger sind oder sein können, deren Ausbreitung man gern eindämmen und die man, wenn möglich, ganz und gar loswerden möchte. Welche guten Ratschläge kann die Wissenschaft da geben?

Um es offen zu sagen: was die neuere Grundlagenforschung, die sich der Viren mit so besonderer Liebe und in ihrem Sinne auch mit großem Erfolg annahm, aus ihrer Arbeit an brauchbaren Empfehlungen für die Praxis herauszudestillieren vermochte, ist herzlich wenig. Darin liegt aber keinerlei Veranlassung für sie, sich zu schämen oder für einen Außenstehenden, ihr ebenso billige wie verständnislose Vorwürfe zu machen. Im Gegenteil! Es ist gerade ein besonders wichtiges Resultat der exakten Virusforschung, daß man ganz genau sagen kann, warum guter Rat hier so teuer ist. Der Leser wird die Antwort selbst geben können, wenn die vorausgegangenen Kapitel ihren Zweck erfüllt und dazu gedient haben, ihm die spezifische Problematik des Phänomens „Virus" auf die rechte Weise nahezubringen.

Heilen. Der Kern des Ganzen ist: Viren können nur mit Hilfe der chemischen Fließbänder lebender Zellen vermehrt werden, die dabei starken Schädigungen oder schließlich gar der Zerstörung anheimfallen. Diese Art der Vermehrung ist gleichzeitig die Ursache dafür, daß Viren Krankheitserreger sind. Um sie unschädlich zu machen, müßte man sie also an der Vermehrung hindern, doch das ist offensichtlich nicht dadurch möglich, daß man Mittel benutzt, die die zur Virusproduktion eingespannten Fließbänder zum Anhalten bringen könnten. Solche Mittel gibt es zwar, und sie würden tatsächlich die Virusproduktion in jeder virusbefallenen Zelle lahmlegen. Sie würden aber auch gleichzeitig alle noch gesunden Zellen eines mit Virus infizierten Organismus töten, denn deren Fließbänder, die praktisch dauernd laufen müssen, wenn die Zellen lebensfähig bleiben sollen, unterscheiden sich nicht von denen virusbefallener Zellen. Heilmittel, die nach diesem Prinzip der Fließbandhemmung arbeiten, und die sich bei bakteriellen Infektionskrankheiten hervorragend bewährt haben (Penicillin, Streptomycin, Terramycin, Sulfonamide usw.), scheinen also auf den ersten Blick bei Viruskrankheiten vollkommen auszuscheiden.

Bei bakteriellen Infektionskrankheiten ist die Situation deutlich anders. Wohl gilt es auch hier, die Erreger an einer Vermehrung im befallenen Organismus zu hindern. Bakterien aber sind selbständige, echte Lebewesen, die über eine Vielzahl eigener chemischer Fließbänder verfügen und nicht darauf angewiesen sind, sich der Fließbänder in den Zellen ihrer Opfer zu bedienen. Wenn es also gelingt, Mittel zu finden, die zwar die bakteriellen Fließbänder blockieren, nicht aber die des erkrankten Organismus, dann man hat hier gewonnenes Spiel. Solche Mittel gibt es und kann es nur deshalb geben, weil Bakterien mancherlei durch chemische Besonderheiten ausgezeichnete Fließbänder haben, die in anderen Zelltypen nicht vorkommen (und natürlich auch umgekehrt). Mit chemischen Stoffen, die auf diese Besonderheiten abgestimmt sind, kann man somit die Bakterien ganz allein und gezielt treffen.

Auch eine direkte, rein chemische Attacke auf die Virusteilchen selbst, solange sie noch außerhalb ihrer Wirtszellen zu fassen wären, verspricht nichts Gutes. Virusteilchen bestehen aus Protein und Nucleinsäure, zwei Verbindungsklassen, die in jeder beliebigen Zelle ebenfalls vorkommen. Die Benutzung von Chemikalien, die Protein oder Nucleinsäure oder beides zerstören könnten und die es selbstverständlich gibt, verbietet sich also von allein. Man würde mit solchen „Heilmitteln" ebenso den Teufel durch Beelzebub austreiben wie mit Hemmstoffen, die gegen die Fließbänder der Wirtszellen gerichtet sind. Es sei denn, man fände in seltensten Ausnahmefällen Chemikalien, die ganz spezifisch nur auf die besondere Feinstruktur eines bestimmten Virusproteins zerstörend einwirken und jedes andere Protein in Ruhe lassen. In Anbetracht des chemisch variablen Aufbaues von Protein wäre so etwas allenfalls denkbar, während die Feinstruktur von Nucleinsäuremolekülen wahrscheinlich keine Möglichkeiten bietet, hier auf so massive, unmittelbare Weise und trotzdem selektiv ein- bzw. anzugreifen (S. 89).

Daß bei den Viruskrankheiten die Basis für gezielte Eingriffe, wie wir sehen, so außerordentlich schmal ist, erschwert das Auffinden rationeller Heilmaßnahmen von vornherein, denn eine Therapie ist selbstverständlich nur dann sinnvoll, wenn sie ganz erheblich mehr nützt als schadet und wenn sie genügende Durchschlagskraft mit möglichst geringen Kosten verbindet — alles Anforderungen, die umso eher und besser zu erfüllen sind, je größer die vorgefundene Zielscheibe ist. Eine solche Therapie gibt es bei echten Viruskrankheiten praktisch noch nicht. Das einzige, was sich bis jetzt, oft mit großem Erfolg, machen läßt, ist: vorbeugen! Wenn man überhaupt jemals dazu gelangen will, nicht nur das Ausbrechen von Viruserkrankungen möglichst zu verhindern, sondern auch trotz aller Vorbeugungsmaßnahmen auftretende Krankheitsfälle zu heilen, wird sich die Grundlagenforschung auf diesem Gebiet auch den kleinsten Details widmen müssen, denn nur so kann man hoffen, womöglich doch noch mehr darüber herauszufinden, was an der Virusvermehrung wirklich virusspezifisch ist und deshalb für therapeutische Zwecke auszunützen sein könnte.

Gewisse Ansatzpunkte zeichnen sich da trotz allem schon ab. Wir erinnern uns, daß Viren zwar in ihrer Wirtszelle keine umfangreichen, eigenen Fließbänder aufbauen, aber immerhin wohl stets das eine oder andere, von der Zelle nicht zur Verfügung gehaltene Enzym erst einmal herstellen lassen müssen, um ihre Reproduktion in Gang bringen zu können (S. 138). Es besteht einige Hoffnung, daß man solche Spezialenzyme eines Tages mit relativ einfachen Chemikalien gezielt außer Gefecht setzen lernt und damit schließlich doch noch zu einer Therapie gelangt, die sich wenigstens nicht grundsätzlich von der Therapie bakterieller Infektionskrankheiten mit „Antibiotica" unterscheidet.

Eine andere Möglichkeit, gezielt in den Vermehrungsmechanismus der Viren einzugreifen, bietet sicherlich der Reifungsprozeß (S. 99). Daß Nucleinsäure und (manchmal recht zahlreiche) Proteinkomponenten sich automatisch zu Virusteilchen von morphologisch höchst exakt gegliederter Form zusammenfinden, setzt offensichtlich ganz besondere chemisch-strukturelle Eigenschaften bei vielen dieser Komponenten voraus. Es muß möglich sein, das richtige Zusammenpassen zu stören und so die Entstehung intakter, kompletter Virusteilchen zu verhindern. Tatsächlich fand man, daß ein einfacher, synthetischer Farbstoff genau diesen Effekt hat, wenn er auf phageninfizierte Zellen einwirkt: neusynthetisierte Köpfe und Schwänze bleiben unverbunden, aktives Virus entsteht also nicht.

Bei der Suche nach Spezifität nicht bei virusinfizierten *Zellen*, sondern bei den *freien* Virusteilchen selbst, erinnert man sich sofort daran, daß manche Typen unter ihnen einer besonderen Rezeptorsubstanz bedürfen, um in ihre Wirtszellen eindringen zu können (S. 65). Sofern die Reaktion zwischen Virusteilchen und spezifischer, aus den Zellen herauspräparierter Rezeptorsubstanz irreversibel, d. h. nicht wieder rückgängig zu machen ist (S. 64), hätte man in Präparaten der Rezeptorsubstanzen natürlich vorzügliche Mittel sowohl zur Vorbeugung als auch zur Heilung bei entsprechenden Viruskrankheiten. Sowie sich ein freies Virusteilchen außerhalb einer Zelle blicken ließe, könnte es mit einer gehörigen Dosis der passenden Rezeptorsubstanz inaktiviert werden, wodurch die Vermehrungslawine aufzuhalten oder eine Ansteckung überhaupt zu verhindern wäre. Leider vermögen sich aber gerade die praktisch interessanten, für den Menschen gefährlichen Virusarten, sofern sie überhaupt auf Rezeptorsubstanzen angewiesen sind, um infizieren zu können, von der freien Substanz selbsttätig wieder abzulösen, nachdem sie von ihr zunächst gebunden wurden (S. 73). Man müßte also durch passende chemische Behandlung der Rezeptorsubstanz dafür sorgen, daß es nur noch zur Bindung, aber nicht mehr zur Ablösung kommen kann. Versuche in dieser Richtung scheinen schon gewisse Erfolge gehabt zu haben, aber auch hier hat die Praxis vorläufig noch nicht profitiert.

Unabhängig von ihrem Ansprechen auf Rezeptorsubstanzen, das nur für einige zutrifft, besitzen alle Virusarten eine für jeden Typ charakteristische *serologische* Spezifität (S. 30). Das Protein, mit dem die Teilchen umhüllt sind, ruft im Warmblüterorganismus, weil es hier normalerweise nichts zu suchen hat, Antikörper hervor, die ins Blutserum abgegeben werden. Die Antikörper, ebenfalls zur Klasse der Proteine gehörend, binden sich spezifisch an das Protein, das sie hervorlockte, sowie sie damit zusammentreffen. Man kann also Virusteilchen mit dem passenden Antikörper ganz zudecken, und dann sind sie meist auch inaktiviert, offenbar weil sie die Antikörperschicht nicht wieder loswerden können, wenn es im Interesse ihrer Vermehrung nötig wird. Mit dem Serum von Menschen oder Tieren, die eine bestimmte Viruskrankheit überstanden haben, kann man unter günstigen Voraussetzungen tatsächlich die gleiche Krankheit in anderen Individuen vorbeugend oder heilend bekämpfen, und das Prinzip ist dabei ganz ähnlich wie bei der eben dargelegten Behandlung mit Rezeptorsubstanzen, obwohl Antikörper natürlich nichts mit solchen zu tun haben. Wenn genügende Mengen an reinem Virus verfügbar sind, lassen sich erhebliche Vorräte von spezifisch dagegen gerichtetem Antiserum fabrikatorisch gewinnen, indem man z. B. Pferde oder andere große Tiere mit dem Virus immunisiert und ihnen Blut abzapft. Dabei ist es keineswegs etwa erforderlich, daß die benutzten Tiere wirklich erkranken oder auch nur anfällig für das Virus sind! Allein die Tatsache einer Körperfremdheit genügt, in ihnen die gewünschten Antikörper hervorzurufen. Bekanntlich werden nach dieser Methode, die nicht auf Viren beschränkt ist, auch das berühmte Diphtherie-Antiserum und manche anderen Heilseren gewonnen.

Vorbeugen. Die Serumbehandlung ist aber teuer und oft schlecht oder gar nicht wirksam, nicht zuletzt deshalb, weil sie meist schon zu spät kommt. Wenn man nur dafür sorgen könnte, daß einem ansteckungsgefährdeten Individuum die geeigneten Antikörper bereits im Blut kreisen, ehe es sich überhaupt mit Virus infiziert hat, wäre die Situation viel günstiger. Sich *vorbeugend* Antiserum einspritzen zu lassen, ist aus mancherlei Gründen ziemlich nutzlos und kann sogar ausgesprochen gefährlich werden. Aber jedermann ist ja von der Natur mit der kostbaren Gabe ausgestattet, selbst Antikörper machen zu können. Allerdings wäre niemand so verrückt, sich (nach dem Prinzip: lieber ein Ende mit Schrecken als ein Schrecken ohne Ende) mit Virus anstecken zu lassen, um dagegen gefeit zu werden. Es wurde jedoch eben schon angedeutet, daß die Antikörperbildung auch ohne Erkrankung möglich ist. Es kommt allein darauf an, sich das *Protein* zu applizieren, gegen das man Antikörper zu bilden wünscht, also z. B. ein bestimmtes Virusprotein. Virusprotein aber ist ungefährlich, wenn es nicht Bestandteil noch aktiver Virusteilchen ist, die die gefürchtete Erkrankung verursachen. Also läßt man sich Virusteilchen einspritzen, die so geschickt inaktiviert worden sind, daß das Protein dabei möglichst heil blieb. Solche Präparate werden „Vakzinen" genannt. Sie vollkommen von allen vermehrungsfähigen Virusteilchen zu befreien, ist nicht ganz einfach, und auf die Gefahren dieser sog. *aktiven* Immunisierung (im Gegensatz zur *passiven*, auf Behandlung mit Serum beruhenden) wurde in anderem Zusammenhang schon hingewiesen (S. 25). Sie hat aber bei Beherrschung der Technik so viele Vorteile, daß man auf ihre Anwendung zur Vorbeugung gegen lebensgefährliche Viruskrankheiten, z. B. die Kinderlähmung oder das Gelbfieber, einfach nicht verzichten kann. Denn es gibt bis heute kein anderes, auch nur annähernd so wirksames Mittel!

Es mag noch erwähnt werden, daß für solche Immunisierungen des Menschen gelegentlich sogar doch aktives, vermehrungsfähiges Virus verwendet wird, z. B. Gelbfiebervirus (neuerdings auch Poliovirus als sog. „Schluckimpfstoff"). Allerdings benutzt man einen Stamm, der beim Menschen kaum noch merkliche Krankheitserscheinungen hervorzurufen vermag. Er wurde aus dem gemeingefährlichen Originalstamm dadurch gewonnen, daß man diesen lange Zeit im Laboratorium auf Wirtsgeweben weiterzüchtete, die ihm eigentlich nicht recht behagen, z. B. auch in Hühnereiern (S. 26). Dabei bleibt seine serologische Spezifität zwar erhalten. Er verliert aber nach und nach seine bösartigen Eigenschaften, besonders seine Vorliebe für bestimmte Zelltypen, die vom Originalstamm besonders gern befallen werden und deren Zerstörung wegen ihrer absoluten Lebensnotwendigkeit für den Menschen Tod bedeutet. Bei solchen „abgeschwächten", in gewissen Eigenschaften veränderten Virusstämmen, die man mit der kurz angedeuteten „Passagetechnik" bei allen möglichen Virusarten häufig ohne große Schwierigkeiten erhalten kann, handelt es sich entweder um Modifikationen (S. 118) oder aber um aus den Originalstämmen herausgezüchtete *Mutanten*. In diesem Falle sind die mutierten Teilchen in ganz geringer Zahl schon im Originalstamm zu finden, haben jedoch erst eine Chance, sich durchzusetzen, wenn man die Züchtung unter Bedingungen fortsetzt, die ihre Vermehrung begünstigen, die des Normaltyps hingegen behindern. Die schon lange bekannte Methode der Tierpassagen menschenpathogener Viren zwecks Abschwächung und Verwendbarmachung als Impfstoff (Kuhpocken, Tollwut) bedeutet also oft nichts anderes als die lange Zeit unbewußte Anwendung des Prinzips der Selektion mit dem Effekt einer scheinbar allmählich und nachträglich eintretenden Anpassung an die veränderten Verhältnisse, begleitet von entsprechenden erwünschten Eigenschaftsänderungen. Die tatsächlichen Zusammenhänge in solchen Fällen wurden bereits ausführlich besprochen, sind aber nur da exakt zu beweisen, wo die fortgeschrittene Experimentiertechnik die Zählung und Charakterisierung einzelner Virusteilchen erlaubt (S. 34). Ungefährliche „Lebend"-Vakzinen sind aus naheliegenden Gründen stets Mutanten des gefährlichen Originalstammes.

Wie die aktive Immunisierung im Grunde eine Vorbeugungsmaßnahme ist, so auch alles andere, was man vorläufig zur Abwehr von Virusepidemien tun kann. Seltener auftretenden oder ungefährlichen, wiewohl lästigen und häufigen Viruserkrankungen gegenüber, wie z. B. Schnupfen, ist der Einzelne praktisch machtlos, weil Vorbeugen statt Heilen, wenn es wirksam sein soll, fast stets einen großen Aufwand an Geld und oft auch staatlichen Zwangsmaßnahmen bedeutet, der sich nur lohnt und vertretbar ist, wo schwere Gefahren für viele drohen. Wie durchschlagend der Erfolg sogar relativ einfacher Vorbeugungsmaßnahmen im Kampf gegen Viruskrankheiten sein kann, wenn sie nur mit äußerster Konsequenz durchgeführt werden, zeigt die fast völlige Unterdrückung des Gelbfiebers in allen bewohnteren Gegenden. Sie ist hauptsächlich auf die Ausrottung der übertragenden Stechmücke zurückzuführen.

Vorbeugungsmaßnahmen verschiedener Art sind auch *pflanzenpathogenen* Viren gegenüber, die oft wegen der auf ihr Konto kommenden Ernteausfälle große wirtschaftliche Bedeutung haben, das Mittel der Wahl. Zwar ist es gelegentlich gelungen, viruserkrankte Pflanzen zu kurieren, indem man sie kurze Zeit in heißes Wasser tauchte oder längere Zeit bei übernormalen Temperaturen weiterwachsen ließ. Es ist aber natürlich nicht möglich, diese Behandlung auf den Bestand großer Kartoffel-, Rüben- oder Zuckerrohrfelder auszudehnen. Immerhin könnten solche Verfahren doch eine gewisse praktische Bedeutung gewinnen, und zwar für die Produktion virusfreien Saatgutes, das ohnehin oft genug aus Einzelindividuen herangezüchtet werden muß. Man könnte damit sogar Nutzpflanzenrassen, deren Verwendung wegen vollkommener Durchseuchung aller existierenden Bestände mit Virus gänzlich aufgegeben werden mußte, wieder brauchbar machen. So manche vorzügliche Kartoffelsorte verschwand allein deshalb von Feldern und Tellern, weil der „Abbau", eine Viruserkrankung und nicht, wie man lange Zeit dachte, eine „Degenerationserscheinung", von der gesamten Rasse unheilbar Besitz ergriffen hatte.

Chemikalien, die geeignet sind, viruserkrankte Pflanzen zu heilen, indem man, ähnlich wie bei der Insektenbekämpfung, ganze Felder damit bestreut, wären zwar ein großes Geschäft, aber es gibt sie noch nicht, und vielleicht wird es sie nie geben.

Züchterische Maßnahmen. Ein Abwehrmittel, das beim Menschen nicht anwendbar ist, wohl aber bei Tieren und vor allem bei Pflanzen erheblichen Nutzen bringt, ist die *Züchtung virusresistenter Rassen.* Man kann mehrere Arten mangelnder Anfälligkeit für Virus unterscheiden. Das Ideal wäre vollkommene Immunität, also der Fall, daß die abzuwehrende Viruserkrankung überhaupt nicht angeht. Ebenfalls noch erstrebenswert, wiewohl weniger wirksam, wäre eine *relative* Resistenz, also z. B. erschwertes Angehen oder rasche Abheilung der Krankheit in den betreffenden Individuen. Eine dritte Art schließlich, die eigentlich nicht als Resistenz, sondern als Toleranz bezeichnet werden muß, erfreut sich in der Pflanzenzüchtung zwar besonderer Beliebtheit und leistet auch mehr oder weniger, was man erwartet, ist aber tatsächlich sehr gefährlich. Virustolerante Pflanzen sind keineswegs vor Ansteckung gefeit, sondern erkranken nur nicht sichtbar, wenn sie mit Virus infiziert werden. Sie können von Virus wimmeln, ohne daß die Ernte wesentlich beeinträchtigt wird. Gerade darin aber liegt die Gefahr. Selbstverständlich werden unter diesen Umständen sehr bald praktisch alle Bestände einer solchen toleranten Kulturpflanzenrasse mit Virus durchseucht sein, so daß man dann erstens wegen der ungeheuren Ansteckungsgefahr überhaupt keine anfälligeren Rassen mehr kultivieren kann, obwohl sie bei geringerer Gefährdung unter gewissen Umständen sehr erhebliche Vorteile böten. Das riesige Virusreservoir, das in den toleranten Massenkulturen angesammelt wird, bietet aber außerdem den an sich seltenen Virusmutanten eine hervorragende Chance, nun mit relativ hoher absoluter Häufigkeit aufzutreten. Manche

Virusmutanten sind bekanntlich durch einen veränderten Wirtsbereich ausgezeichnet und können daher, wenn ihnen auf diese Weise eine Chance gegeben wird, plötzlich Virusepidemien in Pflanzenbeständen auslösen, die vorher wenig oder gar nicht unter Virusbefall zu leiden hatten. Andere Mutanten können sogar der toleranten Rasse, in der sie spontan entstehen, infolge einer Virulenzänderung gefährlich werden. Auf lange Sicht kann man also mit toleranten Rassen leicht mehr verlieren als gewinnen. Da im übrigen jede Art von Resistenz, auch absolute Immunität, erfahrungsgemäß jederzeit durch das spontane Auftreten eines geeigneten Virustyps durchbrochen werden kann, befindet sich der Züchter in einem steten Wettrennen mit diesen mutablen Geschöpfen, den Viren. Er kann sich auf seinen Lorbeeren niemals ausruhen, was ihm allerdings vom kommerziellen Standpunkt auch gar nicht so unbedingt erstrebenswert erscheinen dürfte.

Falls ein bestimmtes Virus nur durch Insekten von Pflanze zu Pflanze übertragen werden kann, hat man natürlich die Möglichkeit, seine Abwehrmaßnahmen in Gestalt von Insektenvertilgungsmitteln gegen sie und nicht gegen das Virus zu richten. Merkwürdigerweise bringt das aber oft nicht den gleichen Erfolg wie z. B. beim Gelbfieber. Aussichtsreicher scheint die Idee zu sein, in solchen Fällen den Versuch zur Züchtung einer Pflanzenrasse zu machen, die von dem gefahrbringenden Insekt gemieden wird. Man sieht, es gibt eine ganze Reihe interessanter, noch keineswegs erschöpfter Möglichkeiten zu züchterischer Betätigung auf dem Gebiet der Virusbekämpfung. Wo alles versagt, bleibt meist nur übrig, sichtbar erkrankte oder sogar nur unmittelbar gefährdete und damit andere gefährdende Pflanzen rücksichtslos auszumerzen. Bei Baumplantagen, z. B. Kakao, die lange Zeit zum Heranwachsen brauchen, kann dies ein finanziell sehr schmerzliches Verfahren sein, dem sich mancher Pflanzer nur widerwillig fügt.

Bei Nutztieren sind die züchterischen Möglichkeiten einfach dadurch viel beschränkter, daß man von ihnen meist entfernt nicht so große Individuenzahlen auf virusresistente Exemplare durchsuchen kann wie von Pflanzen. Außerdem wäre es ein teurer Spaß, z. B. die Milch- und Fleischproduktion ganzer Rinderherden durch Infektion mit Maul- und Klauenseuche zu opfern, um vielleicht irgendwann einmal erbkonstitutionell gefeite und damit u. U. für Zuchtzwecke geeignete Tiere zu entdecken. Da ferner auch hier der Zuchterfolg wegen der Virusmutabilität jederzeit wieder vernichtet werden könnte, bleiben i. a. nur drakonische Ausrottung einmal erkrankter Bestände oder, bei kostbaren Großtieren, Sperrmaßnahmen und aktive Immunisierung als Auswege. Leider wird auch der Immunisierungsschutz wiederum durch die Virusmutabilität nicht selten in Frage gestellt. Es brauchen nur Virusmutanten mit veränderten serologischen bei gleichbleibenden pathogenen Eigenschaften aufzutreten, dann war die ganze Immunisierung umsonst.

Man wäre, alles in allem, sicherlich nicht böse darüber, wenn eines Tages doch noch billige Chemotherapeutika wenigstens gegen die schlimmsten Viruskrankheiten gefunden würden. Eine günstige Prognose wird aber vorläufig niemand so leichthin stellen können.

VIII. Virus, Evolution, Urzeugung

Am Ende unseres Diskurses über das scheinbar sehr spezielle, in Wirklichkeit jedoch zur Beantwortung fundamentalster Fragen der Biologie hinführende Virusproblem dürfen wir wohl getrost zu wissen behaupten, was Virus ist. Sind wir aber deshalb in der Lage, unser Wissen in knappen Worten auszudrücken? Die Beschreibung eines Virusteilchens für sich allein würde gerade seine charakteristischsten Eigenschaften vollkommen auslassen. Sowie aber diese Eigenschaften geweckt werden und ins Spiel kommen, gibt es kein Virusteilchen mehr! An seine Stelle tritt ein komplexes chemodynamisches System, in welches die verschiedenen chemischen Komponenten des Virusteilchens an unterschiedlichen Orten, zu unterschiedlichen Zeitpunkten und mit unterschiedlichen Funktionen eingeschaltet werden, um in Zusammenarbeit mit anderen Molekülen, die dem Teilchen niemals angehörten, eine streng geregelte Tätigkeit zu entfalten. Als Endergebnis solcher Tätigkeit treten wiederum diese langweiligen, weil anscheinend vollkommen passiven und daher nur höchst lückenhaft beschreibbaren Gebilde auf, die man Virusteilchen nennt.

Es ist also ganz klar: Wer eine Antwort auf die Frage „Was ist Virus?" wünscht, muß es sich einfach gefallen lassen, lauter Antworten auf Fragen zu bekommen, die er gar nicht gestellt zu haben glaubt. Der Begriff Virus greift eben gewissermaßen über sich selbst hinaus und umfaßt weit mehr noch Vorgänge als bloße Dinge. Auf die unerläßlichen Zusatzfragen zu verfallen und sie so zu formulieren, daß sie experimentell beantwortbar wurden, blieb wissenschaftlichen Außenseitern vorbehalten. Die Ergebnisse mußten revolutionierend sein, denn die volle Ausleuchtung des Virusphänomens konnte nur zeigen, daß es gerade *die* Vorgänge umfaßt und als gesetzmäßiges Zusammenspiel chemisch definierter Moleküle erkennbar werden läßt, die der klassischen Biologie immer ein Rätsel geblieben waren: Wachstum, Vermehrung, Vererbung, Selbstregulation usw. Als Wissenschaft vom Leben hat also von jetzt an eigentlich die Molekularbiologie zu gelten, denn die klassische Biologie wußte ausgerechnet zum Urphänomen ihres Studiengebietes niemals endgültig Erleuchtendes zu sagen. Im besten Falle schwieg man still und hielt es insgeheim für unerklärbar.

Zu wissen, was Virus ist, sollte aber, genau genommen, auch Kenntnisse über die Herkunft der Viren einschließen. Doch damit hapert es noch sehr. Derzeit sieht es so aus, als habe man gute Gründe anzunehmen, daß Virusteilchen ihren Start einem spontanen Fehler z. B.

im Hauptarchiv irgendeiner Zelle verdanken könnten. Stücke von DNS machen sich vielleicht gelegentlich selbständig, und wenn sie dadurch den Regulationsmechanismen des sonst so geordneten Zusammenspiels soweit entgleiten, daß sie sich plötzlich in beliebig hoher Auflage eigenmächtig kopieren können, ist das ein guter Anfang für weitere Fortschritte auf dem Wege, zu einem höchst unnützen Mitglied der chemischen Arbeitsgemeinschaft einer Zelle zu werden. Das selbständig gewordene Stück Nucleinsäure bleibt natürlich mutabel, in den unzähligen Kopien, die im Laufe der Zeit von ihm hergestellt werden, müssen sich Kopierungsfehler, d. h. Änderungen der ursprünglichen Nucleotidsequenz anhäufen, und schließlich könnte dabei einmal das Symbol eines Transskriptionsproduktes herauskommen, das sich als Hüllprotein für eben dieses neue Nucleinsäurerezept eignet. Damit ist vielleicht schon so etwas wie ein Virusteilchen fertig. Diese Gebilde sind jetzt auch außerhalb der Zelle, in der sie erstmals auftraten, beständig und können ihr Operationsfeld, wenn sie in andere Zellen hineingeraten und dort ausgewickelt werden, beträchtlich ausdehnen. Noch sind sie nicht ausgesprochen gefährlich für die aufnehmenden Zellen, sondern stellen nur eine unerwünschte Belastung für deren Biosyntheseapparat dar. Das kann sich aber durch weitere Mutationen in der Generationenfolge dieser Teilchen und durch die sofort zugunsten der gefährlichsten von ihnen einsetzenden Selektionsmechanismen rasch ändern.

Es liegt auf der Hand, daß es praktisch unmöglich ist, einen solchen Evolutionsprozeß *en miniature*, gerade wenn er sich wirklich so abspielt, im Laboratorium auch nur zu verfolgen, geschweige denn, ihn zu provozieren und zu lenken. Sollte jede biologische Evolution tatsächlich allein auf den Mechanismen beruhen, die wir bis heute zur Erklärung heranziehen können, ist uns eine saubere experimentelle Nachprüfung wahrscheinlich für alle Zeiten verschlossen.

Wie dem auch sei: anzunehmen, daß die Viren „Urformen des Lebens" sind, wie immer wieder behauptet wird — diesen Kummer wird mir hoffentlich kein Leser dieses Büchleins bereiten. Zellen mit ihrer gegenüber einem Virusteilchen unerhört komplexen und vor allem *dynamischen* Organisation sind die unabdingbare *Voraussetzung* für die Propagierung von Virusteilchen, und das Leben beginnt erst auf dem zellulären Niveau. Es ist ohne eine Gemeinschaftsleistung sehr vieler chemischer Komponenten gar nicht denkbar. Selbst wenn aus irgendeinem „Urschleim" oder irgendeiner „Ursuppe" in spontanem „Urzeugungsakt" jemals so etwas wie ein Virusteilchen hervorgegangen sein sollte: ohne gleichzeitige Anwesenheit von lebenden Zellen würde es, einsam und allein, bestenfalls bis in alle Ewigkeit geblieben sein, was und wie es war. Solche Vorstellungen von der Urzeugung beruhen generell auf der Annahme, daß es „selbstvermehrungsfähige Moleküle" gibt oder geben kann. Gerade die Forschung auf dem Virusgebiet hat diesen Gedanken mehr und mehr zerpflückt. Es sieht so aus, als sei *jede* chemische Reproduktionsleistung an das Operieren mehrstufiger Zyklen gebunden, die das *gleichzeitige* Vorhandensein *mehrerer* aufeinander abgestimmter Glieder von mehr oder weniger komplizierter Struktur erfordern und manchmal gar das zu reproduzierende Gebilde zunächst einmal vernichten müssen, ehe damit begonnen werden kann, neue Exemplare davon anzufertigen.

Man beschäftigt sich zwar gelegentlich damit, solche „Ursuppen" künstlich herzustellen. Tatsächlich läßt sich zeigen, daß in einer Mischung einfachster Stoffe wie Wasserdampf, Methan, Ammoniak und Wasserstoff, also in einer Art Uratmosphäre, wie sie die Erde vielleicht vor Jahrmilliarden umhüllt hat, unter dem Einfluß elektrischer Entladungen relativ simple organische Verbindungen, z. B. auch Aminosäuren, entstehen können. Das ist zweifellos sehr interessant, aber Aminosäuren sind noch lange keine Proteine, und selbst eine Mischung irgendwie spontan entstandener Proteine und Nucleinsäuren wäre eo ipso noch lange nicht geeignet, sich selbst erhaltende, chemodynamische Zyklen zu konstituieren. Entweder sind sämtliche genau zusammenpassenden Glieder eines kompletten Zyklus spontan auf einen Schlag da und umeinander versammelt, ein denkbar unwahrscheinliches Ereignis, dann kann das Leben losgehen — oder aber es bleibt auch die reichhaltigste Mischung beliebig komplizierter Moleküle was sie ist: eine Ansammlung von Stoffen! Damit ist in spezieller Form ein ganz allgemeines, ungelöstes Problem biologischer Evolution ausgesprochen. Man kleidet es gern in die Form der tiefsinnigen Scherzfrage, was wohl eher dagewesen sei, die Henne oder das Ei? Es darf ruhig behauptet werden, daß man im Bereich der exakten Naturwissenschaften vorläufig nicht einmal einen Zipfel des Urzeugungsproblems am richtigen Ende erwischt hat. Das gilt selbstverständlich erst recht von den Metaphysikern unter den Urzeugern, die selbsterfundene „geistige Ordnungsprinzipien" als des Rätsels Lösung angelegentlich empfehlen möchten.

Während also die Viren zum Problem der Urzeugung allem Anschein nach nicht viel beisteuern, haben sie uns umso mehr geholfen, das „Rätsel des Lebens" in anderer Hinsicht wirklich lösen zu lernen, nämlich die Funktionsweise fertig vorgefundener, lebender Systeme auf der untersten Stufe zu ergründen. Diesem Rätsel gegenüber sind wir mehr und mehr in die relativ günstige Lage gekommen, in der sich jemand von vornherein befindet, der mit Leidenschaft etwa Kreuzworträtsel löst. Er kennt wenigstens das Prinzip, nach dem sein Rätsel gebaut ist. Auch wir dürfen annehmen, das Prinzip unseres Rätsels mittlerweile genau zu kennen, so daß uns nur noch die Aufgabe bleibt, nach den exakt passenden, in das Schema einzusetzenden Schlüsselwörtern zu suchen, was sogar auch schon zum guten Teil gelungen ist.

Vor hundert Jahren war die Situation viel hoffnungsloser. Rebus, Anagramm, Rösselsprung oder magisches Quadrat (um im Bilde zu bleiben) — alle Möglichkeiten bis in die profundeste vitalistische Metaphysik hinein standen de facto offen und fanden ihre fanatischen Vertreter, die auch alle mit ihren Lösungsversuchen zu scheinbar klaren Resultaten gekommen zu sein glaubten. Verwunderlich ist das nicht, wenn man bedenkt, wieviel Zahlenmystik, astrologischer Tiefsinn und sonstige geheimnisvolle Beziehungen sich sogar aus so einfachen Objekten wie z. B. der Cheopspyramide herauslesen lassen und auch wirklich herausgelesen wurden, einfach in Ermangelung jedes festen Anhaltspunktes für die wirklichen Umstände, die die Wahl ihrer Abmessungen usw. bestimmten.

Am besten stellt man sich allemal auf den Standpunkt, daß jedes Problem zu seiner gültigen Lösung erst reif sein muß, und daß vorher nicht viel Vernünftiges dazu zu sagen ist, wobei es dennoch nichts schaden kann, gesammelte Erfahrungstatsachen ab und zu Revue passieren zu lassen und daraufhin zu untersuchen, ob sie inzwischen besser geeignet sind, bewußt offen gelassene Fragen zu beantworten. Freilich gehört dazu eine gewisse Selbstüberwindung, denn wer möchte nicht Fragen, die ihn bedrängen, vorsichtshalber doch lieber noch zu seinen Lebzeiten beantwortet sehen?

Sachverzeichnis

Adapter 133, 140
Adenosintriphosphat (ATP) 16, 136
Agarplatten 55, 116
Allel 107
Aminosäuren 43 ff., 86 ff., 132 ff.
Aminosäuresequenz 128, 132, 139
Anpassung 71
Antikörper 45, 149
Antiserum 149
Archimedisches Prinzip 129, 132
Atmung 14
Autokatalyse 49, 79, 104
Autoreduplikation s. Selbstvermehrung

Bakterienzelle 10, 55, 57, 60, 62, 67
Bakteriophagen (Bakterienviren) 28, 32, 46, 52, 55, 62, 137
Basenpaarung, komplementäre 83, 85, 117 f., 131, 133, 134, 146

Chorioallantois 26 f.
Chromosomen 47, 111, 112, 114
Cistron 115, 138, 139, 140, 143

Degeneration (des Nucleinsäure-Codes) 142
Desoxy-ribose 46
Desoxyribonucleinsäure (DNS) 46, 80, 112 u. v. a.
DNS-Doppelspirale 81 ff.
DNS-Reproduktionsmechanismus 85, 128

Eclipse 74, 97, 113
Eiweiß s. Protein
Elektrophorese 41, 65
Energieumsatz 14 ff., 92
Enzyme 11 ff., 44 ff., 73 ff., 114 ff., u. v. a.
Erbfaktoren s. Gene
Evolution 71

Fließband 11 ff., u. v. a.

Gärung, alkoholische 11
Gen 8, 20, 47 f., 79 ff., 102 ff.
—, Feinstruktur 115 ff.

Genkarten 109 ff., 113
Gewebezüchtung 25 f.

Hämagglutination 30, 72

Immunisierung 44 f., 149 ff.
Infektionsmechanismus 64 ff.
Information, genetische 79, 118 ff.
Interferenz 120
Isotope 93, 112, 128

Kybernetik 125

Latenzzeit 60, 63, 108
„Lebenskraft" 10 f.
Letalmutation 88, 91
Lochtest 33 f., 58, 63, 98
Lokalläsion 30 f.
Lyse 59, 128
Lysogenie 122 ff.

Mikroskop, Licht- 21
—, Elektronen- 21, 99
Mischinfektion 105 ff.
Modifikation 118 ff., 151
Mutation 48, 70, 71, 88, 103 ff., 140 ff., 151 f.
Mutationsrate 89

Nucleinsäure 43 ff., u. v. a.
— -Code 87, 141 ff.
Nucleotid 45 ff., 80 ff.
— basen 46
— sequenz 128 ff.
— tripletts 136, 140, 143, 145
— Triplett-Code 140
— -Sequenz 134
— -Symbole 133

Phagengenetik 109 ff.
Phagenteilchen 66, u. v. a.
Polypeptidketten 43, 136, 145
Population 114
Protein 43 ff., 74 ff.
— synthese 132 ff.

Reaktionsnetz 19 f.
Regelkreise 124

Rekombination 104 ff.
Repression 122 ff., 134 ff.
Rezeptorsubstanzen 65 ff., 72 f., 90, 149
Ribonucleinsäure (RNS) 46, 130, 134, 144
— messenger-, 135 ff., 141 ff.
— transfer-, 136, 142
Ribose 46
Ribosomen 135

Selbstvermehrung 7, 20, 47, 130
Selektion 71, 96, 124, 151, 155

Teilungszeit 56
Transformation 131
Transduktion 120
Transskription 140
Tripletts s. Nucleotidtripletts

Ultrazentrifuge 3, 39, 41, 65, 66

Vakzinen 130
Vermehrungsschema
—, arithmetisch 10, 97, 99
—, geometrisch 10, 56, 85, 97, 99

Verpackungsmechanismus 99
Virus
— adsorption 63, 64, 72, 75
—, Bushy Stunt- 37
—, Eigenbeweglichkeit 52
—, Filtration 4 f., 23
—, Gelbfieber- 150
— kristalle 6 ff., 11, 35
—, Kuhpocken- 151
—, Maul- und Klauenseuche- 5
—, Poliomyelitis- 25, 51, 150
— resistenz 69 f., 152 ff.
— Schweineinfluenza- 125 f.
—, Tabakmosaik- (TMV) 3 ff., 25, 30, 46, 62, 118, 145
—, Tabaknekrose- 53
—, Tollwut- 151
— vermehrung 20, 28, 54, u. v. a.

Wassermannsche Reaktion 30, 45
Wasserstoffbindungen 81
Watson-Crick-Modell 80 ff., 117, 128 ff.
Wirtsbereich 25, 64, 91, 104, 153

Abbildungsnachweis

Abb. 1 a u. b. BÜNNING, E.: Lehrbuch der Pflanzenphysiologie, Bd. 2/3. Heidelberg: Springer 1953 (nach MELCHERS et al.).
Abb. 2, 6, 10, 15, 16. SCHRAMM, G.: Die Biochemie der Viren. Heidelberg: Springer 1954.
Abb. 3. MARKHÁM, R., K. M. SMITH und R. W. G. WYCKOFF: Nature 161, 760 (1948).
Abb. 4. Umgezeichnet nach BEVERIDGE, W. I. B. und F. M. BURNET: The Cultivation of Viruses and Rickettsiae in the Chick Embryo. London: H. M. Stationery Office 1946/1953.
Abb. 5. Original von Herrn Dr. M. SPRÖSSIG, Jena.
Abb. 7, 11, 17. Eigene Aufnahmen.
Abb. 8. DULBECCO, R.: Proc. Nat. Acad. Sci. 38, 747 (1952) (s. auch LURIA, S. E.: General Virology. New York: John Wiley and Sons 1953).
Abb. 9. BAWDEN, F. C.: Plant Viruses and Virus Diseases, 3. Ed. Waltham, Mass., USA: Chronica Botanica Comp. 1950.
Abb. 12. SCHAFFER, F. L., und C. E. SCHWERDT: Proc. Nat. Acad. Sci. 41, 1020 (1955).
Abb. 13. SCHWERDT, C. E., R. C. WILLIAMS, W. M. STANLEY, F. L. SCHAFFER und M. E. MCCLAIN: Proc. Soc. Exper. Biol. a. Med. 86, 310 (1954).
Abb. 14. HERRIOTT, R. M., und J. L. BARLOW: J. gen. Physiol. 36, 17 (1953).
Abb. 18, 19, 20. WEIDEL, W., und G. KELLENBERGER: Biochim. et biophys. Acta 17, 1 (1955).
Abb. 21. PENSO, G.: VI. Internat. Kongr. für Mikrobiologie, Rom 1953. Symposium „Virus und Zelle".
Abb. 22. FRANK, H., M. L. ZARNITZ und W. WEIDEL: Z. Naturforsch. 18b, 281 (1963).
Abb. 23. SCHRAMM, G., G. SCHUMACHER und W. ZILLIG: Nature 175, 549 (1955).
Abb. 24. WATSON, J. D., und F. H. C. CRICK: Cold Spring Harbor Symp. Quant. Biol. 18, 123 (1953).
Abb. 25. Original von Herrn Dr. E. KELLENBERGER, Genf.
Abb. 26. Viruses 1950. Ed. by M. DELBRÜCK, California Institute of Technology. Pasadena 1950.

Literaturhinweise

STENT, G. S.: Molecular Biology of Bacterial Viruses. San Francisco: W. H. Freeman & Co. 1963.
— (Herausg.): Papers on Bacterial Viruses. Boston: Little & Brown 1960.
LURIA, S. E.: General Virology. New York: Wiley & Sons 1953.
GUNSALUS, J, C., and R. Y. STANIER: The Bacteria. New York: Academic Press 1960 und später (5 Bände).
JACOB, F., and E. L. WOLLMAN: Sexuality and the Genetics of Bacteria. New York: Academic Press 1961.

Im übrigen sei aufmerksam gemacht auf einschlägige Kapitel in jährlich erscheinenden Fortschrittsberichten, wie Advances in Virus Research, Advances in Genetics, Annual Review of Microbiology, Bacteriological Reviews, Cold Spring Harbor Symposia on Quantitative Biology, Progress in Nucleic Acid Research, Fortschritte der Botanik usw. usw., die den Leser unmittelbar an die Originalliteratur heranführen.

MIX
Papier aus verantwortungsvollen Quellen
Paper from responsible sources
FSC® C105338

If you have any concerns about our products,
you can contact us on
ProductSafety@springernature.com

In case Publisher is established outside the EU,
the EU authorized representative is:
**Springer Nature Customer Service Center GmbH
Europaplatz 3, 69115 Heidelberg, Germany**

Printed by Libri Plureos GmbH
in Hamburg, Germany